园艺植物保护

YUANYI ZHIWU BAOHU

主　编◎梅增霞
副主编◎代　磊　赵卫东
　　　　唐　萍　王园媛

电子科技大学出版社
University of Electronic Science and Technology of China Press
·成都·

图书在版编目(CIP)数据

园艺植物保护 / 梅增霞主编. -- 成都 : 电子科技大学出版社，2019.12
ISBN 978-7-5647-7557-5

Ⅰ. ①园… Ⅱ. ①梅… Ⅲ. ①园艺作物 - 植物保护 Ⅳ. ①S4

中国版本图书馆CIP数据核字（2019）第290150号

园艺植物保护

梅增霞　主编

策划编辑　于　兰
责任编辑　卢　莉

出版发行　电子科技大学出版社
　　　　　成都市一环路东一段159号电子信息产业大厦九楼　邮编 610051
主　　页　www.uestcp.com.cn
服务电话　028-83203399
邮购电话　028-83201495

印　　刷　成都市火炬印务有限公司
成品尺寸　185 mm×260 mm
印　　张　12
字　　数　300千字
版　　次　2019年12月第1版
印　　次　2019年12月第1次印刷
书　　号　ISBN 978-7-5647-7557-5
定　　价　48.00元

前　言

近年来，随着我国国民经济高速发展和城乡统筹的快速推进，人民的生活水平和生活质量不断提高，人们对无公害园艺产品、绿色食品和有机食品的需求日益增长，园艺产品质量安全受到广泛关注，保障园艺产品安全的呼声日益高涨，对人才的需求也日益强烈，客观上要求高等院校加快相应人才的培养。同时，高等教育也发生了天翻地覆的变化，本科教育已由原来的培养一流高级专门人才逐步过渡到培养宽基础、高素质、强能力、具有创新精神的综合应用型人才。拓宽专业面，提高实践能力，加强对交叉学科和边缘学科的了解和探索已成为高等教育工作者的共识。

园艺植物保护学是园艺学、设施农业、植物保护等专业的重要专业课程。园艺植物保护学是课程教学改革的产物，在压缩课时的背景下，由园艺植物病理学和园艺植物昆虫学两门课程承担的教学任务，逐步精简压缩为由园艺植物保护学一门课程来承担。课程名称的改变并非只是简单的由原来的园艺植物病理学和园艺昆虫学瘦身后叠加而成，在课程设置教学内容等方面均需及时修改调整，以适应新课程的需要。本教材在地方综合院校滨州学院多年教学经验的基础上，结合实际情况修订编写，以期更适合本校园艺技术和设施园艺专业实际教学的需要。

本书共分六章，分别为绪论、园艺植物病害基础、园艺植物虫害基础、园艺植物病虫害综合防治、园艺植物主要病害、园艺植物主要虫害。

本书编写过程得到滨州学院生物与环境工程学院、教务处领导和同事们的大力支持。滨州学院教材编写项目和出版基金项目资助了本书出版的部分经费。书中参考引用了大量教材和专著文献，在此对引用教材和专著文献的编著者一并表示真挚的感谢。

由于作者水平有限，书中疏漏之处难免存在，敬请广大读者批评指正。

编　者

前言

目　录

第一章 绪　论

第一节　园艺植物保护学的定义、性质、任务和内容

一、园艺植物保护学的定义

园艺一词是“园”和“艺”的集合，“园”是指种植果树、蔬菜和花木的地方，“艺”则是指技能、技术。园艺（horticulture）原指在围篱保护的园囿内进行的植物栽培。现代园艺虽已打破了这种局限，但仍是比其他作物种植更为集约的植物栽培。园艺植物是一类供人类食用或观赏的植物，主要包括果树、蔬菜和观赏植物。

园艺植物保护学（horticulture plant protection）是以园艺植物为保护对象，应用综合防治的方法，将有害生物（pest，指病虫草鼠）的危害控制在经济损害水平（economic injury level，EIL）之下，确保园艺生产的安全、可持续发展的理论和应用科学。

二、园艺植物保护学的性质

园艺植物保护学从学科上看，是植物保护学的分支学科，以园艺植物为保护对象，基础理论和防控技术与植物保护学相同；从专业上看，园艺植物保护学为园艺专业的必修课。1998年以前，在果树、蔬菜和观赏园艺3个专业中，分别开设了果树病理学、果树昆虫学、蔬菜病理学、蔬菜昆虫学和观赏植物病理学、观赏植物昆虫学课程。1998年7月，教育部颁布实行的新专业目录，将原有的果树、蔬菜和观赏园艺3个专业合并为园艺专业。在新的园艺专业中，开设了园艺植物病理学和园艺植物昆虫学。由于专业知识容量扩增和课时压缩的矛盾凸现，不少学校对课程进行了合并，将园艺植物病理学和园艺植物昆虫学合并为园艺植物保护学一门课程。

园艺植物保护学以园艺植物为保护对象，农业生物学和植物保护学为主要理论基础，园艺植物病虫草鼠害为防控对象。因此，该课程具有学科、专业基础理论、专业课的性质，以及与生产实践相结合、应用性强的特点。

三、园艺植物保护学的任务

园艺植物在生长过程中，常常会遭受到病虫草鼠的危害，导致产量下降、品质变劣，带来巨大的经济损失。长期以来，为控制有害生物的危害，滥用化学防治，带来了严重的生态、环境和食品安全，致使“3R”（抗性、残留、再增猖獗）和“三致”（致

畸、致癌、致突变）等问题突出。科学地应用植物保护学的基础理论和防控方法，控制有害生物的危害在经济损害水平之下，确保生态、环境和食品安全，实现园艺植物生产的可持续发展，是园艺植物保护的根本任务。要实现这一根本任务，需要培养一大批具有园艺植物保护专业知识的高素质人才，以适应园艺植物生产的快速发展。

四、园艺植物保护学的内容

园艺植物保护学的内容分为上篇总论和下篇各论两部分。总论为基础理论部分，主要包括园艺植物病理学、园艺植物昆虫学、园艺植物杂草学、鼠害学及园艺植物病虫草鼠害综合防治学的基础知识。其中，园艺植物病理学主要包括植物病害的症状、病原物、发生和流行等。园艺植物昆虫学主要包括昆虫的形态学、生物学、分类学和生态学。园艺植物杂草学及鼠害学基础理论包括主要的杂草和鼠的种类、危害、形态、防治。园艺植物病虫草鼠害防治学的基础理论包括有害生物的预测预报五大防治方法的原理和方法。各论部分为园艺植物主要病、虫、草及鼠害的种类、危害特征、发生规律和防治方法。

五、园艺植物保护学与其他学科的关系

园艺植物保护学的课程性质决定了其在学科基础理论上与多学科相联系，在应用上与多学科技能相结合的特点。因此，在学科上与植物病理学、普通昆虫学、杂草学、鼠害学、农药学、园艺学、微生物学、动物学、栽培学、气象学和生态学等相联系，应以植物学、普通遗传学、农业气象学、植物生理学、生物统计学、栽培学、土壤学、生态学、生物化学和分子生物学等课程为基础，并注重知识的融会贯通，提高和创新有害生物研究、防控的途径及方法。

第二节 植物保护在农业生产中的作用

我国在农业病虫害防治研究及应用方面具有悠久的历史，早在3000年前就有治蝗虫、螟虫的记载。2200年前已应用砷、汞剂及藜芦毒杀害虫，公元340年晋代《南方草木状》用黄猄蚁防治柑橘害虫，公元304年使用铜青保护木材，明代《农政全书》用烫种拌灰处理棉花种子等方法。

新中国成立以来，我国农业病虫害防治工作得到了迅速发展，从中央到地方建立了植物保护、植物检疫机构和植物保护科研及教育院所，培养了大批植保人才，解决了很多历史上难以解决的病虫害难题，如蝗虫、三化螟、小麦吸浆虫等虫害及小麦线虫、锈病、黑穗病、苹果腐烂病等病害的防治均取得了举世瞩目的成就。

随着农业现代化的进程、农业结构的调整、耕作制度及水肥条件的变动、化学农药的频繁使用、全球气候变化等综合因素的影响，农业病虫害防治的任务依然有增无减。据联合国粮农组织估计，世界粮食生产因虫害造成损失14%，病害损失10%，草害损失11%。全世界因有害生物每年造成的经济损失为1200亿美元，相当于我国农业总产值的

1/2以上，可见，现代农业带来的病虫害问题依然突出。而化学农药的使用所引起的农业生态环境恶化问题就更加突出，如农药的抗性问题，目前世界上已有504种害虫及害螨对一种或数种农药产生抗性，以致农药成本及农药用量在不断增加，而害虫因有益天敌的杀伤反而更加猖獗。20世纪，我国水稻害虫稻飞虱的大发生频率从60年代的10%～20%，到70年代的50%，到90年代的70%以上，呈不断上升趋势。另外，农药的急慢性中毒问题也十分严重，据估计，仅急性中毒全世界每年约100万人，其中死亡人数约2万。因此，我国农业现代化必须走可持续发展的道路。随着可持续农业发展的需要以及植物保护学科向纵深研究发展，在设计新的病虫防治决策、加强以高技术为代表的生物防治的投入、建立农业生态系统中有害生物综合治理体系等方面，植物保护学科起着举足轻重的作用。

第二章　园艺植物病害基础

第一节　植物病害概念

一、植物病害的定义

植物病害是指植物在不良环境条件或病原物的侵害下，其代谢作用受到干扰和破坏，导致生理上和组织结构上产生一系列病理变化，在外部或内部形态上表现出病态，使植物不能正常生长发育，甚至造成局部或整株死亡，从而对农业生产造成损失。此定义包含四层意思：一是指出了植物病害的原因，即不良环境和病原物；二是指出了植物病害的过程，即正常的生理功能受到了严重的影响；三是指出了植物病害的结果，及内外表现异常甚至死亡；四是指出了人为角度下的考虑，造成了经济损失。

植物病害可造成多方面的损失。首先，植物病害会使作物减产和品质低劣，历史上曾发生因病害严重而绝产造成大的饥荒。如1845年，爱尔兰发生马铃薯晚疫病，致使数十万人饥饿死亡和几百万人外迁；1943年，印度孟加拉邦发生水稻胡麻斑病，饿死200万人，数百万人逃荒；1970年，美国发生玉米小斑病，导致10亿美元的损失；我国稻区发生的稻瘟病，在流行年份导致水稻减产10%～20%，严重的可达40%～50%，水稻仅因病害年均减产200亿千克；1948—1949年，我国东北地区因苹果腐烂病，病死树达140万株，减产2.5亿千克；麻类、油料、糖料作物和果树、蔬菜，除因病害造成减产外，还可使植株的纤维低劣，含油量和含糖量下降，食用品质差，从而降低了商品价值。其次，植物病害会引起人畜毒害。一些农产品因受病原物危害产生毒素，对人畜有毒害作用，如感染赤霉病的麦穗含有毒物质，人误食后发生头昏、呕吐和腹泻；感染黑斑病的甘薯块根，含甘薯黑斑霉菌有毒物质，牲畜食后出现气喘，甚至中毒死亡。再次，植物病害限制了作物的种植。由于病害的严重发生，致使某地区不能再种植一些作物。如我国东北、华北红麻产区，因红麻炭疽病严重危害而停种；北美种植的美洲板栗，因严重感染板栗疫病而被毁灭；锈病使斯里兰卡的咖啡全部被毁，不得不改种茶树；橡胶的原产地是巴西，因受到疫病威胁而无法发展，产区移到了东南亚。最后，植物病害会导致农业生产成本的增加。每年因防治植物病害投入的人力、物力和各种设备等增加大量的经济开支，从而降低了农林经济效益。但自然界中也存在着一些病害对人类来说不但无害反而有益。例如，食用的茭白是因为幼茎组织受到黑粉菌感染的刺激膨大而形成的，这对植物来说无疑是一种病害，但却提高了它的食用价值；感染病毒的郁金香，其花瓣的颜色千姿百态，具有较高的观赏价值；韭黄和葱白是在弱光下栽培的蔬菜。虽然这些都是植物的“病态”，但却都提高了植物的经济利用价值，因此一般不把它们当作病害。

二、植物病害发生的原因

植物发生病害的原因很多，根据有无病原生物的参与以及病害能否传染蔓延而分为侵染性病害和非侵染性病害两类。侵染性病害是由寄主植物、病原生物和环境因素在特定的条件下发生作用而引起的，这三者俗称“病害三角”或“病害三要素”。第一，就寄主植物而言，对于某种病害存在着抗性水平上的差异，有些品种比较容易感病，而另一些品种则相对比较抗病；第二，就病原菌而言，菌株间也存在着致病性强弱不同的差异，具有强致病能力的病原生物，能在感病寄主植物上成功侵染并致病害发生；第三，有合适的环境条件，以提供病原菌适合的生长发育条件，如菌丝生长和孢子萌发，作为媒介的风、雨等可使病原生物到达寄主植物，或使植物形成伤口，为病原菌进入寄主体内提供条件。

随着社会的发展，人类活动对农业生产产生越来越大的影响，因而与植物病害的发生和流行密切相关。如培育品种、选择不同的耕作制度、采取各种栽培措施等生产活动，可以助长或者抑制病害的发生发展；远距离调运带病的种苗可以加速病害的蔓延。所以植物病害的发生和流行除了涉及寄主植物、病原生物和环境三个因素外，还应加上“人类干预”这个重要的社会因素。人为因素可作用于寄主、病原物和环境条件三方面，从而影响病害的发生和发展。

非侵染性病害是寄主植物在不良的环境条件下所受到的损害，只有寄主和环境两个因素，没有病原物参与，也不会传染，如冻害、药害或缺素病等。由鸟、兽、昆虫等动物对植物活体所造成的损害，通常称为雀害、鼠害和虫害；由暴风雨、冰雹或农事操作对植物造成的机械损伤称为伤害。这些伤害往往会削弱植物的生长势，造成的一些伤口会成为病原生物侵入植物的门户，并会诱发病害的严重发生。如水稻白叶枯病、兰花炭疽病常在暴风雨后容易流行，就是由于暴风雨造成了大量的伤口，有利于病原菌侵入的缘故。

三、植物病害的症状

植物病害的症状是指植物受病原物或不良环境因素的侵扰后，内部的生理活动和外观的生长发育所显示出的某种异常状态。植物病害的症状由病状和病征两部分构成。病状是指植物本身外部和内部表现出的异常状态。如植物根颈部的维管束系统受真菌或细菌侵害后，外部显示萎蔫症状以前，内部已坏死变褐，通过剖茎检查，可以看到明显的病变。病征是指病原物在植物病部表面形成的结构，如细菌的菌脓、真菌的菌丝体、分生孢子器、子囊壳等在植物病部表面形成霉、粉、粒等形状。对于大多数由真菌或细菌引起的病害，既有病状，又有明显的病征；而对于由病毒和类菌原体引起的病害，病状明显，却没有病征。植物线虫多数在植物体内寄生，在一般情况下植物体外也无病征。非侵染性病害是由不适宜的非生物因素引起的，所以也无病征。对于不同的病害在田间可以形成相同的症状，但有时同一病害在不同的发展时期或不同的部位表现出各不相同的症状表现。因此病害诊断时需要注意症状的复杂性和变化特点。

（一）病状类型

常见的植物病害病状主要有五大类，即变色、坏死、萎蔫、腐烂和畸形。

1. 变色

变色是植物患病后局部或全株失去正常的绿色。这种变色有两种类型：一种是整个植株或叶片部分或全部绿色均匀地变色，表现为褪绿和黄化，如植物的叶绿素受抑制或破坏；另一种是不均匀地变色，表现为黄绿、黄白、花叶等，如花青素形成过盛，叶片变红或紫红现红叶等。

2. 坏死

坏死是植物的细胞和组织受到破坏而死亡。坏死最常见的是各种病斑。病斑可以发生在植物的根、茎和果实等多个部位。病斑颜色不一，有褐斑、黑斑、灰斑和白斑等；病斑形状不一，有圆形、椭圆形、轮纹形及不规则形状等。病斑受叶脉限制，形成角斑；病斑沿叶脉发展，形成条斑；有的病斑可以脱落形成穿孔；有的病斑周围有明显的边缘，有的病斑界限模糊；病斑连接可变成更大的病斑，以致引起叶枯、枝枯、茎枯、落叶和落果等。

3. 腐烂

腐烂是植物的组织细胞受到破坏和消解，水分流出而腐烂。腐烂分为湿腐和干腐。多汁组织细胞中胶层被病原物分泌的酶分解，造成细胞分离、组织崩溃、水分流出，呈现软腐或湿腐；若细胞消解较快，腐烂组织中的水分能及时蒸发而消失，则称为干腐。根据腐烂的部位不同，分为根腐、茎腐、果腐和穗腐等。

4. 萎蔫

萎蔫是植物由于失水而导致枝叶萎垂的现象。可分为生理性萎蔫和病理性萎蔫。生理性萎蔫是由于土壤中缺水或高温时过分的蒸腾作用，而使植物叶片、顶部嫩茎失去膨压而表现萎垂，若及时供水，植株可以恢复正常；病理性萎蔫是指植物的根或茎的维管束组织受病原侵害，大量菌体堵塞导管或产生毒素，阻碍和影响水分输送，引起叶片萎凋、枯黄，造成黄萎、枯萎、青枯，这种萎蔫大多不能恢复，甚至导致植物死亡。

5. 畸形

畸形是植物的病组织或细胞生长受阻或过度增生而造成的形态异常。植物受侵染后，病原物分泌激素刺激物质，使寄主组织细胞增生，生长发育过度，病部膨大，产生肿瘤；枝或根过度分枝，产生丛枝、发根等。另外，也可以产生抑制性病变，生长发育不良，植株或器官矮缩、皱缩；病部组织发育不均衡，引起卷叶、蕨叶等。

（二）病征类型

1. 霉状物

在植物病部形成的各种棉絮状、毛绒状霉层，其颜色、质地和结构变化较大，如霜霉、绵霉、青霉、灰霉、黑霉和赤霉等，为各种真菌病害的常见病征。

2. 粉状物

植物病部形成的白色或黑色粉层，是白粉病和黑粉病的病征。植物病部表面形成疱状突起，破裂后散出白色或铁锈色的粉状物，分别是白锈病和各种锈病的病征。

3. 粒状物

植物病部产生的颗粒状物，其大小、形状及在寄主表面的着生情况差异较大，有的在不同成熟时期颜色也有较大差异。如一些真菌的子囊果或分生孢子器，为各种真菌病害的常见病症。

4. 脓状物

植物病部在湿度较大时产生胶黏状、似露珠的白色或黄色脓状物，即菌脓，干燥后形成薄膜或胶粒，这是细菌病害特有的病征。

5. 索状物

植物的根部表面产生紫色或深色的菌丝索，即真菌的根状菌索，如甘薯、苹果的紫纹羽病的病征。

6. 伞状物

病原真菌在植物病部产生伞状物。例如，果树根朽病及桃木腐病分别在果树根颈或枝干上产生蘑菇状或马蹄状的物质。

（三）症状的复杂性

植物病害的种类很多，病因也各不相同，每一种植物上可以发生多种病害，一种病原生物能侵染一种到几十种甚至数百种植物。植物各种病害的症状都有其一定特征，并具有相对的稳定性，因此它是诊断病害的重要依据。但同一种植物病害又可因为植物品种抗性不同、发病部位不同以及植物生长发育期不同而表现出不同的症状，而不同的病害在田间可以形成相同的症状。因此，病害诊断时需要注意症状的复杂特点。

（1）同一种病原物在不同寄主上表现不同症状。如黄瓜花叶病毒在黄瓜上引起系统花叶，在甜瓜上引起黄化，在西葫芦上引起黄化皱缩。

（2）不同的病原物可引起寄主植物相同的症状。如桃穿孔病既可由真菌病原引起，也可由细菌病原引起；黄瓜细菌角斑病和黄瓜霜霉病无论是发病早期还是后期，病征不出现时，斑点及角斑的病状完全相同。

（3）同一种病原物在寄主的不同部位上表现不同症状。如柑橘树脂病在树干上形成流胶，在叶片上形成“砂皮”，在果实上形成蒂腐等三种症状。青菜炭疽病在叶片上是圆斑，在茎秆上却是菱形斑。

（4）同一种病原物在抗病性不同的寄主上表现不同症状。如黄瓜霜霉病在感病品种上，叶片正面为褐色角斑，反面为紫黑色霉层；而在抗病品种上，叶片正面为褐色圆形小斑，反面无霉层。

（5）一种植物病害在不同的环境条件下表现不同症状。多种果树、蔬菜的灰霉病在湿度大时叶片出现水渍、腐烂症状，而在干燥环境下出现褐色枯斑症状。

（6）两种病原物同时侵入寄主可产生复合症状。马铃薯X病毒和马铃薯Y病毒在马铃薯寄主上分别表现为普通花叶和条斑花叶，两者同时侵入则表现为皱缩花叶病。

四、植物病害的类型

植物病害的种类可以有多种分类方法：按照植物类型可以分为大田作物病害、果树病害、蔬菜病害、牧草病害、森林病害、花卉病害等；按照寄主受害部位可分为根部和茎基部病害、茎叶部病害和果实病害等；根据病害表现出的症状表现类型可分为腐烂型病害、斑点型病害、坏死型病害、花叶或变色型病害等；按照病原生物类型可分为真菌病害、细菌病害、病毒病害、线虫病害以及寄生植物病害等；按照病原传播方式又可分为种传病害、气传病害、土传病害和介体传播病害等。

第二节　植物病害的生物病原

一、菌物真菌

（一）菌物真菌的一般性状及分类

1. 菌物的概念

菌物（原称真菌）是生物中具有真正细胞核，细胞壁的主要成分为几丁质（有的为纤维素），典型营养体为丝状体，不含光合色素，营养方式为异养型，主要以吸收的方式获取养分，通过产生孢子的方式进行繁殖的一个庞大的生物类群。

菌物在自然界的分布极广，几乎无所不在。全世界约有菌物150万种，已被描述的约10万种。菌物的形态多样，大小各异，小的通常要在显微镜下才能看得清楚，大的子实体可达几十厘米。菌物种类繁多，大多数菌物是腐生的，少数可以寄生于植物上，引起病害。目前，已知引起植物病害的菌物达3万种，70%～80%的植物病害是由菌物所致。

2. 菌物的一般性状

（1）营养体。营养体是指菌物营养阶段的菌体，具有吸收、输送和储存养分的功能。大多数菌物的营养体是具分枝的丝状体，单根丝状体称作菌丝，菌丝集合成菌丝体。菌丝呈管状，有固定的细胞壁，大多无色透明。有隔膜的菌丝称为有隔菌丝，无隔膜的菌丝称为无隔菌丝，整个菌丝为一个多核的管状细胞。

有些菌物的营养体是一团多核的、没有细胞壁的原生质，称为原质团，如黏菌；有些菌物的营养体为具细胞壁的非丝状单细胞，通常呈椭圆形至近球形，如酵母菌和壶菌；有些壶菌的单细胞营养体具有假根或根状菌丝。有些酵母菌芽殖产生的芽孢子相互连接成链状，与菌丝相似，称作假菌丝。有些营养菌丝可以形成吸器、附着胞、附着枝和假根等变态结构，并具有相应功能以适应生活的需要。

菌丝体一般是分散的，但有时高等菌物可以密集地纠结在一起形成菌组织。菌组织有疏丝组织和拟薄壁组织。疏丝组织菌丝体纠结比较疏松，可以看出菌丝的长型细胞，菌丝细胞大致平行排列。拟薄壁组织菌丝体纠结十分紧密，菌组织中的菌丝细胞近圆形、椭圆形或多角形，与高等植物的薄壁细胞相似。疏丝组织和拟薄壁组织可进一步构成各种不同类型的菌丝组织体，如菌核、子座和菌索等，以利于其渡过不良的环境。

菌核是由拟薄壁组织和疏丝组织交织而成的一种休眠体，典型菌核的内部是疏丝组织，外层是拟薄壁组织。菌核储存较多的养分，对高温、低温和干燥的抵抗能力都很强。菌核是菌物越冬、越夏的休眠结构。当条件适宜时，菌核萌发产生菌丝体或从上面形成孢子的结构，但一般不直接产生孢子。

子座是由拟薄壁组织和疏丝组织形成的产生子实体的垫状结构。子座有渡过不良环境的作用，但更主要的是在其内或其表形成产孢结构。

菌索是由菌组织形成的绳索状结构，外形与高等植物的根相似，故称根状菌索。高度发达的菌索分化为颜色较深的拟薄壁组织皮层、疏丝组织心层和顶端的生长点。菌索可抵抗不良的环境，在引起树木病害和木材腐烂的高等担子菌中最常见，它的生长使这些菌物在基质上蔓延，并且还可作为侵入结构。

（2）无性繁殖。无性繁殖是指菌物不经过核配和减数分裂，营养体直接以断裂、裂殖、芽殖和原生质割裂的方式产生后代的繁殖方式。无性繁殖产生的各种孢子称为无性孢子，有游动孢子、孢囊孢子、分生孢子和厚垣孢子。无性孢子产生在具一定分化的产孢结构上。菌物的产孢结构，无论是无性繁殖的还是有性繁殖的都通称为子实体。

（3）有性生殖。有性生殖是指菌物通过细胞核结合和减数分裂产生后代的生殖方式。菌物进行有性生殖时，营养体上分化出性器官或性细胞。菌物的性器官又称配子囊，性细胞称为配子。菌物的有性生殖包括质配、核配和减数分裂三个阶段。有性生殖产生的孢子称为有性孢子，常见的有休眠孢子囊、卵孢子、接合孢子、子囊孢子和担孢子5种。

（4）生活史。生活史是指菌物孢子经萌发、生长和发育，最后又产生同种孢子的整个生活过程。菌物的生活史具有种的属性，完成生活史对种群生存而言具有重要意义。菌物种通过寄生植物获取生存所需营养物质，通过繁殖扩大种群数量和产生变异适应环境。菌物生活史包括三个方面。

①发育过程：包括营养阶段和繁殖阶段。菌物孢子萌发形成菌丝，先进行营养阶段的生长，随后进入繁殖阶段。

②繁殖方式：以产生孢子方式进行繁殖，包括无性繁殖和有性生殖。从生存的角度，无性繁殖产生大量无性孢子，以扩大种群数量；从病害的角度，大量无性孢子对病害的发生和流行具重要作用。从生存的角度，有性生殖产生有性孢子，经姊妹染色体交换遗传物质、产生变异以适应环境；从病害的角度，有性孢子往往作为越冬结构，成为初侵染源。

③细胞核的变化：单倍体（n）→质配→双核阶段（$n+n$）→核配→二倍体（$2n$,）→减数分裂→单倍体（n）。

有的菌物（如锈菌）完成其生活史，需要在两个不同科的植物上寄生，即转主寄生才能完成其生活史，此间，要产生两种以上的孢子，即多型性，这被认为是适应性的表现。

菌物生活史有无性型、单倍体型、单倍体-双核体型、单倍体-二倍体型和二倍体型5种主要类型。

3. 菌物的分类

（1）分类依据。菌物分类一般根据形态学、细胞学和生物学特性以及个体和系统发育资料进行。其中最重要的是形态特征，特别是有性生殖和有性孢子的性状是菌物分类的重要依据。近年来随着科学技术的发展，尤其是分子生物学的迅速发展，给菌物分类学以巨大推动。新技术、新方法越来越多地用于菌物分类的研究，例如，DNA碱基组成的测定、核酸杂交、氨基酸序列测定、氨基酸合成途径的研究、血清学反应、数值分类、光谱和色谱技术测定菌物代谢产物、菌物细胞显微结构等，这些都为菌物分类学的研究开辟了新的途径。

（2）分类系统。随着生物界级分类系统的演变，菌物在生物界的地位不断发生变动。在林奈两界系统中，将生物分为动物界和植物界，菌物因其固着生活，并且具有细胞壁而被归入植物界中的黏菌门和真菌门。魏泰克提出五界分类系统，将生物划分为动物界、植物界、原核生物界、原生生物界和真菌界，菌物属于真菌界。该系统自1969年起至20世纪末一直被广泛采用。1981年，卡瓦里-史密斯（Cavalier-Smith）提出八界分类系统，将细胞生物分为8个界：真细菌界、古细菌界、原始动物界、原生动物界、藻物界、真菌界、植物界和动物界。1995年出版的《菌物词典》（第8版）接受了生物八界分类系统，该系统将菌物分别归入原生动物界、假菌界（也称藻物界和真菌界）。根肿菌归入原生动物界根肿菌门；卵菌和丝壶菌分别归入假菌界卵菌门和丝壶菌门；其他菌物则归为真菌界，分为壶菌门、接合菌门、子囊菌门和担子菌门；对于传统的半知菌，将已发现有性态的种类归入相应的子囊菌门和担子菌门，对尚未发现有性态的种类则归入有丝分裂孢子菌物中。本书采用八界分类系统。

（3）分类单元。菌物的主要分类单元和其他生物一样，包括界（kingdom）、门（phylum）、纲（class）、目（order）、科（family）、属（genus）、种（species），必要时在两个分类单元之间还可增加一级，如亚门（subphylum）、亚纲（subclass）、亚目（suborder）、亚科（subfamily）、亚种（subspecies）等。属以上的分类单元都有一定的词尾，如门（-mycota）、亚门（-mycotina）、纲（-mycetes）、亚纲（-mycetidae）、目（-ales）、亚目（-ineae）、科（-aceae）、亚科（-oideae）。其中，种是分类的基本单元。

种下还可划分为亚种（subspecies，缩写为subsp.）、变种（variety，缩写为var.）、专化型（forma specialies，缩写为f.sp.）和生理小种（race）等。

4. 菌物的命名

菌物的命名采用林奈（Linnaeus）的双名制命名法。学名（scientific name）用拉丁文，第一个词为属名，第二个词为种加词。书写形式是：属名的第一个字母必须大写，种加词全为小写，属名和种加词均为斜体。种加词后写上命名人的姓氏或姓氏缩写（可省略）。例如，致病疫霉的学名为*Phytophthora infestans de* Bary。如果命名人有两个，则在两个人姓氏之间加“et”，如果加“ex”，则表示前一个是命名人，后一个是著文公开发表这个种的人。在某些情况下，一个种移到了另一个属中，原命名人的名字用括号括起来，修订人的名称跟在括号后。国际命名法规还规定一个物种只能有一个名称。学名应是针对有性阶段的命名，即有性态。如果一种菌物的生活史中包括有性和无性两个阶段，按有性阶段命名的学名是合法的。

（二）原生动物界根肿菌门菌物

1. 生活习性

根肿菌门菌物专性寄生于高等植物根或茎的细胞内，有的寄生于藻类和其他水生菌物上，寄生于高等植物的往往引起寄主细胞膨大和组织增生，受害根部肿大，故称为根肿菌。

2. 营养体

根肿菌门菌物的营养体为原质团，是一团多核的、没有细胞壁的原生质，成熟时以整体产果的方式繁殖。

3. 无性繁殖

根肿菌门菌物无性繁殖时，营养体原质团整个形成游动孢子囊，以原生质割裂的方式在游动孢子囊内形成游动孢子。游动孢子具有2根长短不等的尾鞭型鞭毛。

4. 有性生殖

根肿菌门菌物有性生殖一般认为是由两个游动配子（与游动孢子形态一致，只是有性别之分）配合形成合子，合子再进一步发育形成休眠孢子囊。休眠孢子具厚壁，分散或聚集成堆。休眠孢子囊萌发时通常释放出1个具有2根长短不一的尾鞭型鞭毛（whiplash）的游动孢子。因此，这类休眠孢子囊习惯上称为休眠孢子。

5. 分类

根肿菌门属于原生动物界（*Protozoa*），只有1个纲——根肿菌纲（*Plasmodiophoromycetes*），其下只有1个目——根肿菌目（*Plasmodiophorales*），已知的有16个属46个种。休眠孢子囊分散或聚集成堆以及休眠孢子囊堆的形态是根肿菌分类的重要依据。

（三）假菌界卵菌门菌物

1. 生活习性

卵菌门菌物通常称为卵菌，大多数是水生的，少数是两栖的或接近陆生的。卵菌有的腐生，有的寄生在水生植物、菌物或昆虫上，有的寄生在高等植物上，引起植物病害。由于卵菌具有水生的习性，只有在高湿条件下才能产生游动孢子囊和释放出游动孢子，而且大多数卵菌主要以游动孢子萌发产生的芽管侵入寄主植物，因此由卵菌引起的植物病害在潮湿、多雨、低洼积水、通风透光条件差的条件下发生普遍，危害较严重。

2. 营养体

卵菌营养体是很发达的无隔菌丝体，少数低等的是单细胞，为二倍体，细胞壁主要成分为纤维素。专性寄生的卵菌常在寄主细胞内产生球形或丝状吸器，吸取寄主营养。卵菌进行繁殖时，多数是部分营养体转化为繁殖体，称为分体产果（eucarpic）；少数整个营养体转化为繁殖体，称为整体产果（holocarpic）。

3. 无性繁殖

卵菌进行无性繁殖时产生游动孢子囊和游动孢子。游动孢子囊形态变化很大，呈丝状、圆筒状、卵形、梨形、球形等多种形状，成熟时脱落或不脱落。游动孢子囊萌发时大多产生游动孢子。游动孢子梨形或肾形，具有2根等长的鞭毛，其中有茸毛的叫茸鞭

(tinsel)，光滑的叫尾鞭，在水中游动时，茸鞭向前，尾鞭向后。也有少数种类卵菌的游动孢子囊可直接萌发产生芽管，不再产生游动孢子。

4. **有性生殖**

卵菌有性生殖产生卵孢子，卵菌因此而得名。在进行有性生殖时，部分菌丝细胞分化为雄器和藏卵器，二倍体细胞核在发育的雄器和藏卵器中发生减数分裂，产生单倍体细胞核；雄器和藏卵器以配子囊接触交配的方式进行质配，两个单倍体细胞核在藏卵器中进行核配，形成1个或多个二倍体的卵孢子。卵孢子萌发产生二倍体无隔菌丝。

5. **分类**

卵菌与其他菌物区别很大。卵菌的营养体为二倍体，其他菌物的营养体为单倍体；卵菌的细胞壁成分主要为纤维素，其他菌物大多为几丁质；卵菌的有性生殖为卵配生殖，与其他菌物有明显不同。

卵菌门只有1个纲——卵菌纲（*Oomycetes*），下分9个目，有694个种。其中寄生于高等植物并引起严重病害的是腐霉目（*Pythiales*）、指梗霉目（*Sclerosporales*）和霜霉目（*Peronos porales*）菌物，如腐霉菌、疫霉菌、霜霉菌、白锈菌等。少数水霉目（*Saprolegniales*）菌物也可以寄生于高等植物，但寄生能力较弱。

（四）真菌界壶菌门菌物

1. **生活习性**

壶菌门菌物为水生的，腐生在水中的动植物残体上或寄生于水生植物、动物和其他菌物上，少数可以寄生于高等植物。

2. **营养体**

营养体形态变化很大，从呈球形或近球形的单细胞至发达的无隔菌丝体。比较低等的壶菌是多核的单细胞，具细胞壁，大多呈球形或近球形；寄生在寄主细胞内的壶菌，其营养体在发育的早期没有细胞壁。有的壶菌单细胞营养体的基部还可以形成假根。较高等的壶菌可以形成发达或不发达的无隔菌丝体。

3. **无性繁殖**

无性繁殖时产生游动孢子囊。游动孢子囊有的有囊盖，成熟时囊盖打开释放游动孢子；有的无囊盖，通过囊孔或形成芽管释放游动孢子。每个游动孢子囊可释放多个游动孢子。有性生殖大多产生休眠孢子囊，萌发时释放1至多个游动孢子。

4. **有性生殖**

有性生殖方式有多种，大多是通过两个游动孢子配合形成的接合子经发育形成休眠孢子囊，少数经过配子囊和菌丝体结合形成休眠孢子囊。休眠孢子囊萌发产生游动孢子。

5. **分类**

壶菌门属于真菌界（*Fungi*），只有1个壶菌纲（*Chytridiomycetes*），分为5个目，112个属，已记载的有793个种，其中只有少数壶菌目（*Chytridiales*）菌物是高等植物。

（五）真菌界接合菌门菌物

1. 生活习性

接合菌门菌物统称接合菌，均是陆生的，大多为腐生物，其中有的种类可以用于食品发酵及酶和有机酸的生产；有的是昆虫的寄生物或共生物，有些接合菌与高等植物共生形成菌根；还有少数接合菌可以寄生于植物、人体和动物引起病害。

2. 营养体

营养体为单倍体，大多是很发达的无隔菌丝体，少数菌丝体不发达，较高等的种类菌丝体有隔膜。有的种类菌丝体可以分化形成假根和匍匐丝。细胞壁的主要成分为几丁质。

3. 无性繁殖

无性繁殖是在孢子囊中形成孢囊孢子。较低等的接合菌产生大型孢子囊，里面产生许多孢囊孢子；较高等的接合菌产生小型孢子囊，里面产生1个或几个孢囊孢子。

4. 有性生殖

有性生殖是以配子囊配合的方式进行质配。两个原配子囊接触后，原配子囊内分别形成一个隔膜，将原配子囊划分为两个细胞。顶端的细胞称为配子囊，与菌丝相连的细胞称配囊柄。质配时，两个配子囊相接触部分的细胞壁消失，融合成一个细胞，以后由这个细胞发育形成接合孢子。

5. 分类

接合菌分为2个纲，11个目，173个属，1056个种。其中与植物病害有关的是接合菌纲（*Zygomycetes*）毛霉目（*Mucorales*）。

（六）真菌界子囊菌门菌物

1. 生活习性

子囊菌门菌物是一类高等菌物，根据其有性阶段形成子囊和子囊孢子的特性，称为子囊菌。此类菌物各类群间的形态特点、生活史和生活习性差异很大。子囊菌大多数陆生，少数水生，营养方式有腐生、寄生和共生，有许多是植物病原菌。腐生的子囊菌可以引起木材、皮革和食品的霉烂以及动植物残体的分解。寄生的子囊菌除引起植物病害外，少数可寄生在人、畜和昆虫体上。有的子囊菌可以与藻类共生形成地衣，与高等植物共生形成菌根。

2. 营养体

子囊菌最典型的营养体是具有分枝和隔膜的菌丝体，少数（如酵母菌）为单细胞。子囊菌大多数内生，少数表生，寄生性较强的以吸器伸入寄主细胞内。菌丝体中的隔膜是由细胞壁内壁向中心发展形成的，大多数子囊菌具单孔型隔膜，即隔膜中央具有一个较大的中心孔，使邻近细胞的细胞质和细胞核可以通过。

子囊菌的营养体通常为单倍体，细胞壁的主要成分为几丁质。菌丝体交织在一起可以形成菌组织，即疏丝组织和拟薄壁组织，并进一步形成子座和菌核等结构。有些单细胞营养体可互相连接，形成链状的假菌丝体。

3. 无性繁殖

子囊菌无性繁殖因种类和所处环境的不同，具有不同方式。单细胞酵母菌和少数子囊菌通常以裂殖和芽殖的方式繁殖，芽殖产生的孢子称芽孢子。绝大多数营养体为菌丝体的子囊菌无性繁殖形成分生孢子，分生孢子形状多样，如圆形、卵形、棒形、丝状、镰刀形或腊肠形，单胞、双胞或多胞，有色或无色。

分生孢子产生于分生孢子梗上。分生孢子梗可以单独着生，也可以聚合在一起形成孢梗束或分生孢子座，或产生于分生孢子盘或分生孢子器中。分生孢子在一个生长季内可以反复发生，是再侵染的主要来源，并可远距离传播。

营养体为菌丝体的子囊菌还可以菌丝断裂的方式产生芽孢子，也有些子囊菌在不良环境条件下产生厚垣孢子。

4. 有性生殖

子囊菌有性生殖产生子囊和子囊孢子。在大多数酵母中，子囊直接由双倍体细胞转化而来。在丝状子囊菌（较高等的子囊菌）中，子囊由产囊器上伸出的产囊丝（ascogenous hypha）发育而成。有性生殖开始时，部分菌丝体的分枝先分别分化形成较小的雄器（antheridium）和较大的产囊器（ascogonium）。当雄器与产囊器上的受精丝（trichogyne）接触后，在接触点形成一个孔口，雄器中的细胞质和核通过受精丝进入产囊器，发生质配，质配后从产囊器上生出产囊丝，成对的核移入产囊丝。产囊丝顶端的双核细胞伸长，并弯曲成钩状的产囊丝钩（ascus hook，crozier）。产囊丝钩中的双核分裂成4个核，并随之形成2个横隔，将产囊丝钩分隔为3个细胞，顶端和基部细胞都是单核，中间双核的细胞称作子囊母细胞。子囊母细胞中的双核进行核配，形成1个二倍体的细胞核。子囊母细胞伸长，其中二倍体的细胞核进行减数分裂形成4个单倍体细胞核，每个单倍体核又各自进行1次有丝分裂，最后形成8个单倍体细胞核。这些细胞核和它们周围的细胞质形成8个子囊孢子。与此同时，子囊母细胞不断膨大伸长，发育形成子囊。子囊母细胞发育过程中，产囊丝钩顶部的单核细胞可以向下弯曲，与基部的单胞融合形成双核细胞，生长形成一个新的产囊丝钩，按上述方式形成子囊和子囊孢子，经多次重复，最后形成成丛的子囊。

子囊孢子的形态多种多样。一般有圆形、椭圆形或线形等，单胞、双胞或多胞，无色或有色，细胞壁表面光滑，具条纹、瘤状突起、小刺等。每个子囊内通常含8个子囊孢子，也有少数子囊内含多于8个或少于8个子囊孢子。子囊孢子在子囊内呈单行、双行、平行排列，或者不规则地聚集在子囊内。

5. 分类

《菌物词典》第10版（2008）将囊菌上升为子囊菌门，直接分为46个目，取消了纲一级分类单元。2001年的第9版中子囊菌又恢复设纲，分为8个纲，56个目。这8个纲中只有外囊菌纲（*Taphrinomycetes*）和子囊菌纲（*Ascomycetes*）与植物病害关系密切。

（七）真菌界担子菌门菌物

1. 生活习性

担子菌门菌物一般称作担子菌，是菌物中最高等的类群。担子菌大多是腐生的，许多可以形成大型子实体，常产生在腐朽木材、植物枯枝落叶上。有些子实体可食用或药用，但有的有毒。有些担子菌寄生于植物引起严重病害。还有少数担子菌与植物共生形成菌根。

2. 营养体

绝大多数的担子菌具有发达的有隔菌丝体，为单倍体，细胞壁为几丁质。担子菌可以形成两种类型的营养体。

（1）初生菌丝。初生菌丝（primary mycelium）是由担孢子萌发产生的单倍体菌丝，初期无隔多核，以后很快形成隔膜，每个细胞具有1个核。大多数担子菌的初生菌丝体的生活力不强，初生菌丝体阶段较短。初生菌丝通常很快通过质配形成双核菌丝。

（2）次生菌丝。次生菌丝（secondary mycelium）是由两根初生菌丝间发生菌丝融合形成的单倍体双核菌丝。担子菌的双核菌丝十分发达，一般看到的担子菌的营养菌丝就是这种双核菌丝。因此，担子菌有很长的双核单倍体阶段。许多担子菌的双核菌丝细胞在分裂时，在靠近隔膜处形成一种称为锁状联合（clamp connection）的结构。双核的次生菌丝可以形成菌组织，由菌组织进一步构成菌核和菌索。高等担子菌的双核菌丝还可以特化为一种三生菌丝（tertiary mycelium），其作用是形成高等担子菌的担子果。

3. 无性繁殖

无性繁殖不发达，除少数种类外，大多数担子菌在自然条件下没有或极少进行无性繁殖。有些担子菌可以通过担孢子芽殖或菌丝体断裂方式产生无性孢子，如黑粉菌。有些担子菌能产生真正的分生孢子，如松根腐病病菌异担孔菌。

4. 有性生殖

有性生殖过程比较简单，除锈菌外，一般没有特殊分化的性器官，主要是由两个担孢子或两个初生菌丝体细胞进行质配，有的是通过孢子与菌丝或受精丝结合进行质配。担子菌质配后形成双核的次生菌丝体，其顶端细胞膨大形成棍棒状的担子，它是担子菌进行核配和减数分裂的场所。当顶端细胞开始膨大时，其中的2个细胞进行核配形成一个二倍体的细胞核，接着进行减数分裂形成4个单倍体的细胞核。每个细胞核形成一个单核的担孢子，分别着生在担子顶端的4个小梗上，所以每个典型担子上有4个担孢子。担孢子萌发形成单倍体的初生菌丝体。

高等担子菌的担子着生在具有高度组织化的结构上形成子实层，这种结构称作担子果（basidiocarp），常见的如蘑菇、木耳、银耳、灵芝等。担子果的发育类型有裸果型、半被果型和被果型三种。子实层从一开始就暴露的为裸果型，如非褶菌目菌物；子实层最初有一定的包被，在担子成熟前开裂露出子实层的为半被果型，如伞菌；子实层包裹在子实体内，担子成熟时也不开裂，只有在担子果分解或遭受外力损伤时担孢子才释放出来，为被果型，如马勃。低等担子菌的担子裸生，不产生担子果，如锈菌、黑粉菌。

5. 分类

《菌物词典》第10版（2008）将担子菌门分为3个纲，即黑粉菌纲（*Ustomycetes*）、冬孢菌纲（*Teliomycetes*）和担子菌纲（*Basidiomycetes*）。

（八）真菌界无性态菌物类

1. 生活习性

无性态真菌（anamorphic fungi）是以有丝分裂方式产生繁殖结构的真菌，其中绝大多数种类产生分生孢子。无性态真菌多数是陆生的，少数生活在海洋或淡水中，营腐生或寄生生活，其中很多种类是重要的植物病原菌，少数还可侵染动物和人类，引起真菌病。一些腐生的无性态真菌可引起食物腐败或产生毒素，有害于人的健康，有些种还能使农、畜产品和原料变质。许多无性态真菌具有重要的经济价值，如利用球孢白僵菌防治玉米螟和松毛虫，利用木霉菌防治农业上的土传病害，利用产黄青霉生产青霉素。这些无性态真菌在农业、工业、医药、食品和化工等领域得到了广泛应用。

2. 营养体

大多数无性态真菌的营养体阶段具有发达的菌丝体，菌丝具简单隔膜，多分枝，无色或暗色。菌丝体可以形成子座、菌核等结构，也可以形成分生孢子梗、孢梗束、分生孢子座、分生孢子盘、分生孢子器5种类型载孢体。少数为单胞（如酵母菌），在某些条件下可产生假菌丝。

3. 无性繁殖

无性态真菌在其生活史中通常不发生有性繁殖，即不存在两个性细胞或性器官的结合，而只以单倍体或多核体形态进行无性繁殖。无性态真菌的无性繁殖通常由特化的载孢体产生分生孢子。丝孢菌的分生孢子形成于分生孢子梗、孢梗束或分生孢子座上；腔孢菌的分生孢子形成于分生孢子盘或分生孢子器内。

①分生孢子梗：由菌丝分化而来能产生分生孢子的一种丝状结构。分生孢子梗的形态多样，单生或丛生，有色或无色，分枝或不分枝，直或弯曲，有的分生孢子梗顶端膨大，其上产生分生孢子。

②孢梗束：多根分生孢子梗聚在一起成基部联合而顶部分开的束状结构。分生孢子着生于分枝的顶端。

③分生孢子座：由菌丝体构成、上聚生分生孢子梗的垫状结构。在分生孢子梗顶端产生分生孢子。

④分生孢子盘：由菌丝体构成、内侧基部聚生大量短的、分生孢子梗的盘状结构，通常着生在寄主表皮下，成熟后突破寄主表皮。在分生孢子盘内除分生孢子梗外，有些属在分生孢子盘周围或中间还生有黑色、坚硬的刚毛。

⑤分生孢子器：由菌丝体构成、在内侧着生分生孢子梗或分生孢子的球形或近球形的结构。分生孢子器通常具有孔口，由孔口释放分生孢子。分生孢子器形状多样，如球形、烧瓶形、盂形、盾形或半球形，顶端无或有乳状突起，或有长喙。分生孢子器单腔室或多腔室，单孔口或多孔口，有时在分生孢子器孔口处着生暗色刚毛。分生孢子器内的分生孢子梗有或无，分枝或不分枝。

有些真菌不产生分生孢子，但可以产生厚垣孢子或菌核。厚垣孢子或菌核能够抵抗不良环境，也可作为繁殖结构进行传播。有些真菌在产生分生孢子的同时，也可以产生厚垣孢子或菌核。

4. 分类

有丝分裂孢子真菌（mitosporic fungi），也称无性态真菌。这类真菌的特征如下：①缺少或可能缺少产生子囊和子囊孢子、担子和担孢子阶段；②缺少或可能缺少任何减数分裂或有丝分裂繁殖体；③通过有丝分裂形成分生孢子。

二、原核生物

原核生物（procaryote）是一类细胞核DNA无核膜包裹、不具有核仁和核蛋白，也没有由单位膜隔开的细胞器，核糖体为70S型的单细胞微生物。园艺植物病原原核生物主要有细菌、植原体和螺原体等。引起的重要病害包括茄科青枯病、十字花科蔬菜软腐病、蔷薇科植物根癌病、黄瓜角斑病、柑橘溃疡病、柑橘黄龙病、枣疯病等。

（一）植物病原原核生物的一般性状

1. 形态和结构

（1）细菌的形态和结构。细菌有三种基本形态，即球状、杆状和螺旋状，分别称为球菌、杆菌和螺旋菌，植物病原细菌则以杆状为主，大小一般为（1 ~ 3）μm×（0.5 ~ 0.8）μm。细菌形态和大小受环境的影响，同种细菌在不同的培养基上或在不同的培养温度、培养时间等条件下，细菌的形态和大小会发生改变。细菌细胞的结构包括细胞壁、细胞膜、细胞质、核区和核糖体等，有些细菌除这些基本结构外，还有一些特殊结构，如芽孢、气泡、鞭毛、纤毛、性纤毛及荚膜等。

细菌的细胞壁是紧贴细胞膜外的一层坚韧、略具弹性的结构，能维持细胞的外形，并对细胞具有保护作用。细菌细胞壁由肽聚糖、脂类和蛋白质组成。用革兰氏染色法，可以将细菌分为革兰氏阳性菌和阴性菌两大类。植物病原细菌革兰氏反应大多是阴性，少数是阳性。细胞壁外有以多糖为主形成的黏质层，比较厚而固定的黏质层称为荚膜，植物病原细菌细胞壁外有厚薄不等的黏质层，但很少有荚膜。细胞壁内是半透性的细胞质膜。大多数植物病原细菌有鞭毛，鞭毛是产生于细胞质膜下粒状鞭毛基体上，穿过细胞壁和黏质层延伸到体外的丝状结构，是细菌的运动器官。鞭毛着生在菌体的一端或两端的称作极鞭，着生在菌体四周的称作周鞭，鞭毛有一根至多根。

细菌没有固定的细胞核，它的核物质集中在细胞质中央，形成一个椭圆形或近椭圆形的核区。在有些细菌中，还有独立于核质之外的呈环状结构的遗传因子，称为质粒，编码细菌的抗药性或致病性等性状。细胞质中有颗粒状内含物，如异粒体、中心体气泡、液泡和核糖体等。一些芽孢杆菌在菌体内可以形成一种称为芽孢的内生孢子，芽孢具有很强的抗逆能力。植物病原细菌通常无芽孢。

（2）植物菌原体的形态和结构。植物菌原体包括植原体和螺原体，无细胞壁、革兰氏反应和鞭毛等其他附属结构。菌体外缘为三层结构的单位膜。植原体的形态、大小变化较大，表现为多型性，如圆形、椭圆形、哑铃形、梨形等，直径80 ~ 1000 nm。细胞内有颗粒状的核糖体和丝状的核酸物质。螺原体菌体呈线条状，在其生活史的主要阶段，菌体呈螺旋形，一般长度为2 ~ 4 μm，直径100 ~ 200 nm。

2. **生理特性**

植物病原细菌属于化能有机异养型，大多数植物病原细菌对营养要求不严格，可在一般人工培养基上生长。在固体培养基上可形成多为白色、灰白色或黄色的菌落，不同细菌菌落大小、形态、颜色都有差异。但寄生于植物维管束的木质部小菌属则难以培养，而寄生于韧皮部的韧皮部杆菌属则不能培养。植原体至今还不能人工培养，而螺原体需在含有甾醇的培养基上才能生长，在固体培养基上形成煎蛋形菌落。

绝大多数病原细菌都是好氧的，少数为兼性厌气的。细菌生长pH值为7.0～7.2，适宜温度一般为26℃～30℃，在33℃～40℃时停止生长，也有低于和高于26℃～30℃的，如马铃薯环腐病菌的最适生长温度为20℃～23℃，菊果胶杆菌的生长温度可达39℃。大多数致死温度为50℃。

3. **生长繁殖**

细菌在适宜的环境条件下，不断地吸收营养物质进行代谢活动，从而使细胞质的量不断增加，体积随之加大，表现为生长。细菌是单细胞体，在其生长的同时就伴随着细胞数目的增加，这是由二分裂方式来完成的，形成2个基本相似的子细胞，子细胞又重复相同的过程，细菌这种由于细胞分裂而引起的个体数目的增加称为繁殖。原核生物多以裂殖的方式进行繁殖。细菌的繁殖速度很快，有些细菌在适宜的条件下，每20 min就可以分裂一次。

植原体一般认为以裂殖、出芽繁殖或断裂法繁殖，螺原体繁殖时以芽生长出分枝，断裂而成子细胞。

4. **遗传和变异**

原核生物和其他生物一样，具有遗传和变异的特性。原核生物的遗传物质由细胞质内的染色体DNA和质粒组成。在细菌分裂过程中，细菌的遗传物质及基因组也同步分裂，然后均匀地分配到两个子细胞中，从而保证了亲代的各种性状能稳定地遗传给子代。有的细菌经培养基培养好多代都不改变性状，这种现象称为遗传的保守性。但由于原核生物菌体小，表面积大，繁殖快，生活周期短，易发生变异，这些变异包括形态变异、生理变异和致病性变异等。这些表型上的变异可归结为两种性质不同的变异：一种变异是突变，细菌自然突变率很低，通常为十万分之一，但由于细菌繁殖快，繁殖量大，增加了发生变异的可能性；另一种变异是通过结合、转化和转导方式，一个细菌的遗传物质进入另一个细菌体内，使DNA发生部分改变，从而形成性状不同的后代。

（二）原核生物的分类与命名

原核生物的分类是根据生物的相似特点和关系，把它们划分成不同类群。根据《国际细菌命名法规》，为这些类群命名。

1. **分类**

原核生物的分类等级与其他生物的分类等级大致一样，设为域（domain）、界（kingdom）、门（phylum）、纲（class）、目（order）、科（family）、属（genus）、种（species）及亚种（subspecies），在实际的分类应用中，对种下分类级别的称呼不都是亚种，有的称为生物型（biotype）、生理型（biovar）、致病型或致病变种（pathovar）、血清型（serovar）及遗传型（genomvar）等。植物病原原核生物属于细菌域原核生物界。

原核生物的分类方法主要包括传统分类法、数值分类法、核酸分子生物学分类法、化学分类法和多项分类法。传统分类法已沿用100多年，目前仍然是一种常规的分类鉴定手段。

其常用的分类特征主要是表型特征，如细菌的形态、培养以及生理生化特性、血清学反应和对噬菌体的敏感性等。多项分类法是分类学上的一种合意形式，其目标是应用所有有用的数据划分合意种群，从而得出最终的结论。多项分类法的应用是分类学上的一个里程碑，它集合不同的分类方法得出分类类型，包括表型、遗传型和系统发育类型等数据和资料，得出的研究结果是可靠和稳定的。由于多项分类法需要分析大量的菌株和数据资料，需要相关的自动化操作和分析的仪器，因此在实际应用中有一定的局限性。

细菌的分类系统目前普遍使用的是由美国细菌学会组织编写的《伯杰氏细菌鉴定手册》（*Bergev's Manual of Deteminative Bacteriology*），是国际上大多数细菌学家采用的比较权威的系统。该手册最早于1923年由美国细菌学家David H.Bergey组织一批细菌分类学家编写。之后，每隔若干年美国细菌学会就组织细菌分类学家重新修订这本手册，到1978年共出版了8版。1984年，该手册更名为《伯杰氏系统细菌学手册》（*Bergey's Manual of Systematic Bacteriology*），分4卷出版。2001年，该手册第2版分5卷开始出版。由于该手册出版的历史悠久，每次修订工作都由当时著名的细菌学家担任，内容丰富并更新快，很受微生物学家欢迎，在国际上被普遍采用。该手册第2版共有5卷，第1卷包含古细菌和最早分支及光合细菌，第2卷包含普罗特斯细菌，第3卷包含低G+C含量的革兰氏阳性细菌，第4卷包含高G+C含量的革兰氏阳性细菌，第5卷包含浮霉菌、螺旋菌、丝杆菌、拟杆菌和梭杆菌。植物病原细菌主要分布在第2卷、第3卷和第4卷中。

在《伯杰氏系统细菌学手册》（以下简称《手册》）第1版中，细菌分为4个门：薄壁菌门、硬壁菌门、柔膜菌门和疵壁菌门。在《手册》第2版中，Krieg建议把细菌分为3个表型亚群：有细胞壁的革兰氏阴性细菌、有细胞壁的革兰氏阳性细菌和无细胞壁细菌。将原核生物分成两个域：古细菌域（Archaea）和细菌域（Bacteria）。与植物病害有关的细菌域分为23个门，共有5007个种。

2. 命名

细菌的学名是由《国际细菌命名法规》所规定的，这个法规的最新版本公布了由国际系统细菌学委员会（International Committee on Systematic Bacteriology，ICSB）起草的《核准的细菌名录》（*Approved List of Bacterial Names*）。这个名录包括经核准后生效的所有细菌的科学名称并从1980年使用。植物病原细菌的一些命名种除了致病性外，难以用生理生化特性区别，为同物异名，因此未能列入《核准的细菌名录》，为了保留这些细菌的分类地位，植物病理学家采用致病变种作为这些同物异名的分类单元。1980年，国际植物病理学会的植物细菌分类委员会列出了《植物病原细菌致病变种名录》模式的菌系，并提出致病变种命名的国际标准，这一标准与法规形式相同，是确定国际承认的新的致病变种所必须遵守的。因此，植物病理学家必须同时遵守以亚种为最低分类单元的《国际细菌命名法规》和植物病原细菌致病变种的国际标准。

细菌和其他生物一样，采用国际上通用的双名法，属名和种加词都以拉丁文的形式表示，其中属名在前，规定用拉丁文名词，且首字母要大写；种加词在后，常用拉丁文形容词表示。首字母小写。植物病原细菌的属名通常为描述这个属细菌的主要特征，或者用著名的植物病理学家的名字，而种加词则多用寄主植物名称或病害症状或人名，如丁香假单胞菌为*Pseudomonas syringae*。若是亚种，则需在种名后写上亚种名称，并在亚种名称前加上subsp.，如胡萝卜果胶杆菌胡萝卜亚种为*Pectobacterium carotovorum* subsp. carotovorum；而致病变种则在种名后写上致病变种的名称，并在其前加上pathovar的缩写pv.，如水稻黄单胞菌水稻致病变种（水稻细菌性条斑病菌）为*Xanthomonas oryzae* pv. oryzicola。另外，由于研究的不断深入，人们不可避免地要对一些细菌进行重新分类和命名，这时该细菌的学名后将最先命名的命名人名字用括号标在新命名人的名字前，如马铃薯环腐病菌为*Clavibacter michiganensis* subsp.sepedonicus （Spiecherman et Kotthoff） Davis et al.。

（三）植物病原原核生物的重要属种

《伯杰氏系统细菌学手册》（第2版）把原核生物分为真细菌和古细菌两个部分，共25个门，5007个种。真细菌共23个门，革兰氏阴性菌分为21个门，革兰氏阳性菌分为2个门。随着新组合的形成、新属的建立、新类型的发现及偶遇性细菌的危害，植物病原细菌的属已从过去的5～6个属增加至近30个属。其中重要植物病菌细菌经历了如下分类变迁：原来的棒杆菌属现已不包括植物病原细菌了，植物病原棒形细菌已被重新组合到5个属中，分别为棒形杆菌属、节杆菌属、短小杆菌属、红球菌属和鸭舌草杆菌属。从假单胞菌属（*Pseudomonas*）演变出来的新分类单元有布克氏菌属、劳尔氏菌属、嗜酸菌属。从黄单胞菌属（*Xanthomonas*）中发展而来的新属为嗜木质菌属（*Xylophilus*）。由欧文氏菌属演变而来的新属有泛菌属（*Pantoea*）、果胶杆菌属和*Dickeya*。由菌原体（MLO）类群演变出来的新属有植原体属、螺原体属、木质部小菌属和韧皮部杆菌属。芽孢杆菌属和梭孢杆菌属作为偶遇性致病菌也被归到了植物病原细菌当中。

1. 土壤杆菌属

土壤杆菌属（*Agrobacterium*）菌体短杆状，无芽孢，大小为（0.6～1.0）μm×（1.5～3.0）μm，单生或双生，以1～4根周生鞭毛或侧生鞭毛运动。革兰氏反应阴性。DNA中G+C含量（mol）为57%～63%。营养琼脂上菌落呈灰白色，半透明，圆形、隆起、光滑，质地黏稠，不产生色素。过氧化氢酶阳性，氧化酶和尿酶通常也是阳性。土壤杆菌属细菌有的种依靠Ti质粒（tumor inducing plasmid）或Ri质粒（rhizogen inducing plasmid）致病，引起植物的根癌病或发根病。重要种为根癌土壤杆菌（*A.tume faciens*），又称为冠瘿病菌，寄主范围广，可侵害90多个科300多种双子叶植物和裸子植物，尤以蔷薇科植物为主，引起桃、苹果、月季、葡萄的根癌病。症状通常表现为近地表的茎基部或根冠部产生大小不等的花椰菜状肿瘤，初为淡褐色，后期变为深褐色，组织木栓化。病菌从……入，嫁接伤口、机械伤口以及虫伤是病菌侵入的主要途径。潮湿的土壤有利于病……情况下，癌瘤形成的最适温度为22℃。

2. 黄单胞菌属

黄单胞菌属（*Xanthomonas*）菌体多单生，短杆状，大小为（0.4～0.7)/μm×（1.0～2.9)μm，极生单鞭。革兰氏反应阴性。营养琼脂上的菌落呈黄色，圆形隆起，产生非水溶性黄色素。严格好气性，代谢为呼吸型，氧化酶阴性或过氧化氢酶阳性，DNA中G+C含量（mol）为63%～70%。

黄单胞菌属的成员都是植物病原菌。重要种为野油菜黄单胞菌，引起甘蓝黑腐病。危害十字花科植物叶片，引起黑腐症状。病菌自水孔和伤口侵入，进入维管系统，呈黄褐色“V”字形坏死斑。病斑可扩展至全叶。该病菌可随种子传播，也可通过雨水溅落、灌溉水、田间昆虫和农事操作等传染方式扩散。

3.假单胞菌属

假单胞菌属（*Pseudomonas*）菌体短杆状，直或弯，单生，大小为（0.5～1.0）μm×（1.5～5.0）μm，极生鞭毛1至多根。革兰氏反应阴性。无芽孢。营养琼脂上菌落圆形、隆起、灰白色，有些种可产生荧光色素。严格好气性，代谢为呼吸型，氧化酶多为阴性，少数为阳性，过氧化氢酶阳性，DNA中G+C含量（mol）为58%～70%。重要种为丁香假单胞菌，寄主范围很广，可侵害多种木本植物的枝、叶、花和果，主要引起叶斑或茎干溃疡症状。该菌在紫外线下照射时能发出强烈的荧光。

4. 欧文氏菌属

欧文氏菌属菌体短杆状，单生为主，偶双生或短链状，大小为（0.5～1.0)μm×（1～3)μm，以周生鞭毛运动。革兰氏反应阴性。营养琼脂上菌落圆形、隆起、灰白色。兼性厌气，能利用多种糖类产酸。氧化酶阴性，过氧化氢酶阳性，最适生长温度为27℃～30℃。DNA中G+C含量（mol）为50%～58%。

重要种为解淀粉欧文氏菌，主要引起蔷薇科仁果类果树的火疫病，是一种毁灭性病害，为我国进境植物检疫性有害生物。主要危害花、叶、嫩枝，也可危害果实、枝条和树干，被害花、果和叶片很快变成黑褐色枯萎，但仍挂在枝头不落，像火烧过一样。我国目前未发现此病菌。

5. 劳尔氏菌属

劳尔氏菌属（*Ralstonia*）菌体短杆状，极生鞭毛1～4根，在组合培养基上形成光滑、湿润、隆起的灰白色菌落。有些菌株在培养基上生长时可分泌一种水溶性褐色素而使培养基变成褐色。革兰氏反应阴性，好氧。

重要种茄青枯劳尔氏菌（*R.solanacearum*）为土壤习居菌，长期存活于土中，能引起450多种植物的青枯病，侵染的重要经济作物有番茄、烟草、马铃薯、香蕉。引起的典型症状是急性全株凋萎，病茎维管束变褐，横切后用手挤压可见白色菌脓。

6. 果胶杆菌属

果胶杆菌属原为欧文氏菌属的胡萝卜软腐组群，除具有欧文氏菌属的一些基本特征外，该属细菌会产生大量果胶酶，使植物组织的薄壁细胞浸离降解，引起软腐症状。引起的重要病害有十字花科蔬菜的软腐病、马铃薯黑胫病等。

重要种为胡萝卜软腐果胶杆菌，引起十字花科蔬菜的软腐症状，寄生范围很广，可侵染禾本科、茄科等20多科的园艺作物和大田作物。主要由伤口侵入，也可通过介体动物传播侵染。软腐病菌侵入后先从伤口或细胞间吸取养分，然后分泌果胶酶，分解细胞壁的中胶层，导致细胞离析，组织解体，病组织表现为软腐与湿腐，如侵染维管束组织，也能阻碍水分输送而导致萎蔫。软腐病菌是一种弱寄生菌，在厌氧条件下危害较重。

7. 嗜酸菌属

嗜酸菌属菌体呈杆状，直或微弯，大小为（0.2 ~ 0.8）μm×（1.0 ~ 5.0）μm，通常以单极鞭运动，2 ~ 3 根极鞭少见。革兰氏反应阴性。营养琼脂培养基上菌落圆形、突起、光滑，边缘平展或微皱，呈暗淡黄色，菌落周围有透明边缘，有些种会产生黄色到淡褐色的扩散性色素。最适生长温度为30℃ ~ 35℃。嗜酸菌属细菌可生活在土壤、水和植物上，导致植物组织坏死和腐烂。

重要种为瓜类细菌性果斑病菌，引起瓜类细菌性果斑病。病菌主要附着在种子和病残体上越冬，未腐熟的有机肥料、土壤带菌也是其侵染来源。病菌随风雨或灌溉水从植株气孔或受伤部位侵入，叶片上的气孔数与发病程度成正相关，也可借昆虫及农事操作等途径传播。病菌主要侵染葫芦科植物，如西瓜、甜瓜、南瓜、丝瓜、黄瓜、网纹洋香瓜、蜜露洋香瓜等。

8. 棒形杆菌属

棒形杆菌属菌体短杆状至不规则杆状，大小为（0.4 ~ 0.75）μm×（0.8 ~ 2.5）μm，无鞭毛，无芽孢。革兰氏反应阳性。营养琼脂上菌落灰白色，圆形，光滑凸起，不透明。好气，呼吸型代谢，氧化酶阴性，过氧化氢酶阳性，DNA 中 G+C 含量（mol）为 67% ~ 78%。

重要种为马铃薯环腐病菌，生长温度20℃ ~ 23℃，危害马铃薯引起环腐病。病菌大多借切刀传染，病株维管束组织遭破坏，颜色变褐，地上部萎蔫，叶反卷，薯块小。病薯块横切时在环状维管束组织处充满黄白色菌脓，稍加挤压维管束内外两层则可分离。

9. 短小杆菌属

短小杆菌属菌体小，呈不规则杆状，后期呈球状并失去革兰氏染色阳性反应特征，大小为（0.4 ~ 0.6）μm×（0.6 ~ 3.0）μm，不产生内生孢子，以侧生鞭毛运动。营养琼脂上菌落呈橘黄色奶油状，圆形，隆起。严格好气，过氧化氢酶阳性，DNA 中 G+C 含量（mol）为 68.3% ~ 75.2%。

重要种为菜豆萎蔫病菌，侵染菜豆可致幼苗矮化，成株萎蔫，茎秆及豆荚受害出现淡黄色斑。

10. 链霉菌属

链霉菌属是放线菌中唯一能引起植物病害的属。菌体无细胞核，细胞壁由肽聚糖组成。菌体丝状，纤细、无隔膜，辐射状向外扩散，菌丝直径 0.4 ~ 1.0μm，菌丝体可分为基质内菌丝、气生菌丝和孢子丝。菌丝可产生不同颜色的色素，是鉴定的重要依据。气生菌丝可产生链球状或螺旋状的分生孢子。孢子丝的形状有直形、波浪形或螺旋形，由孢子丝产生孢子。孢子呈圆形、椭圆形、杆状及瓜子状等。孢子的形状、颜色和表面结构等也是鉴定的重要特征。革兰氏反应阳性。营养琼脂上菌落灰白色，圆形，紧密。本属大多数种为土壤习居菌，少数可侵染危害，如马铃薯疮痂病菌，多自伤口侵入，在薄壁细胞中危害，诱导寄主产生抗性形成木栓层，外观呈疮痂。

11. 螺原体属

螺原体属无细胞壁。菌体主要阶段呈螺旋形，有螺旋状分枝。生长要求必须有甾醇，DNA中G+C含量（mol）为24%～31%，基因组的分子质量为1×10^6 ku。主要寄生于植物的韧皮部和昆虫体内，产生矮化、丛生及畸形症状。

代表种有柑橘僵化螺原体，危害柑橘和豆科植物，受害后表现为枝条直立，节间缩短，叶变小，枝丛生，树皮增厚，植株矮化，全年可开花，结果小，易脱落。叶蝉是主要的媒介昆虫。

12. 植原体属

植原体属无细胞壁，菌体由单位膜组成的原生质膜包围，菌体圆球形或椭圆形，但在韧皮部筛管中或穿过细胞壁上的胞间连丝时，可改变形态至丝状、杆状或哑铃状等。菌体大小为80～1000 nm。目前还不能离体培养。目前，已报道有300多种植物能被其侵染，引起的主要病害有枣疯病、泡桐丛枝病和桃黄化病等。主要症状为黄化、丛生矮缩及花叶变小等。

三、病毒类

病毒（virus）原意是传染性活液。1991年，Matthews将病毒定义为：通常包被于保护性的蛋白（脂蛋白）衣壳中，只能在适宜的寄主细胞内完成自身复制的一个或一套基因组核酸分子。因此病毒又称分子寄生物，具有以下特点：①形体微小，缺乏细胞结构；②基因组只含有一种核酸（DNA或RNA）；③依靠自身的核酸进行复制，但必须依靠寄主的酶和能量系统；④严格的细胞内专性寄生物。

按其寄主的不同，病毒可分为动物病毒、植物病毒、细菌病毒（噬菌体）和真菌病毒等。植物病毒作为一类病原物，其引起的植物病害种类仅次于真菌病害，一种病毒可侵染多种寄主，一种寄主植物又可受到多种病毒的危害，常造成严重损失。很多严重病害是由病毒引起的，如茄科蔬菜病毒病、十字花科蔬菜病毒病等。

（一）植物病毒的形态、结构与成分

1. 植物病毒的形态

形态完整（成熟）的侵染性病毒粒子称作病毒粒体。各类病毒粒体的形态、大小、结构差异很大。高等植物病毒粒体主要为杆状、线状、球状和弹状等。杆状和短杆状的粒体有圆头的和截头的。线状粒体一般长480～1250 nm，宽10～130 nm；杆状粒体一般长130～300 nm，宽15～20 nm；弹状粒体一般长58～240 nm，宽18～90 nm；球状粒体大小一般以其直径的平均值为代表，粒体直径16～80 nm。有一类病毒由大小相同的两个近球形粒体组成，称为联体病毒，如番茄曲叶病毒等。

许多植物病毒的基因组分布于两个或多个核酸链上，称为多分体基因组（multipartite genome）。它们可以装配在同一个病毒粒体内，如番茄斑萎病毒；也可以装配在不同的病毒粒体内，称为多分体病毒，如豇豆花叶病毒。多分体病毒可由几种大小或形状相同或不同的粒体所组成，当这几种粒体同时存在时，该病毒才具有侵染性。如烟草脆裂病毒有大小两种杆状粒体，苜蓿花叶病毒具有大小相同的5种粒体。

2. 植物病毒的结构

植物病毒粒体由核酸和蛋白质衣壳组成，内部是作为遗传物质的核酸，具有侵染作用的核酸称为基因组，外面是起保护作用的蛋白质衣壳，具有保护核酸免受核酸酶或者紫外线破坏的作用。衣壳由许多单个蛋白质亚基或多肽链组成，蛋白质亚基又称结构单位，不同蛋白质亚基排列方式是不同的。有些病毒粒体的外面还具有包膜（或称囊膜），包膜由脂类、蛋白质和多糖组成。

一般杆状或线状植物病毒，中间是螺旋状核酸链，外面是由许多蛋白质亚基组成的衣壳。蛋白质亚基也排列成螺旋状，核酸链就嵌在亚基的凹痕处。因此，杆状和线状粒体是空心的。球状病毒大都是近似正20面体，衣壳由60个或其倍数的蛋白质亚基组成。蛋白质亚基镶嵌在粒体表面，粒体的中心是空的；但核酸链的排列情况还有待研究。弹状粒体的结构更为复杂，有一个比粒体短而细的管状中髓，也是由核酸和蛋白质形成的螺旋体，外面有一层含有蛋白质和脂类的包膜。

3. 植物病毒的成分

植物病毒粒体的主要成分是核酸和蛋白质，各类植物病毒所含核酸和蛋白质比例不同，一般核酸占5%~40%，蛋白质占60%~95%。此外，还含有水分、矿物质元素等，有些病毒粒体还有脂类和多胺类物质，少数植物病毒含有不止一种蛋白质，有的病毒还有酶系统。

一种病毒粒体内只含有一种核酸（RNA或DNA）。植物病毒的基因组核酸大多数是RNA，并且正链居多，负链较少，少数病毒的基因组是双链的，如三叶草伤瘤病毒；还有一些病毒的基因组是单链DNA（ssDNA）如联体病毒科，或双链DNA（dsDNA）如花椰菜花叶病毒科。

蛋白质亚基是由许多氨基酸以多肽链连接形成的。病毒粒体的氨基酸将近20种，各种氨基酸在蛋白质中的排列次序是由基因组核酸决定的，同种病毒的不同株系蛋白质的氨基酸序列可能不同。

（二）植物病毒的理化特性

1. 钝化温度

钝化温度（thermalinactivation point，TIP）是指将病组织汁液在不同温度下处理10 min后，使病毒失去侵染力的最低处理温度。番茄斑萎病毒的钝化温度最低，只有45℃；烟草花叶病毒的钝化温度最高，为97℃；大多数植物病毒的钝化温度为55℃~70℃。

2. 稀释限点

稀释限点（dilution end point，DEP）是指将病组织汁液加水稀释，当超过一定限度时，病毒便失去侵染力。如烟草花叶病毒的稀释限点为10^{-6}，黄瓜花叶病毒的稀释限点为10^{-4}。

3. 体外存活期

体外存活期（1ongevity in vitro，LIV）是指在室温（20℃~22℃）下，病毒汁液保持侵染力的最长时间。大多数病毒的体外存活期为数天到数月。

4. 沉降系数

沉降系数（sedimentation coefficient）是用离心法时对大分子沉降速度的量度。一般植物病毒的沉降系数为50～200 S。

5. 光谱吸收特性

由于病毒中的蛋白质和核酸都能吸收紫外线，蛋白质吸收高峰在280 nm左右，核酸在260 nm左右。因此，对一种病毒，260 nm和280 nm的紫外线吸收值的比值（260 nm/280 nm）可以表示病毒核酸相对含量的多少，比值小的多是线状病毒，比值高的可能是球状病毒。对一种纯化的病毒，紫外线吸收值可以表示该病毒的浓度；对未纯化的病毒样品，其260 nm/280 nm偏离标准值的大小，可以说明该样品纯度的高低。

6. 化学特性

化学特性主要是指核酸的类型、核酸的链数及核酸的分子质量、核酸在病毒粒体中的百分含量等。病毒核酸的这些特性是病毒分科、分属的重要参数。

（三）植物病毒的复制和增殖

病毒侵染植物以后，在活细胞内增殖后代需要两个步骤：一是病毒核酸的复制（replication），即从亲代向子代病毒传送遗传信息的过程；二是病毒基因组核酸信息的表达，即病毒mRNA的合成及专化性蛋白质翻译的过程。这两个步骤遵循遗传信息传递的一般规律，但也因病毒核酸类型的变化而存在具体细节上的不同。

1. 植物病毒基因组的复制

植物病毒与一般细胞生物遗传信息传递的主要不同点是存在反转录现象，有些病毒的RNA可以在病毒编码的反转录酶的作用下，反转录出互补的DNA链。大部分植物病毒的核酸复制是由RNA复制RNA。病毒核酸的复制需要寄主提供场所（通常是在细胞质或细胞核内）、复制所需的原材料和能量、寄主编码的部分酶以及膜系统。病毒自身提供的主要是模板核酸和专化性的聚合酶（polymerase），也称复制酶（或其亚基）。

2. 植物病毒基因组的表达

病毒基因信息的表达主要有两个方面：一是病毒基因组转录出mRNA的过程，二是mRNA的翻译。表达的不同点主要在于其mRNA的合成具有多种途径，mRNA的翻译加工有多种策略。

（1）植物病毒核酸的转录。无论植物病毒含有何种核酸，要翻译出蛋白质必须经过mRNA这一过程。正链RNA病毒基因组核酸可以直接作为mRNA使用，其他植物病毒则有不同的转录途径。植物病毒核酸的转录同样需要寄主提供场所和原材料，大部分植物病毒的核酸转录在细胞质内进行，部分在细胞核进行。DNA病毒（单链和双链病毒）在转录mRNA时都需要寄主提供的转录酶。负链RNA病毒因为其核酸不能直接翻译蛋白质，转录为正链核酸所必需的复制酶是由病毒进入寄主细胞时随病毒粒体带进去的，所以这些病毒的精提纯核酸不能完成复制的过程。另外，就具有单链RNA基因组的番茄斑萎病毒属和纤细病毒属病毒而言，其基因组RNA链的一部分可以通过转录合成亚基因组RNA，作为mRNA使用翻译出蛋白质；而另一部分则需要通过复制产生互补链，再由互补链转录出亚基因组RNA，才能作为mRNA使用。这种类型的核酸称为双义RNA（ambisense RNA）。

（2）植物病毒核酸的表达。多数病毒在转录出mRNA以后，其翻译仍然需要特殊的机制。由于真核生物内的蛋白质合成机制——核糖体仅能识别翻译mRNA上的第一个开放读框（open reading frame，ORF），同一个核酸链上其他基因的表达则要借助病毒的特殊翻译。

植物病毒基因组编码的基因较少，一般RNA病毒的基因为4～5个，多的可达12个。这些基因产物包括病毒编码的复制酶或转录酶，病毒的衣壳蛋白、移动蛋白、传播辅助蛋白、蛋白酶等。有些病毒的蛋白产物与病毒的核酸、寄主的蛋白质聚集起来，形成一定体积和形状的内含体（inclusion body）。内含体可分为核内含体和细胞质内含体两类。细胞质内含体在形状、大小、组成和结构方面差异很大，主要分为不定形内含体、假晶体内含体、晶体内含体和风轮状内含体等几种类型。不同属的植物病毒往往产生不同类型、不同形状的内含体，可作为鉴别不同类型病毒的依据。

（3）植物病毒的基因组结构及功能。随着分子生物学研究的进展，越来越多的植物病毒的基因组结构被揭示出来，对它们的核苷酸序列、基因产物的氨基酸序列及其生物学功能已经有所了解。

由于植物病毒基因组编码的基因数目少，可以比较容易地画出它们的遗传图谱，标出各种基因的位置。

3. 植物病毒的增殖

植物病毒作为一种分子寄生物，没有细胞结构，不像真菌那样具有复杂的繁殖器官，也不像细菌那样进行裂殖生长，而是分别合成核酸和蛋白质再组装成子代粒体。这种特殊的繁殖方式称为复制（multiplication）。

从病毒进入寄主细胞到新的子代病毒粒体合成的过程即为一个增殖过程。以正链RNA病毒的核酸复制为例，介绍病毒复制的一般过程。

（1）进入活细胞并脱壳。植物病毒以被动方式通过微伤（机械伤或介体造成伤口）直接进入活细胞，并释放核酸，释放核酸的过程也称为脱壳（uncoating）。

（2）核酸复制和基因表达。核酸复制是传递遗传信息的中心环节，包括产生子代病毒的核酸和产生翻译病毒蛋白质的mRNA。脱壳后的病毒核酸直接作为mRNA，利用寄主提供的核糖体翻译出依赖于RNA的RNA聚合酶（RNA-dependent RNA polymerase，RdRp）；在RNA聚合酶作用下，以正链RNA为模板，复制出负链RNA；再以负链RNA为模板，复制出一些亚基因组RNA，同时大量复制出全长正链RNA；亚基因组RNA翻译出衣壳蛋白等3种蛋白。新合成的正链RNA与衣壳蛋白进行装配，成为完整的子代病毒粒体。子代病毒粒体可不断增殖并通过胞间连丝向邻近细胞进行扩散转移。

（四）植物病毒的侵染、移动及传播

1. 植物病毒的侵染

植物病毒不能像真菌那样，直接侵入寄主，而是以被动方式通过微伤口（机械或介体造成的伤口）进入活细胞并释放核酸。病毒需通过不致细胞死亡的微伤口侵入，不同病毒侵入方式不同，但病毒究竟如何侵入还不清楚。对于摩擦接种，有的认为病毒是从表皮通道侵入，有的认为是通过胞间连丝侵入，多数认为是通过表皮细胞的感受点即侵染位点侵入。不同植物每个叶片的感受点数不同，而每个感受点需多少病毒粒体才能侵入也因病毒而异，如烟草一个感受点需10^5个粒体才能成功侵染。

2. 植物病毒的移动

病毒从植株的一个局部到另一个局部的过程称为移动（movement)。移动是病毒在寄主个体中的位移。植物病毒在寄主体内的移动是致病过程中的一个基本环节。其移动方式有两种：一种是细胞间的短距离移动，即通过胞间连丝从一个细胞向感染点周围的临近细胞移动，一般病毒短距离移动的速度很慢；另一种是病毒以被动扩散的方式通过维管束筛管组织的长距离移动，病毒在筛管组织中的移动速度较快。

系统侵染的病毒在叶片组织中的分布是不均匀的，这是因为病毒的扩散始终受到寄主的抵制。一般来讲，植物旺盛生长的分生组织很少含有病毒，如茎尖、根尖，这也是通过分生组织培养获得无毒植株的依据。

3. 植物病毒的传播

病毒是专性寄生物，在自然界生存发展必须在寄主间转移，植物病毒从一植株转移或扩散到其他植株的过程称为传播，传播是病毒在植物群体中的转移。根据自然传播方式的不同，可以分为介体（vector）传播和非介体传播两类。介体传播是指病毒依附在其他生物体上，借其他生物体的活动进行传播及侵染。传播介体包括动物介体和植物介体两类。植物病毒的常见传播方式如下。

（1）非介体传播。

①种子、花粉和营养繁殖材料传播：有些病毒如豆科、葫芦科和菊科等植物上的某些病毒是通过种子传播的，实际上是由于种子带有病株残体，或种子内外带有病毒颗粒。种子传播是病毒早期侵染作物的有效方式。因此采用种子消毒，有减少带毒的可能性。有些病毒可由花粉传播，病毒通过花粉受精过程扩散到整个植株，使植株带毒。由于植物病毒多为系统侵染，因此，植物的营养繁殖材料（块茎、球茎、块根、砧木、接穗、插条等）若来自病株，则往往成为发病的初侵染源。许多植物病毒是通过这些方式传播的，如马铃薯病毒病。

②机械传播（汁液传播)：病毒可以通过摩擦所造成的微伤而传播，这种传播方式仅限于大部分花叶型病毒。自然界中机械传毒的主要方式是人工移苗、整枝、打杈等田间操作，因操作者的手和工具沾染了病毒汁液从而传播病毒。

③嫁接传播：所有植物病毒，只要是寄主能进行嫁接的均可传播，当接穗或砧木带毒时，嫁接后病毒能从带毒部位进入健康部位而使全株发病。果树病毒传播以这种传毒方式比较普遍，因此，选用无病接穗和砧木是防治此类病害的有效措施。

（2）介体传播。介体传播是病毒在田间的主要传播方式。植物病毒的传播介体最重要的是昆虫，其次是线虫、菌物、螨类和菟丝子等。

①昆虫传播：大部分植物病毒可以通过昆虫传播。传毒的昆虫主要是刺吸式口器的昆虫，如蚜虫、叶蝉、飞虱、粉虱、蓟马及甲虫等。能传毒的昆虫叫作虫媒。

②线虫传播：许多重要的病毒可由线虫传播，如葡萄的扇叶病毒病。能够传毒的线虫主要都是外寄生线虫，如剑线虫属（Xiphinema)、长针线虫属（Longidorus）等。

③菌物传播：目前已经知道9个病毒属和分类地位确定的30多种病毒是由菌物传播的。能够传毒的菌物主要是壶菌目和根肿菌目中的几个属。

④螨类传播：目前已发现9种病毒是由螨类传播的。螨类通过口针取食传毒，主要传播球状病毒。

⑤菟丝子传播：菟丝子往往可以作为桥梁，将病株上的病毒传至健株。菟丝子能在亲缘关系很远的植物之间传播病毒。

了解病毒的传播规律是病害防治的基础，而且病毒的保存和扩散与传播方式直接相关，所以确定防治对象和防治方法必须先了解传播特点。另外，在介体传播中，病毒、介体、植物之间的复杂关系在生物学研究中具有重要意义。

（五）亚病毒

亚病毒包括类病毒（*Viroids*）、病毒卫星（satellite virus）及朊病毒（prion virus）等。朊病毒在植物中还没发现。

1. 类病毒

类病毒是指在侵染植物体内能进行自我复制的没有衣壳蛋白包被的低分子质量环状单链RNA分子，一般由246～399 nt组成，是目前为止发现的最小的植物病原物。

类病毒侵染能力强，侵染后一般引起类似病毒病的矮化、斑驳、叶变形、坏死、开花与成熟延迟等症状。有些类病毒引起的症状很轻或不产生症状，一般高温及强光下症状表现明显。感染类病毒的组织常产生异常的细胞膜结构，细胞壁畸形膨大。类病毒分布于叶肉组织细胞和维管束组织中，大多数类病毒存在于细胞核，少数存在于叶绿体中。类病毒可以通过机械接种传播。自然界中多数类病毒靠营养繁殖传播，有些可经种子或花粉传播。

类病毒可侵染马铃薯、番茄、苹果、柑橘、椰子等多种植物，引起严重的病害，如马铃薯纺锤块茎类病毒（PSTVd）、椰子死亡类病毒（CCCVd）和柑橘速衰类病毒（CEVd）等造成的损失相当严重，椰子死亡类病毒曾使菲律宾几百万株椰子树死亡。

2. 病毒卫星

病毒卫星是指依赖于与其共同侵染寄主细胞的辅助病毒进行繁殖的核酸分子，其核酸序列与辅助病毒基因组没有明显的同源性。病毒卫星包括卫星病毒（satellite virus）和卫星核酸（satellite RNA或satellite DNA）。病毒卫星的核酸分子如含有编码衣壳蛋白的遗传信息，并能包裹成形态学和血清学与辅助病毒不同的颗粒，则称为卫星病毒；如本身没有编码衣壳蛋白的遗传信息，而是装配在辅助病毒的衣壳蛋白中，则称为卫星核酸。与病毒有关的病毒则称为辅助病毒（helper virus）。

（六）植物病毒病害的内含体

植物病毒侵染植物后在外部不表现病征，但在植物组织细胞内部会产生病变，包括细胞增生、增大、细胞器变化和病毒特征性聚集，即形成内含体。不同病毒可产生不同的内含体，有些内含体对病毒的诊断很有意义，如马铃薯Y病毒所特有的风轮状内含体和烟草花叶病毒侵染的表皮细胞中的多边形结晶内含体。

（七）植物病毒的分类与命名

病毒的分类和命名工作是在国际病毒分类委员会（International Committee on Taxonomy of Viruses，ICTV）的统一领导下进行的。病毒分类与命名是国际性的，适用于所有病毒。国际病毒分类系统采用目、科、属、种的分类单元，但不一定要使用所有单元，如病毒科不必都归入目中，没有合适的目时，科就是最高的分类单元。

植物病毒的命名一般是由寄主名+症状类型+病毒构成的，如黄瓜花叶病毒为Cucumber mosaic virus。病毒的属是一群具有某些共同特征的种，属的词尾为"virus"，设立一个新的病毒属时必须有一个同时被承认的代表种（type species）。病毒科是一群具有某些共同特征的属，科的词尾为"viridae"，科以下可设或不设亚科，亚科的词尾为"virinae"。病毒目是一群具有某些共同特征的科，目的词尾为"virales"。病毒的命名也适用于类病毒，其命名一般也采用寄主名+症状类型+类病毒，如啤酒花类病毒为Hop stunt viriod。类病毒属的词尾是"viriod "，科的词尾是"viriodae"。

病毒目、科、亚科和属一律用斜体字书写，名称的第一个字母要大写。病毒种名须用斜体字书写，第一个词的首字母要大写，如烟草花叶病毒为*Tobacco mosaic virus*，马铃薯卷叶病毒为*Potato leaf roll virus*。属内的暂定种不用斜体，第一个词的首字母要大写。

在ICTV 2009年发布的分类系统中，植物病毒包括3目21科950个确定种。植物病毒分类系统将植物病毒划分为6个大类群，分别为双链（ds）DNA.病毒、单链（ss）DNA病毒、双链（ds）RNA病毒、单链（ss）RNA病毒、单链（ss）负义RNA病毒、单链（ss）正义RNA病毒。

（八）植物病毒的主要属种

1. 黄瓜花叶病毒属

黄瓜花叶病毒属（*Cucumovirus*）的典型种为黄瓜花叶病毒（*Cucumber mosaic virus*，CMV）。

黄瓜花叶病毒属的病毒粒体为等轴的二十面体，无包膜，直径大约为30 nm。病毒基因组为三分体线形正义ssRNA，衣壳蛋白由一种多肽组成，分子质量为2424 ku。稳定性依赖于蛋白质与RNA间的互作，在盐溶液中不稳定。病毒可由60多种蚜虫以非持久性方式传播，也可由机械接种传播，在多种植物上（包括一些杂草）可以种传。黄瓜花叶病毒（CMV）的寄主范围较广，能侵染85科以上10 000多种植物。该属其他病毒的寄主范围较窄。

2. 马铃薯Y病毒属

马铃薯Y病毒属（*Potyvirus*）的典型种为马铃薯Y病毒（*Potato virus* Y，PVY）。

马铃薯Y病毒属的病毒粒体线状，长680 ~ 900 nm，直径11 ~ 15 nm，具有一条正义ssRNA，基因组全长为9 ~ 11 nt。衣壳蛋白由一条多肽组成，分子质量为80 ~ 47 ku。一些病毒的寄主范围窄，少数病毒可侵染30多科植物，病毒通过蚜虫以非持久方式传播，也可以通过机械接种传播。一些病毒还可经种子传播。该属是最大的一个植物病毒属，许多病毒可危害蔬菜、果树等作物，引起重要病害，在全世界范围内造成严重损失。

3. **烟草花叶病毒属**

烟草花叶病毒属（*Tobamovirus*）的典型种为烟草花叶病毒（*Tobacco mosaic virus*，TMV）。

烟草花叶病毒属的杆状病毒粒体长300 ~ 310 nm，直径为18 nm。病毒具有单一的正义ssRNA，基因组大小为6.3 ~ 6.6 nt。衣壳由多个拷贝的分子质量为17 ~ 18 ku的单一多肽组成。该属病毒在世界范围内均有分布，大部分病毒具有中等偏广的寄主范围，可侵染茄科、十字花科、葫芦科及豆科等多种重要的经济作物并引起严重病害，自然界中通过机械接触传播，某些病毒可以种子传毒，无传毒介体。本属病毒十分稳定，纯化的病毒制剂和病叶中的病毒的侵染性能保持50年以上。在自然界中以机械摩擦方式传播。

烟草花叶病毒（TMV）的寄主范围很广，可侵染的植物达150多个属，主要是草本双子叶植物，包括许多蔬菜、花卉和烟草等，导致马铃薯、辣椒、番茄等作物的重要病害。

4. **马铃薯X病毒属**

马铃薯X病毒属（*Potexvirus*）的典型种为马铃薯X病毒（*Potato virus* X，PVX）。马铃薯X病毒属的病毒粒体为弯曲线状，直径为13 nm，长度为470 ~ 580 nm。病毒基因组为正义ssRNA，大小为5.9 ~ 7.0 nt；病毒衣壳由一种大小为18 ~ 27 ku的蛋白质亚基组成。基因组RNA的5’端有帽子结构，3’端有poly（A）尾。病毒通常具有中等致病性，引起许多单子叶植物和双子叶植物的系统花叶和环斑症状。单一病毒的寄主范围较窄。该属病毒以机械摩擦方式传播。

四、线虫

线虫（nematode）是动物界中一类低等的无脊椎动物，是仅次于昆虫的第二大类群。线虫广泛生活于海洋、淡水和土壤中。全世界线虫超过50万种。大多数线虫以其周围环境中的真菌、细菌等微生物或者有机颗粒为食，称为自由生活线虫；还有一些线虫种类可以寄生于人、动物和植物体内，称为寄生线虫。其中寄生于植物的线虫称为植物线虫，这类线虫寄生于植物后造成产量损失或植物产品的质量变劣，引起植物病害。据统计，植物线虫引起全世界的谷物、豆类、香蕉、木薯、马铃薯、甘蔗等大宗农作物的产量损失12%，蔬菜、水果等园艺植物产量损失14%。我国每年仅根结线虫在蔬菜上造成的损失超过5亿美元。

（一）线虫的一般性状

1. **形状和大小**

线虫通常身体呈线形，两侧对称，两端略细。大多数植物线虫雌雄同型，即雌虫和雄虫都为线性；有些植物线虫为雌雄异型，此类线虫虫体发育到一定的阶段，雌虫的身体会逐渐膨大变为球形、柠檬形、肾形、腊肠形或纺锤形，但在幼虫到成虫阶段之间至少有一个时期虫体为线形。植物线虫身体细小，绝大多数种类用肉眼看不见或几乎看不见，需要用显微镜观察，一般长为0.3 ~ 1 mm，宽为15 ~ 35 μm，少数大型种类，如部分长针线虫属（*Longidorus*）的种体长可达近1 cm。

2. **外部结构**

线虫身体由体壁包被，线虫的体壁作用类似于昆虫的外骨骼，是线虫抵御外界不良环境条件和感受虫体内部细微化学变化的重要结构。从组成上，线虫的体壁可分成表皮层和下皮层。表皮是由下皮组织分泌的非细胞结构的蛋白质为主构成，较为坚韧，是线虫阻抗外界机械作用的主要结构。表皮之下为下皮层，由活细胞构成，除了能分泌形成表皮的蛋白质外，还能以类脂和糖的形式储藏食物，线虫的神经和肌肉组织也纵向贯穿于线虫的下皮层中。

线虫身体分为头部、体部和尾部三个部分。前端为头部，总体形态有球形、半球形、圆锥形等；头部与肛门之间的部分为线虫的体部，呈圆筒形；肛门之后的部分为尾部，通常逐渐变细，端部呈现尖锐、钝圆和平圆等形状。

3. **内部结构**

线虫体壁围成的腔体无体腔膜，为假体腔，其内充满了液体，称为体腔液。线虫的消化系统、生殖系统和神经系统等各内部器官系统都浸没在体腔液中，并由体腔液运输和供给所需要的营养物质和氧。因此，体腔液起到了血液的作用，具有呼吸系统和循环系统的功能。

线虫的体壁和体腔几乎是透明的，可以在显微镜下直接看到内部结构。线虫的内部器官较为简单，主要包括消化系统、生殖系统、排泄系统和神经系统，其中消化系统最为发达，呈管状，从头部一直延伸到靠近尾端的肛门，包括口腔、食道、肠和肛门。生殖系统也较为发达，雌虫的生殖系统由生殖管、阴道和阴门组成；雄虫的生殖系统由生殖管、储精囊、输精管和与消化道共用的泄殖腔，以及交合刺、交合伞和引带等附属生殖器官组成。神经系统则由感觉器官、神经环以及与全身肌肉相联系的神经组成。排泄系统更为简单，由一个腺体细胞和一根在体壁有开口的管道组成。

（二）植物线虫的生物学特性

1. **生殖与发育**

（1）生殖。植物线虫的生殖方式如下：两性异体生殖，即经过雌、雄虫交配才能产生可正常发育的卵，多数植物线虫属于此类；部分根结线虫和胞囊线虫可以进行孤雌生殖，雌虫产下的卵不需要受精就可孵化成为新个体。

（2）发育。线虫的发育分为3个阶段，即卵、幼虫和成虫。卵通常为椭圆形，卵成熟后，线虫在卵内开始胚胎发育，形成一龄幼虫，一龄幼虫在卵内脱一次皮，变为二龄幼虫并从卵壳中孵化出来，再经过3次蜕皮，最终发育成成虫。在适宜条件下，多数植物线虫在3～4周就能完成从卵到下一代卵的发育过程。

环境条件对线虫的发育有很大的影响，在逆境条件下，线虫可以不同程度地推迟发育进程，以卵或幼虫的形式进入休眠状态，以度过不良环境。同时对于部分种类，环境条件还会对性别分化造成影响，例如，根结线虫的幼虫在条件适宜的情况下多数发育成为雌虫，而遇到不利条件，发育成雄虫的比例将会提高。

2. **存活与传播**

（1）存活。植物线虫的存活方式与其在植物上的取食部位有一定联系，在植物地下部寄生的线虫能够在寄主的地下部组织活体或病残体以及土壤中存活；寄生于植物地上部的线虫主要存活场所是田间病株及其残体，或者在寄主的叶部或花序上形成的虫瘿中。在低温、干燥的情况下，线虫进入休眠状态，可以在上述场所中存活数年。

（2）传播。线虫的传播有主动传播和被动传播。主动传播主要靠线虫本身的运动，但主动传播的距离通常有限，在土壤中线虫每年的迁移距离不会超过1～2 m。被动传播也有自然传播和人为传播两种方式：自然传播以水流和昆虫媒介传播最为常见；人为传播以带线虫的植物材料、土壤为介质，随着物资流通和农事操作进行传播。

3. 寄生性与致病性

（1）寄生性。多数植物线虫为专性寄生生物，即只能在活体植物上取食，少数种类（滑刃线虫和茎线虫的一些种类）除了取食植物外，还能以真菌、藻类、地衣为食。线虫对植物的寄生方式有内寄生和外寄生两种。内寄生线虫危害植物时整个身体完全侵入植物组织，而外寄生线虫危害植物时身体不进入植物组织。在取食植物时，有的种类的线虫在找到合适的寄生位置后，就不再移动，称为固定型寄生，这类寄生往往伴随着雌虫身体的膨大；还有的种类边取食边移动，没有固定的取食地点，称为迁移型寄生。将寄生方式结合起来，可以进一步将植物线虫的寄生行为细分为固定型内寄生、固定型外寄生和迁移型内寄生、迁移型外寄生。

（2）致病性。植物线虫的致病性是由线虫取食植物而引发的。植物的寄生线虫与其他线虫的主要区别在于植物线虫的口腔中都有一个中空的骨化刺状物（口针）。植物线虫在取食植物时通过口针穿刺植物的细胞壁，将消化液注入植物细胞，被消化的植物细胞成分再通过口针被线虫吸取。因此，植物线虫对植物的致病作用表现在以下方面。

①机械损伤：植物线虫口针在穿刺植物细胞以及内寄生线虫在植物组织内移动时造成伤害。

②营养掠夺：引起植物生长发育受抑制。

③消化液的毒害：线虫注入植物细胞的消化液主要成分为酶类和激素，对植物细胞的生长和代谢产生影响，被认为是线虫致病性的主导因素。

④复合侵染：线虫侵染植物造成的伤口为其他侵染能力较弱的病原生物（如真菌、细菌等）的次生侵染创造条件。

（三）植物线虫的分类及重要属种

1. 植物线虫的分类

植物线虫隶属于动物界线形动物门，根据线虫侧尾腺口的有无分成两个纲：侧尾腺纲（*Secenlentea*）和无侧尾腺纲（*Adenoptlorea*）。根据大多数线虫学家的观点，寄生植物的线虫分属于侧尾腺纲的垫刃目和滑刃目，以及无侧尾腺纲的矛线目（*Dorylaimda*）和三矛目（*Triplonchida*）。目下分总科、科、亚科、属和种，目前已知的植物线虫有200多个属5000多种。种的命名采用双名法。

2. 植物线虫的重要属种

（1）根结线虫属。垫刃目异皮科（*Heteroderidae*）。雌雄异型。雌虫身体膨大呈梨形，长0.8 mm，宽0.5 mm，有明显颈部，无尾，体后部末端会阴区有特殊花纹，卵产于体外胶质卵囊内。雄虫蠕虫形，长为1.0～2.0 mm，短而钝圆，无交合伞。危害植物根部，诱导根部形成瘤状肿大。危害方式为固定型内寄生。

重要种有南方根结线虫、爪哇根结线虫、花生根结线虫和北方根结线虫。

（2）胞囊线虫属（*Heterodera*）。垫刃目异皮科。雌雄异型。雌虫身体呈柠檬形，卵产于体内，死亡后表皮变成褐色，形成胞囊，阴门位于尾端的椎体上。雄虫蠕虫形，尾圆而短。危害植物根部，引起植物根系发育不良，根外可见白色至红褐色颗粒状胞囊，地上部生长停滞，严重时整株枯萎死亡，危害方式为固定型内寄生。

重要种有甜菜胞囊线虫（*H.schachtii*）、大豆胞囊线虫（*H.glycines*）。

（3）短体线虫属（*Pratylenchus*）。垫刃目短体科（*Pratylenchidea*）。雌雄成虫均为蠕虫形，虫体较小，体长为0.3～0.8mm。头扁平，口针粗短，基部球发达，食道腺从腹面覆盖肠。雌虫单生殖腺，前伸，有后阴子宫囊。雄虫交合伞延伸至尾尖。主要危害植物地下部，引起根腐、组织腐烂和植物生长衰退。危害方式为迁移型内寄生。

重要种有咖啡短体线虫、卢斯短体线虫、穿刺短体线虫和伤残短体线虫。

（4）茎线虫属（D*itylenchus*）。垫刃目粒科（*Anguinidae*）。雌、雄虫均为蠕虫形。雌虫一般不肥大，体型中等，长为0.6～1.5 mm。口针细小，长为7～11 μm，峡部与食道腺之间无缢缩。雌虫单生殖腺，前伸，后阴子宫囊有或无。雄虫精巢不折转，交合伞伸至尾长的1/4 ～ 3/4处。危害方式多样，可危害地上部和地下部，引起寄主组织坏死、腐烂、矮化、变色和畸形，多数种类迁移型内寄生，部分种类迁移型外寄生。

重要种有起绒草茎线虫、腐烂茎线虫、水稻茎线虫和蘑菇茎线虫。

（5）滑刃线虫属（*Aphelechoides*）。滑刃目滑刃科（*Aphelenchoididae*）。雌雄同型，虫体细长，滑刃型食道。雄虫尾端弯曲成镰刀形，交合刺强大，呈玫瑰刺状，无交合伞；雌虫尾端不弯曲，从阴门后逐渐变细，单卵巢。主要危害植物地上部，迁移型外寄生或内寄生，在植物的叶片、芽、茎和鳞茎上营外寄生或内寄生。引起叶片萎缩、枯斑，死芽、茎枯和茎腐，全株畸形等。

重要种有草莓芽叶线虫、菊花叶线虫。

（6）伞滑刃线虫属（*Bursaphelenchus*）。滑刃目滑刃科。雌雄同型，虫体细长，体长为0.4～1.5 mm。头部较高，通常缢缩，口针长为12～26 μm，口针基部膨大。雌虫阴门处有阴门盖或阴门唇。雄虫交合刺弓形，基顶和基喙发达，交合伞延伸至尾尖或超出。危害植物地上部，多见于树木的木质部内，危害方式主要为迁移型内寄生，引起树木萎蔫枯死，自然传播需要昆虫媒介。

重要种有松材线虫和拟松材线虫。

（7）剑线虫属（*Xiphinema*）。矛线目长针科（*Longidoridae*）。雌雄同型，虫体较大，圆柱形，成虫体长为1～5 mm。矛线型食道，口针极长大且骨质化，基部有瘤状延伸物。尾部极短。在植物根部进行迁移型外寄生，引起根尖肿大、坏死、木栓化，严重抑制根系生长。有些种类能传播植物病毒。

重要种有美洲剑线虫、标准剑线虫。

五、寄生性植物

寄生性植物是一类由于根系或叶片退化，或缺乏足够的叶绿素，不能自养，必须依赖另一种植物提供生活物质而营寄生生活的植物。由于此类植物大多数属于高等植物中的双子叶植物，能够开花结籽，故又称寄生性高等植物或寄生性种子植物。目前了解到的寄生性植物在世界范围内约有22个科270个属，超过4500种。绝大多数寄生性植物的寄主是野生木本或草本植物，少数是农作物或果树。对经济作物和观赏植物危害较严重的种类有独脚金属（*Striga*）、菟丝子属（*Cuscuta*）、列当属、桑寄生属（*Loranthus*）、槲寄生属（*Viscum*）和矮槲寄生属（*Arceuthobiurn*）等，每年仅列当就对全世界的农作物造成数十亿美元的经济损失。此外，一些寄生性藻类，如生长在热带的红锈藻（*Cephaleuros virescens*）可以引起200多种植物的叶斑病和茎斑病。

寄生性植物在热带和亚热带地区分布较多，如独脚金和无根藤等；有些分布在温带地区，如桑寄生和菟丝子等；少数分布在比较干燥冷凉的高纬度或高海拔地区，如列当等。一些高等植物（如某些兰花）含有足够的叶绿素，依靠自己的根、茎和叶制造有机物质，但它们常依附在一些木本植物上，并建立寄生关系，从木本植物表面吸收一些无机盐或可溶性物质，对寄主没有明显的损害或影响，因此被称为附生植物。

（一）寄生性与致病性

1. 全寄生植物与半寄生植物

根据寄生性植物与寄主的关系和寄生特点的不同，寄生性植物可以分为全寄生植物与半寄生植物两类。

（1）全寄生植物。全寄生植物占全部寄生植物的20%左右。这类植株无叶片或叶片已经退化，叶绿素消失，根系退变为吸器（或吸根、吸盘等），从寄主体内摄取所需要的全部营养物质，包括水分、无机盐和有机物质等。全寄生植物与寄主争夺全部生活物质，通常对寄主造成严重危害，如列当、菟丝子等大多寄生在一年生草本植物上，引起寄主植株黄化，生长衰退，严重时导致寄主死亡。

（2）半寄生植物。半寄生植物的茎、叶虽含有叶绿素，但光合作用水平很低，无法自给自足，主要通过大量摄取寄主体内的水分和无机盐等物质完成其生活史。半寄生植物的发病速度较慢，对寄主的致病能力相对较弱。如桑寄生科（*Loranthaceae*）和槲寄生科（*Viscaceae*）植物的寄主大多为木本植物，寄主受害后在相当长时间内可能无明显的发病表现。但若寄生性植物的繁殖传播速度较快，寄生群体数量和密度很大，危害加重，例如矮槲寄生每年仅在美国西部就造成超过1000万立方米木材产量的损失。我国三江源地区的云杉林受云杉矮槲寄生的严重危害，导致树龄百年的青海云杉林成片死亡，同时对林下次生林的更新造成了毁灭性危害，给素有"中华水塔"之称的当地生态环境带来了严重威胁。

2. 茎寄生植物与根寄生植物

根据寄生时侵入寄主部位的不同，寄生性植物可分为茎寄生植物和根寄生植物。茎寄生植物是指寄生于寄主植物茎部的寄生性植物，占全部寄生性植物的40%左右，如菟丝子、无根藤、槲寄生等。根寄生植物是寄生于寄主植物根部，地上部与寄主植物分离的寄生性植物，占全部寄生性植物的60%左右，如列当、蛇菰和独脚金等。

3. 兼性寄生植物与专性寄生植物

根据对寄主依赖程度的不同，寄生性植物可分为兼性寄生植物和专性寄生植物。兼性寄生植物体内含有叶绿素，能够进行光合作用并独立完成生活史，但也可以在生长过程中从寄主体内获取水分和无机盐等物质，如Triphysaria spp.。专性寄生植物不能独立完成生活史，必须从寄主获取大量营养物质供给自身的生长发育。其中一些专性寄生植物仍具有部分光合能力，称为专性半寄生植物，如独脚金和槲寄生等；还有一些专性寄生植物丧失了光合能力，完全依靠从寄主获取的水分和营养物质完成生活史，称为专性全寄生植物，如列当和一些菟丝子等。自然界中还存在着一类营双重寄生生活的植物，称为重寄生植物，即寄生植物的寄主也是寄生植物，如重寄生属植物主要寄生在桑寄生科植物上。

（二）繁殖与传播

寄生性植物以种子进行繁殖，传播途径有被动传播和主动传播两种。被动传播大多依靠风力或鸟类介体，如列当和独脚金的种子极小，随风扩散传播，距离可达数十米。桑寄生科植物依靠鸟类活动传播，成熟的果实色泽鲜艳，引诱鸟类啄食后随其粪便排出，种子在条件适宜时萌发后侵入寄主。菟丝子等寄生性植物的种子或蒴果常随寄主种子调运或黏附在农具上进行远距离传播扩散。少数寄生性植物如矮槲寄生能够依靠两种传播途径进行传播，主动传播时利用果实成熟后其内部形成的较高渗透压，将种子弹射到更高的树冠位置或邻近的寄主树上，弹射传播距离一般为3 ~ 5 m，最远水平距离可达15 m；被动传播时利用种子表面附着的黏液黏附在鸟类羽毛上，由于种子很轻，因此也可随鸟类的飞翔进行较远距离的传播。

（三）寄生性植物的主要类群

（1）分布及危害。桑寄生属（*Loranthus*）植物主要分布在热带、亚热带和温带地区，多为绿色小灌木，具有叶绿素，营半寄生生活，多为茎寄生，极少为根寄生，主要寄主植物有桑、榆、枣、梨、槲、栗、杨、山茶、胡桃等多种木本植物。受桑寄生危害的树木一般提早落叶，次年展叶迟，被寄生处肿胀，木质部纹理紊乱，严重时枝条枯死或全株枯死。

桑寄生种子主要由鸟类传播。鸟啄食果实后，种子不能被消化，被吐出或经消化道排出，黏附在寄主枝条上，在适宜的温湿度下萌发，长出胚根与寄主接触，形成吸盘。吸盘产生初生吸根，分泌树皮消解酶，并以机械力从伤口、芽部或幼嫩树皮侵入寄主表皮。初生吸根到达活的皮层组织时，便形成分枝的假根，然后再产生与假根垂直的次生吸根，深入木质部与寄主导管组织相连，从寄主吸取水分和无机盐等物质，同时通过自身绿叶制造生长所需的糖类等物质。在初生根和假根上，可以不断产生新枝条，同时又可长出匍匐茎，沿枝干背面延伸，并产生吸根侵入寄主树皮。我国广东、广西、海南等华南地区鸟类活动频繁的树林和村庄附近的树木受害较重。

（2）形态特征及重要种。桑寄生属多为常绿性小灌木，少数为落叶性的。一般高为10 ~ 50 cm，枝黄褐色或灰褐色，圆筒状，有匍匐茎；叶多对生，偶有互生，全缘，少数退化为鳞片状；花两性，穗状花序；果实为浆果，卵球形或近球形，果皮外有一层吸水性很强的白色黏液，内含槲寄生碱。

我国有桑寄生属植物30多种，其中主要有北桑寄生、南桑寄生、吉隆桑寄生、华中桑寄生、台中桑寄生和桐树桑寄生。

2. 槲寄生属

（1）分布及危害。槲寄生属（*Viscum*）植物世界各地均有分布，尤以温带地区居多，是在槲、梨、榆和桦等阔叶树枝干上营半寄生的高等植物。槲寄生在森林、经济林、防护林、果园及行道树上均有发生。我国南方树木受害较重，多寄生在直径为1 ~ 2 cm的寄主枝条上，少数可在直径30 cm左右的枝干上寄生。

槲寄生浆果在冬季成熟，初为乳白色，后为红色，吸引鸟类啄食后携带进行传播。被害树木的枝干上丛生出高为50 ~ 100 cm的槲寄生灌丛，灌丛浓绿色，俗称“冬青”。冬季林木落叶后槲寄生灌丛更为明显，有时由于寄生的灌丛很多，以致受害的落叶树在冬季呈现出常绿的景象。病树通常可以存活多年而不致很快死亡，但生长受阻，木材失去利用价值。

（2）形态特征及重要种。槲寄生为常绿小灌木，高为50 ~ 100 cm，茎绿色，圆柱形，双叉分枝，节间明显，无匍匐茎；叶革质对生，内含叶绿素，有些全部退化；花极小，单性，单生或丛生，雌雄异株；果实为浆果，肉质球形，初白色，成熟后黄色或橙红色。槲寄生属植物约有100种，主要有槲寄生和东方槲寄生。与寄主的寄生关系和桑寄生相似。

3. 菟丝子属

菟丝子属（*Cuscuta*）植物通称菟丝子，为一年生全寄生型植物，俗称无根草、黄丝和金丝藤等。

（1）分布及危害。菟丝子广泛分布于暖温带。菟丝子的寄主范围很广，危害上百种农林经济作物，如蔷薇科、杨柳科、豆科、菊科、蓼科、藜科等木本和草本植物，尤以豆科植物受害较为严重。菟丝子种群密度的差异导致寄主受到不同程度的危害，较轻的造成减产或品质降低，严重的致使寄主枯萎死亡。除本身可以寄生危害外，菟丝子还能传播病毒和植原体。

菟丝子种子成熟后落入土中，也可混杂在作物种子或有机肥料中，成为主要的初侵染源。种子活力较强，适宜条件下能够在土壤中存活3 ~ 5年，即便被家畜误食，随粪便排出之后仍具有活力。菟丝子种子受到寄主分泌物的刺激开始发芽，长出旋卷的幼茎。幼茎遇到寄主植株后缠绕其上，并在接触部位形成吸根侵入，从寄主的维管束内吸取水分和养分。寄生关系一旦建立，吸根以下的藤茎逐渐萎缩，并与土壤分离，其上部的藤茎则不断缠绕寄主，繁殖蔓延向四周扩展危害。菟丝子在田间蔓延很快，严重时导致寄主作物成片枯黄死亡，甚至绝收。

（2）形态特征及重要种。菟丝子无根；叶片退化为鳞片状，无叶绿素；茎多为黄色或橘黄色丝状体，呈旋卷状，用以缠绕寄主；花较小，淡黄色，头状花序；子房近球形，柱头球形；扁球形蒴果，内有种子2~4粒；种子很小，卵圆形，稍扁，黄色至深褐色。

全世界约170种，我国记载了14种，主要有中国菟丝子（*C.chinensis*）、日本菟丝子（*C.japonica*）和南方菟丝子（*C.australis*）等。

4. 列当属

（1）分布及危害。列当（*Orobanche*）是一类寄生于寄主植物根部的全寄生性植物，主要分布在北温带干旱而较温暖的地区，少数分布在非洲和大洋洲。我国主要分布于新疆、吉林、甘肃、黑龙江、河北、山东、山西、陕西、辽宁、青海、内蒙古、四川等地。列当的寄主范围广泛，可寄生在菊科、豆科、茄科、葫芦科、十字花科、大麻科、亚麻科、伞形科、禾本科等植物根上。寄主植物被列当寄生后生长缓慢，植株出现矮化、黄化、萎蔫或枯死等症状。据估计，全世界约有1.2%的耕地面积受到了列当危害，每年给农业生产造成的经济损失高达几十亿美元。

列当的种子在土壤中或混在作物种子中越冬，在未受寄主根系分泌的诱导萌发物质刺激的情况下，可在土壤中休眠5~10年。受到寄主植物根系分泌物的刺激，在合适的温湿度条件下终年都可以萌发，作物的整个生育期内都会有列当出土。列当种子识别寄主释放的信号后萌发，接触到寄主根部后侵入形成吸盘并利用形成的次生吸器与寄主植物的维管束相连，从寄主获取水分和营养物质，实现寄生过程。侵入寄主根部后，茎在根外发育并向上长出花茎、开花结实。成熟种子落入土壤中或黏附在作物的果实上传播，也能借风力、水流和人畜活动传播，一旦传入很难根除。

（2）形态特征及重要种。列当为一年生肉质草本植物，茎肉质，单生或有分枝，圆柱状，常在基部稍增粗；叶退化为鳞片状，无叶绿素；根退变为吸根，吸附于寄主植物的根表，以短须状次生吸器与寄主根部的维管束相连；两性花，穗状花序，花瓣白色或紫红色，也有的米黄色或蓝紫色，呈筒状；蒴果卵球形或椭圆形，纵裂，每个蒴果内有几百甚至数千粒种子。种子极小，数量较多，长为0.2~0.5 mm，深褐色，坚硬，种皮表面具网状纹饰。

列当属植物有170余种，我国有列当23种，主要有埃及列当（O.aegyptiaca）主要寄生哈密瓜、西瓜、甜瓜、黄瓜、烟草、番茄等作物上；向日葵列当（O.cumana），主要寄生于向日葵、番茄、烟草、红花等。有些植物的分泌物虽能使列当种子萌发，但萌发后不能与其建立寄生关系，称之为“诱发植物”，可用于列当的防治。如辣椒是向日葵列当的诱发植物，玉米、三叶草是埃及列当的诱发植物。

5. 寄生性藻类

（1）分布及危害。藻类一般可以自养，少数可以寄生在高等植物体表，营附生或寄生生活的藻类称为寄生性藻类。寄生性藻类分布范围较广，主要分布于热带和亚热带湿热地区，在热带或亚热带的果园和茶林中，引起藻斑病或红锈病。寄生性藻类的寄主主要是木本植物，如番石榴、荔枝、龙眼、杧果、鳄梨、可可、咖啡、茶树、柑橘等，也可危害少数草本植物。

寄生性藻类在植物枝叶上营半寄生或全寄生生活，与植物争夺水分、养分和无机盐等物质。寄生性藻类可以影响植物的光合作用，降低作物的经济产量，同时也可以降低一些观赏植物的观赏性。寄生性藻类在植物体表生存时，对寄主植物的表皮造成一定损伤，因此增加了植物被真菌等病原物侵染的概率。

寄主植物受寄生性藻类危害初期，枝干或叶片上产生黄褐色斑点，逐渐向四周呈放射状扩散，形成灰绿色至黄褐色、边缘不整齐的近圆形斑，后期病斑呈棕褐色或深褐色，因此又被称为红锈病。叶片上的藻斑较多时，寄主提早落叶，树势衰弱，引起减产。柑橘、咖啡等植物的幼茎或枝干受到寄生藻危害后，树皮增厚，受害处隆起变为锈红色，开裂后形成不规则的斑块或条纹，枝梢的生长受到限制，严重时枯死。鳄梨、番石榴、柑橘和荔枝的果实受寄生藻危害后，形成朱红色毛毡状不规则的藻斑，轻者果实品质降低，严重的导致果实失去食用价值。温暖、潮湿的气候条件利于寄生藻侵染，寄主生长不良、地势低洼、植株过度密植、通风透光不良的条件下，寄主容易受到侵染，发病较为严重。

（2）分类及重要种。寄生性藻类主要属于绿藻门的丝藻目和绿球藻目，其中头孢藻属和红点藻属是较为重要的属。红锈藻的寄主范围很广，我国南方地区的柑橘、荔枝、茶、龙眼、杧果、咖啡、可可和番石榴等植物均可受害，初期寄主植物的枝叶上产生黄褐色斑点，逐渐向四周呈放射状扩展，形成近圆形、灰绿色至黄褐色、边缘不整齐的藻状斑，引起藻斑病。后期病斑呈棕褐色，故又称红锈病。病株藻斑多时，可引起早期落叶，树势衰弱，枝条枯死，造成减产，有时还会在果实表面形成藻斑，降低品质。

头孢藻的营养体为多层细胞组成的假薄壁组织状的细胞板，无性繁殖产生孢子囊和游动孢子，有性繁殖由配子囊释放的游动配子配合产生接合子。寄生藻的游动孢子可直接或从气孔侵入寄主，在寄主表皮组织内形成分枝状假根吸取寄主营养。

第三节　植物病害的非生物病原

由非生物病原引起的病害占植物病害的20%～30%。随着耕作制度和栽培措施的改变及作物生长小环境发生变化，非生物病原引起的病害种类增多，发病面积扩大，造成的减产和经济损失也十分严重。

非生物病原是指除植物病原生物以外、能造成植物病害的所有致病因子的统称。引起植物非传染性病害的主要因素有不适宜的化学因素（主要包括土壤中的养分失调、空气污染和农药等化学物质的毒害等）和物理因素（主要包括温度、湿度和光照等）。植物自身遗传因子或先天性缺陷，一般也归属于非侵染性病害的致病因子。

一、化学因素

导致非传染性病害的化学因素主要有营养失调、药害和环境污染等因素。

（一）植物营养失调

营养缺乏、营养过量或营养元素间比例失调均会导致植物营养失调，这些因素可以诱发植物表现各种病态。

1. 缺素症

植物生长发育所需的基本营养物质包括自身光合作用合成的糖类和外源提供的氮、磷、钾、钙、镁、硫、铁、锰、锌、铜、钼、硼和氯13种元素。缺乏这些元素会导致植物产生多种症状，叫作缺素症。

缺素症状因作物种类或品种的不同表现不同。例如，缺钾可引起颜色变化，葡萄缺钾叶片呈紫褐色或暗褐色，而梨缺钾表现为边缘枯黄色。缺硼在植物上表现不同的畸形症状。花椰菜缺硼导致茎叶发生木栓化斑块或开裂。油菜和白萝卜缺硼可使根茎组织开裂和变色。甚至在同一种植物上，由于缺素程度不同以及植物生育期不同而导致症状表现出差异。

2. 营养过量

过量的植物营养元素会对植物产生明显毒害作用。氮素过量，引起果树枝叶徒长，叶色深绿，花芽不能充分分化，且果实品质及着色差，晚熟。磷素过多，通常表现出缺铁、缺锌、缺镁等失绿症状。钾素过剩，易阻碍其他营养元素（如硼）的吸收。锰素过剩，引起植株中毒，使其丧失顶端优势，侧枝增多，形成丛枝。钼素过多，在一般植物上不表现症状，茄科植物对钼素过量较敏感，常表现为叶片失绿，小枝呈红黄色或金黄色。植物吸收过多硼素，中下部叶片尖端或边缘褪绿，出现黄褐色斑块，严重至坏死焦枯，老叶比新叶严重。

（二）药害

药害是指施用农药导致植物生长发育或生理变化不正常等受害现象。引起植物药害的主要因素包括常用杀菌剂、杀虫剂、杀线虫剂和除草剂，以及赤霉素（gibberellin，GA）、膨大素（KT30或CPPU）、2，4-D、细胞分裂素（cytokinin）等各种植物激素和叶面肥类。农药质量不合格，浓度及剂量不当，施药时期或使用技术不适宜，以及环境条件恶劣等均可引发药害。

不同植物对农药毒害的敏感性不同。例如，桃、李、梅、白菜、瓜类等对波尔多液特别敏感，极易产生药害；而马铃薯、茄子、甘蓝、丝瓜、柑橘等对波尔多液耐受性较好，不易产生药害。十字花科蔬菜幼苗期对辛硫磷敏感，橄榄对以二甲苯为溶剂的乳油敏感。此外，同一植物在不同生育期对农药的敏感程度也不同，一般而言，幼苗和开花期的植物较敏感。植物药害的发生与光照和环境温度等有关，如石硫合剂在高温时药效发挥快，易产生药害。有些杀虫剂在高温条件下使用，若施用浓度过高，常会引起叶片产生像病毒病症状的褪绿斑或枯斑。

目前，生产上由除草剂或植物生长调节剂使用不当造成的药害越来越严重。若除草剂使用不当，会造成临近田块或后茬敏感作物发生药害，常见症状是叶片不同程度的畸形、黄化、变褐、干燥，严重时会导致植株矮化，甚至死亡。设施栽培番茄常用2，4-D蘸花保果，若使用浓度过高会造成茎叶畸形皱缩，叶片鸡爪状。

（三）毒害

由环境污染物导致植物受害的事件频繁发生，大气污染物、水污染物和土壤污染物是造成植物毒害的主要环境污染物，其中以大气污染物对植物造成的毒害最为常见。化学工业和内燃机排出的废气（臭氧、氟化氢、二氧化硫和二氧化氮等）是空气污染的最主要来源。植物受大气污染物的毒害常分为急性毒害和慢性毒害两类：植物受高浓度大气污染物袭击，短时间内植物叶片呈现变色斑点、急性坏死斑点或脱落等症状，称为急性毒害；植物长期与低浓度的大气污染物接触，导致植物出现生长受阻、发育不良、早衰等现象，称为慢性毒害。

大气污染物对植物毒害的严重程度与污染物种类、浓度和作用时间有关。大气污染物中二氧化硫、氟化物、氧化剂和乙烯等对植物影响较大；氮氧化物也会伤害植物，但毒性较小；氯、氨和氯化氢等虽对植物产生毒害，但危害范围仅限于污染源附近。大气污染引起的植物病害在田间分布上与污染源的方位、风力、风向有较大关系。一般与污染源近或处于下风口的植物受害较重，反之则较轻，常呈现明显的空间和时间梯度分布现象。障碍物有无及障碍物高低对植物的受害程度影响也较大。植物长时间受有毒污染气体的毒害，会导致植物组织坏死、器官脱落，但因不同植物对大气污染物的敏感程度不同，受害程度也会因植物种类不同而表现出不同的症状。例如，菜豆、柑橘受臭氧（O_3）污染，叶面出现大小不等的褪绿斑或出现斑驳，颜色多变，甚至有的植株矮化，提前落叶。菜豆对污染物二氧化硫（SO_2）与湿气结合形成的酸雨最敏感，低浓度导致叶片失绿，高浓度使叶脉间漂白，植物生长受到抑制，植株矮化。番茄、菠菜等对过氧硝酸盐（PAN）非常敏感，导致银叶病状，叶片漂白，叶背出现铜褐色。菜豆、番茄、马铃薯等对氮氧化物（NO_2、NO）较敏感，受害后，幼嫩叶片上叶缘变红褐、黄褐，低浓度抑制植物生长而无症状。

水体污染对农业生产的影响巨大，由水体污染物直接灌溉农田引起毒害的事件频繁发生。工矿企业排出的废水、废液是主要水体污染物的来源，废水、废液含有较多有害物质，如废水中含有大量的有机物、氯化物、碱性物质或酸性物质，有害物质在土壤中积累引起植物中毒，造成黑根、烂根现象，对植物有严重的毒害作用。

二、物理因素

温度胁迫、光照不适、水分失调和通气不良等因子是引起植物非侵染性病害的主要物理因素。不同种类的植物或器官对不良物理因素的敏感程度不同，如超过了植物的忍受程度，植物表现出异常或病态且呈现不同的症状。

（一）温度胁迫

植物生长发育需要一定的温度条件，当环境温度超出了其适应的范围，就会对植物产生胁迫作用。温度胁迫能对植物造成不同程度的损害。温度胁迫包括高温胁迫、低温胁迫和剧烈变温胁迫。

1. 高温胁迫

高温胁迫可引起一些植物开花和结实的异常。例如，高温与强光照结合容易造成植物器官（番茄果实、西瓜果实、苹果果实等）向阳面的日灼斑；土面温度过高会导致近地面植物幼苗的幼茎组织被灼伤而表现立枯症状。高温危害植物的主要机制是促进某些酶的活性，钝化另外一些酶的活性，从而导致植物异常的生化反应和细胞的死亡。高温还可引起蛋白质聚合和变性，细胞质膜的破坏、窒息和某些毒性物质的释放。

2. 低温胁迫

低温影响主要是冷害和冻害。

①冷害：冷害也称寒害，是指0℃以上的低温所致的病害。喜温作物如黄瓜、菜豆，热带、亚热带的果树如菠萝、柑橘、香蕉以及盆栽和设施栽培的植物等较易遭受冷害，当气温低于10℃时，就会出现冷害。冷害表现的症状是变色、坏死和出现斑点等，木本植物上出现芽枯和顶枯或叶片凋落的症状。在开花期，植物若遇到长时间的低温气候，会影响结实。

②冻害：低于0℃以下低温所致的病害为冻害。冻害的主要症状是幼茎或幼叶出现水渍状、暗褐色的病斑，植物组织逐渐死亡，冻害严重时，甚至导致整株发黑、干枯、死亡。冻害的主要机制是由于细胞内或间隙冰的形成，细胞内形成的冰晶破坏质膜，引起细胞的伤害或死亡。早晚霜也会引起植物组织受冻害，早霜常使未木质化的植物器官受害，而晚霜常使嫩芽、新叶甚至新梢冻死。

此外，土温过低易导致幼苗根系生长不良，进而遭受根际病原物的侵染。水温过低也会引起植物的异常，如产生坏死斑等症状。

3. 剧烈变温胁迫

剧烈变温胁迫是指在较短的时间内外界环境温度变化幅度较大，超出了植物正常生长所能忍受的程度。剧烈变温对植物的影响比单纯的高、低温影响更大。例如，昼夜温差过大可以引起苹果、梨等木本植物的枝干发生灼伤或冻裂，枝干的向阳面发生较重；设施植物幼苗移栽时，若室内和露地温差大，幼苗移栽到露地后容易出现枯死。

（二）水分失调

水对植物体内各种生理生化反应及体温调节起重要作用，植物体内水分的平衡是其维持正常新陈代谢活动的前提。各种植物的生长都有其适宜的湿度范围，当环境湿度超出其适应范围，就称为水分失调。水分失调包括水分供应不足、水分过多和水分骤然变化。

1. 水分供应不足

土壤含水量和大气相对湿度过低，均能导致植物水分供应不足，表现为旱害。长期水分供应不足可导致植株矮小瘦弱。剧烈干旱可引起植物萎蔫、叶缘焦枯等症状。木本植物表现为叶片黄化或早期落叶、落花。

2. 水分过多

地下水位过高、地势低洼、局部积水及过量人工灌水等导致土壤湿度过高，可引起番茄、辣椒等旱地植物的涝害或渍害。涝害或渍害使土壤中植物根部供氧不足，处于窒息状态，不能进行正常的生理活动，容易导致须根变黑或腐烂。根系死亡造成吸水能力降低，使地上部叶片变黄、植株萎蔫，并引起落叶、落花等症状。

3. 水分骤变

水分骤然变化也会引起病害。先旱后涝易引起果树、根菜类和甘蓝等植组织开裂或果实脱落。在干旱的环境下，植物的器官形成了伸缩性较小的外皮，水分骤然增加，组织大量吸水，使膨压增大，导致器官破裂。前涝后旱会使番茄果实发生蒂腐，未成果实最为严重。因为叶片的渗透压高于果实，在水分不足时，叶片从果实吸收水分，使蒂突然大量失水引起蒂腐。

（三）光照影响

光照是植物生长的必需条件之一，日照时间长短影响植物的生长和发育。光照条件不适宜，可引起植物开花和结实延迟或提早，造成农作物产量损失。

光照不足主要发生在设施栽培的植物，光照不足致使植物徒长，植株黄化，组织结构脆弱，易发生倒伏或受到病原物侵染。光照过强很少单独引起病害，一般与高温、干旱相结合，如日灼病和叶烧病。

（四）通气不良与风害

通气不良引起环境缺氧可导致植物病害，缺氧能引起渍水土壤中植物根部组织脱水。缺氧还有利于土壤中厌氧微生物的生长，产生一些对根部有害的代谢物质。

缺氧也能导致储藏期肉质果实和多种蔬菜发生病变。如马铃薯块茎在高温条件下呼吸作用加快，致使块茎中心部位供氧不足，在高温和低氧作用下活化了酶反应，这些异常的氧化反应使马铃薯的正常成分转化为黑色素，扩散至周围块茎组织，形成黑心，导致马铃薯黑心病的发生。

强气流也会对植物造成危害，在自然情况下通常是强风与高温互作导致植物生长异常。

第四节　植物病害的诊断

植物病害诊断是指根据发病植物的特征、所处场所和环境，经过调查与分析，对植物病害的发生原因、流行条件和为害性等做出准确的判断。园艺植物病害种类繁多，症状表现复杂，只有对病害做出正确的诊断，找出病害发生的原因，才有可能制订出切实可行的防控措施。因此，正确的诊断是合理有效防控病害的前提。

一、植物病害诊断的程序

（一）田间观察

田间观察即在田间进行现场观察受害植物的外观表现包含植物的根、茎、叶、花、果实等器官部分是否出现异常状态。区别是病害、虫害、螨害或机械伤害。若确定是病害，进一步观察病状在田间的分布规律，是零星的随机分布，还是普遍发生，有无发病中心等。调查病害发生的时间、当时的气候条件、地块的地形地势、土质、肥水、农药和栽培管理条件等进行综合分析，根据经验或查阅有关文献对病害做出初步判断，找出病害发生的原因，诊断是侵染性病害还是非侵染性病害。

(二) 症状观察

在自然界，同一病害常因植物品种、环境条件、发病时期以及不同部位的差异表现出不同症状，有时不同病原也可表现出相似的症状。具有典型症状的植物病害在田间即可做出正确诊断。对有些症状不够典型，或无病征的病害无法直接判断，可进行适当的保湿培养后做进一步诊断。

肉眼观察到的植物病害症状，仅是病害的外部特征，必要时需要对病害标本进行解剖和镜检，才能对病原种类做出初步鉴定，为确诊病害提供可靠依据。

(四) 病原物的分离培养和接种

对某些新的或少见的不能确定的真菌和细菌性病害，还需进行病原菌的分离、培养和人工接种后，才能确定真正的致病菌。这一病害诊断程序按柯赫氏法则进行，即在植物病害的病健交界部位剪去一小块病斑，进行分离纯化获得纯培养的接种材料，再将病原菌接种到相同的健康植物上，在被接种的植物上又产生了与原来病株相同的症状，同时从被接种的发病植物上重新分离获得该病原菌，即可确定接种的病原菌就是该种病害的致病菌。

(五) 提出诊断结论

根据上述诊断结果进行综合分析，提出诊断结论，并确定防控对策。对于某些新发生的或不熟悉的病害，严格按照上述程序进行是很有必要的。同时，随着科学技术的不断发展，血清学诊断、分子杂交和PCR技术等许多崭新的分子诊断技术已广泛应用于植物病害的诊断，尤其是植物病毒病害的诊断。

二、各类植物病害诊断

(一) 病害与伤害诊断

当园艺植物生长出现不正常现象时，首先要注意观察其是否有病变过程及其持续性以及产生的后果，注意区分病害与伤害，如虫伤、机械损伤、风伤、雹伤等。其次要进行病因分析，区分非侵染性病害与侵染性病害，掌握诊断要点，弄清各类植物病害的症状特点。

(二) 非侵染性病害诊断

非侵染性病害的病株在群体间发生比较集中，发病面积大而且均匀，没有由点及面的扩展过程。发病时间比较一致，发病部位大致相同。如日灼病都发生在枝干及果的向阳面，除日灼、药害是局部病害外，通常植株表现全株性发病，如缺素症、涝害等。

1. 症状观察

对病株发病部位、病斑形状、大小、颜色、气味，病部有无病征等症状用肉眼和放大镜观察。非侵染性病害只有病状而无病征，必要时可切取病组织表面消毒后，置于保温（25℃～28℃）条件下诱发。如经24～48 h仍无病征发生，可初步确定该病属于非侵染性病害。

2. 环境因素调查

非侵染性病害是由不适宜的环境引起，因此应观察与调查植株病害发生地的地势、土质、肥料及当年气象因素变化，栽培管理措施、水肥以及农药使用是否合适，工厂“三废”是否引起植物中毒等情况，这样才能在复杂的环境因素中找出主要的致病因素。如不适宜的温度或土壤缺少某种元素等引起的非侵染性病害，在田间表现为发病面积大且均匀。

3. 病因分析

确定非侵染性病害后，应进一步对非侵染性病害的病因进行分析。

（1）化学诊断。主要用于缺素症和盐碱害等。通常是对病株组织或土壤进行化学化学成分及含量的测定，并与正常值相比，分析查明过多或过少的成分，确定病因。

（2）人工诱发。这种方法适用于温度与湿度不适宜、营养元素过多或过少、药物中毒等病害。根据初步分析的可疑原因，人为提供类似发病条件、诱发病害，观察表现的症状是否相同。

（3）指示植物鉴定。这种方法适用于鉴定缺素症病原。当提出可疑因子后，可选择最容易缺乏该种元素、症状表现明显、稳定的植物，种植在疑为缺乏该种元素园艺植物附近，观察其症状反应，借以鉴定园艺植物是否是有该元素缺乏症。

（4）施肥试验。治疗试验一般用于土壤缺素症。可在土壤中增施所缺元素或用营养元素对病株喷洒、注射、灌根治疗，看其是否恢复正常。

（三）侵染性病害诊断

此类病害的特征是病害有一个发生、发展或传染的过程，有发病中心，在田间的分布往往是不均匀的，在病株的表面或内部可以发现其病原生物的存在。大多数真菌病害、细菌病害和线虫病害可以在病部表面或组织内部看到病原物。植物病毒病害无明显病征，但可通过显微镜观察其内含体，作为诊断的依据。

1. 真菌性病害诊断

由植物病原真菌侵染植物后引起的病害有典型的症状特征。真菌侵染植物后可以引起变色、坏死、腐烂、萎蔫和畸形等五大病状，其中以坏死和腐烂居多。病征多表现为粉状物、霉状物、霜状物、锈状物和点状物等。有的病害的子实体产生在枯枝落叶上，特别是一些果树病害，在秋季应多注意观察枯枝落叶上的子实体，同时还要注意区分腐生真菌在上面产生的子实体。对于常见的病害，根据病害在田间的分布和症状特征，可以基本确定是哪一类病害。

有的病害需要在实验室将病斑上已产生的子实体直接采用挑、撕、切、刮等技术制成临时玻片，在显微镜下观察病菌的结构特征，或者将标本直接放在实体解剖镜下观察。有些真菌病害标本在刚采集时，因真菌的侵染阶段或环境条件（如干旱）等因素的影响，在发病部位看不到真菌的子实体，这时可摘取植物的发病器官，用清水洗净置于保湿器皿内，22℃～28℃条件下培养2～48 h，促使真菌产生子实体，然后进行镜检。要区分这些子实体是致病菌的子实体还是次生或腐生菌的子实体，较为可靠的方法是从病健交界处取样镜检。对于大多数常见的真菌类病害，通过田间症状观察结合室内病原菌的形态学镜检即可做出准确的诊断。

2. 细菌病害诊断

植物受细菌侵染后可产生各种类型的病状，如坏死、腐烂、萎蔫和畸形等，潮湿条件下还有菌脓溢出。在田间，多数细菌病害受害组织表面常为水渍状或油渍状；在潮湿条件下病部有黄褐或乳白色、似水珠状的菌脓；湿腐型病害病部往往有恶臭味。

除了根据症状、侵染和传播特点观察外，还可以进行显微镜观察。一般细菌侵染所致病害的病部，无论是维管束系统受害的，还是薄壁组织受害的，都可以通过徒手切片看到喷菌现象。喷菌现象为细菌病害所特有，是区分细菌与真菌、病毒病害的最简便的手段之一。通常维管束病害的喷菌量多，可持续几分钟到十多分钟，薄壁组织病害的喷菌数量较少，持续时间较短。

此外，在细菌病害的诊断和鉴定中，血清学检验、噬菌体反应和PCR技术等也是常用的快速诊断方法。

3. 病毒病害诊断

因植物受病毒侵染后在感病植株的发病部位不可见病征，在田间诊断中易与非侵染性病害混淆。植物病毒病害的病状主要表现为花叶、黄化、矮缩、丛枝等，少数在发病部位形成坏死斑。在田间，一般心叶首先出现症状，然后扩展至植株的其他部分。绝大多数病毒都是系统侵染，引起的坏死斑点通常较均匀地分布于植株上，而不像真菌和细菌引起的局部斑点在植株上分布不均匀。此外，随着气温的变化，特别是在高温条件下，植物病毒病时常会发生隐症现象。

病毒病害的诊断及鉴定要比真菌和细菌引起的病害复杂得多，通常要根据症状类型、寄主范围（特别是鉴别寄主上的反应）、传播方式、对环境条件的稳定性测定、病毒粒体的电镜观察、血清反应、核酸序列及同源性分析等方法来进行诊断。

4. 线虫病害诊断

植物线虫病害的症状主要是植株生长衰弱，表现为黄化、矮化，严重时甚至枯死。因线虫类群的不同侵染和为害部位及造成的症状存在明显差异。具体表现为地上部有顶芽和花芽的坏死、茎叶的卷曲和组织的坏死，形成种瘿和叶瘿；地下部症状为根部组织的畸形、坏死和腐烂等。对于一些雌雄异型的线虫（如胞囊类线虫或根结线虫），侵染植物后往往可以在寄主的根部直接（或通过解剖根结）观察到膨大的雌虫，而对于大多数植物寄生线虫，往往需要通过对病组织及根围土壤采用适当的方法分离才能获得病原线虫。

在进行植物线虫病害的诊断时，要对寄主植物进行全株检查，既要注意植物的地上部，更要重视其地下部。在土壤中植物的根际周围通常存在着大量的腐生线虫，在植物根部或地上部坏死和腐烂的组织内外都能看到，不要混同为植物病原线虫。某些植物根的外寄生线虫需要从根围土壤中采样、分离，并进行人工接种试验，才能确定其致病性。

5. 寄生性种子植物诊断

受寄生性种子植物侵染的病害往往可以在寄主植物上或根际看到寄生植物，如菟丝子、列当、槲寄生等。

三、植物病害诊断的注意事项

植物病害因植物的品种、生育期、发病部位和环境条件的不同而表现出不同的症状类型，其中一种常见的症状称为该病害的典型症状。多数病害的症状表现相对稳定，根据典型症状的特征区分植物病害种类及其发生的原因，是诊断植物常见病害的方法之一。

（一）症状的复杂性

（1）不同的病原可导致相似的症状，如番茄早疫病和晚疫病在发病初期，且干燥的条件下病斑相似，不易区分。由真菌、细菌、线虫等病原引起的病害均可表现萎蔫性症状。

（2）同种病原在同一寄主植物的不同生育期，不同的发病部位，表现不同的症状。如红麻炭疽病在苗期为害幼茎，表现猝倒，成株期为害茎、叶和花果，表现坏死斑点型。

（3）相同的病原在不同的寄主植物上，表现不相同的症状。如十字花科植物病毒病在白菜上表现花叶，萝卜叶上呈畸形。

（4）环境条件可影响病害的症状。如腐烂病在气候潮湿条件下表现湿腐症状，干燥时表现干腐症状。

（5）缺素症、黄化症等生理性病害与病毒病、植原体、衣原体引起的症状类似。

（6）在病部的坏死组织上，可能同时出现寄生菌和腐生茵，容易混淆和误诊。

植物病害症状的复杂性还表现在一种植物上可以同时或先后出现两种或两种以上不同类型的症状，这种情况称为综合征。当两种或多种病害同时在一株植物上发生时，出现多种不同类型症状的现象称为并发症。有时会发生彼此干扰只出现一种症状或轻微症状的拮抗现象，也可能发生互相促进加重症状的协生现象。有些病原物侵染植物后，在较长时间内不表现明显症状的现象称为潜伏侵染。植物病害症状出现后，由于环境条件改变，特别是许多病毒病的症状往往因高温而消失，这种现象称为隐症现象。

虽然植物病害的症状对于病害诊断有着重要意义，但由于植物病害症状表现的复杂性，对新的病害或不常见的病害不能单凭症状进行诊断，需要对该病害的发生过程进行全面的了解，进一步鉴定病原物或分析发病原因，才能正确诊断植物病害。

（二）正确区分虫害、螨害和病害

刺吸式口器害虫，如蚜虫、蝽象、叶蝉和螨类等以口针刺入植物组织吸食汁液，使植物呈现斑点（块）、萎缩、皱叶、卷叶、枯斑等现象，容易与病毒病害混淆，诊断时要注意观察。而虫害、螨害除具上述现象外，在被害部一般有害虫、害螨的皮、排泄物等特征供参考。

（三）正确区别并发病和继发病

植物发生一种病害的同时，另一种病害也伴随发生，这种伴随发生的病害称为并发病。如白菜软腐病与菌核病常互为并发病。植物发生一种病害后紧接着又发生另一种病害，后发生的病害以前一种病害为前提，后发生的病害称继发病。如甘薯在受冻害后，在贮藏期极易发生软腐病。注意这两类病害的正确诊断，有利于分清主次，有效防控病害。

第五节　植物病害的发生和预测

一、植物病原物的寄生性和致病性

（一）寄生性

一种生物能生活在另一种生物的外表或内部，并从后者体内获得赖以生存的主要营养物质，则前者即称为寄生物，供给寄生物以必要生活物质的生物就是它们的寄主或宿主。寄生是生物的一种生活方式，寄生性是指寄生物从寄主上获得营养物质的能力。植物病原生物都是寄生物，根据它们对寄主寄生程度的不同，分为专性寄生物和非专性寄生物。专性寄生物只能从活的植物细胞和组织中获得所需要的营养物质。植物病原真菌中的锈菌、白粉菌、霜霉菌等，以及寄生植物的病毒、线虫和种子植物都是专性寄生物。近年来，有些历来被认为是典型专性寄生物的锈菌，有的已经可以在人工培养基上培养，如桧柏锈菌和亚麻锈菌等。但事实上锈菌在自然条件下还是只能在活的植物上生活和发育，所以目前还是认为锈菌是专性寄生物。非专性寄生生物除寄生在活的植物组织和细胞中外，还可以在死的植物组织上生活，或者以死的有机质作为生活所需要的营养物质。绝大多数的植物病原真菌和所有的植物病原细菌都是非专性寄生物。但它们的寄生能力强弱也有所不同。寄生能力很强的接近于专性寄生，寄生能力很弱的接近于腐生。弱寄生物的寄生方式大都是先分解一些酶或其他破坏寄主细胞和组织的物质，然后从死亡的组织和细胞中获得所需的养分，所以弱寄生物一般也称作死体寄生物或低级寄生物。

（二）致病性

病原物的致病性是指病原物所具有的破坏寄主而后引起病害的能力。在许多情况下，寄生性与致病性有紧密的联系。引起植物病害的病原物多是寄生物，具有诱发病害的能力，但病原物的寄生性并不等于致病性。寄生性和致病性的共同作用，才引起植物病害。

病原物对寄主植物的影响是多方面的，首先掠夺寄主植物的营养物质和水分，使寄主植物生长衰弱；其次分泌各种胞外降解酶类，直接或间接地破坏寄主组织和细胞；最后病原物的新陈代谢产物和病组织的分解物都可以影响寄主的生长和发育，如产生有害的毒素干扰植物正常代谢，分泌生长调节素造成植物畸形生长。致病性可以认为是寄生物对植物一种或多种重要功能的干扰。有些情况下，寄生物不一定是病原物，如豆科植物的根瘤细菌和许多植物的菌根真菌，虽然都是寄生物，但它们并不是病原物，不能引起植物病害，它们与寄主植物之间是一种共生关系。

二、病原物的侵染过程和病害循环

（一）病原物的侵染过程

病原物的侵染过程是指病原物从接触寄主开始，经侵入并在寄主体内定殖、扩展，进而危害直至寄主表现症状的过程，又称病程。侵染过程是寄主植物个体的发病过程，包括病原物与寄主植物接触、病原物的侵入、病原物在寄主体内的相互作用及建立寄生关系、病原物的生长繁殖与扩展、症状的显示和变化以及环境条件对病程发生发展的影响等。侵染过程一般可分为侵入期、潜育期和发病期三个时期，每个时期都有比较具体的特征或指标，但三个时期又是连续不断的，很难截然分开。

（1）侵入期，指病原物与寄主接触、侵入到建立寄生关系的一个阶段。病原物降落或接触到寄主植物表面，经过相互斗争和识别，才能进入寄主体内，与寄主组织建立寄生关系。病原物有各种不同的侵入途径，即从角质层或表皮的直接侵入，从气孔、水孔、皮孔、腺体、花柱等自然孔口的侵入和从机械伤、虫伤、冻伤、人为创伤等伤口侵入。要引起一个成功的侵染，必须有足够的数量群体侵入寄主植物。同时，外界环境条件尤其是温度和湿度，以及寄主植物的抗病性和病原物的致病力强弱，都可影响病原物的侵入和寄生关系的建立。

（2）潜育期，指病原物与寄主建立了寄生关系到出现明显症状的一个阶段，也即病原物在寄主体内潜伏发育的阶段，又称为潜伏期。在潜育阶段，病原物从寄主体内获取营养物质供其生长、发育和繁殖，同时这些病原物也逐渐发挥其致病作用，使寄主的生理代谢功能逐渐发生改变。对寄主来说，要尽量限制病原物的寄生与掠夺，抵抗或破坏病原物的毒害作用，所以整个潜育期内充满了病原物与寄主的斗争。潜育期的长短，取决于病原物与寄主相互斗争的结果，寄主抗性强，病原物致病性弱的，潜育期长。此外，潜育期长短还受环境因素影响，主要是温度的影响。

（3）发病期，指寄主外表显示症状的时期，包括出现症状一直到生长期结束直至植株死亡为止的整个阶段。大多数真菌病害随着症状的发展，在受害部位产生大量无性孢子，引起再侵染。细菌病害在显病后，病部往往产生脓状物，含有大量的细菌个体，其作用相当于真菌的孢子。病毒是细胞内的寄生物，在寄主体外没有表现。发病期内病害的轻重以及造成的损失程度与寄主抗性、病原物的致病力和环境适合程度以及人们采取的防治措施有关。

（二）病害循环

病害循环是指一种植物病害从上一个生长季节开始发生至下一个生长季节再度发生的周而复始的过程，又称侵染链、侵染循环。病害循环由病原物的越冬（或越夏）、病原物的传播、病原物的初侵染和再侵染等环节组成，使病害在田间得以反复发生和延续。

（1）病原物的越冬（或越夏）。在病害循环中，病原物越冬（或越夏）是指寄主植物收获后或处于休眠期间，病原物度过不良环境而保存延续自己物种的方式和场所。有的病原物在形态结构上随着季节变化或寄主植物生长逐渐衰老相适应而改变，产生能度过不良环境的休眠结构，如菌核、厚垣孢子等。经过越冬（或越夏）的病原物，遇适宜的环境条件，从休眠状态转变为活跃状态，大多产生繁殖体，经传播成为下一个生长季节的初侵染源。病原物越冬或越夏的场所主要有田间病株、种子、苗木、土壤、病株残体及肥料等。根据病原物越冬或越夏的方式及场所，可拟定初侵染的防治措施。

（2）病原物的传播。病原物传播的方式很多，主要分为自然动力传播、主动传播和人为因素传播三大类。自然界中的风、雨、流水、昆虫和动物活动都是病原物传播的主要动力，一般菌物孢子数量多、体积小、重量轻，最适合气流传播，细菌、线虫和某些菌物孢子可随雨水传播，多数植物病毒、类病毒、植原体等靠刺吸式口器的昆虫传播，人类经济活动和农事操作可远距离传播。因此切断病原物的传播途径，是防治病害的有效办法。

（3）初侵染和再侵染。在病害循环中，病原物的初侵染和再侵染发生在寄主植物生长期，植物在新的生长季节中受到从越冬（或越夏）场所来的病原物的侵染，称初次侵染。在田间已发病的植株上产生的病原物传播扩散后侵染同一生长季节内的寄主植物称再次侵染。如果病原物在病害终年循环中只引起初侵染，没有再侵染，则称为单循环病害，这样的病原物需要多年的积累才能导致病害大发生。大部分病原物在病害循环中，完成初侵染后，在病株上产生繁殖体，经传播再行侵染健株或健部而发病，称多循环病害，这样的病害发展很快，容易在田间流行。

三、植物病害的流行

（一）定义

植物病害大面积发生，迅速传播造成损失的过程和现象，称植物病害流行。根据病害流行的危害程度，通常分为大流行即严重流行、中度流行和轻度流行三级，有时再加用特大流行和中度偏重、中度偏轻两个中间等级。流行程度的分级，就一定面积的田块而言，主要根据病情及其所致产量损失百分率。如针对一个较大面积的地区，则除病情损失外还常加上流行面积。分级的具体数量标准则因作物和病害种类而不同。

（二）病害流行的基本因素

当寄主、病原物和环境条件三方面因素都能满足下列条件时，病害才会大流行。

（1）大量的感病寄主。没有感病寄主植物的存在，植物病害就不可能发生。所以感病性强的植物品种连续集中栽培时就给病害的流行提供了最基本条件。

（2）致病力强的病原物。病原物的致病性都有强弱差异，病原物的致病力强和数量多是病害流行的基本条件之一。对于没有再侵染或再侵染不重要的病害，病害初侵染源的多少，即病原物越冬（或越夏）的数量对病害的流行有决定性作用。而再侵染起主要作用的病害，除初侵染来源外，再侵染次数多、潜育期短，则对病害的流行起着重要作用。另外，病原物致病力变异导致的致病性强的新生理小种的产生，也是病害流行的重要因素。

（3）适宜发病的环境条件。当寄主、病原物条件基本具备时，环境条件便成为病害流行的主导因素。其中对病害流行影响较大的是温度和湿度，病原物的繁殖、侵入和扩展都需要一定的温湿度。耕作制度、栽培方法、植保措施等所造成或改变的农田小环境，品种的选育和利用决定寄主植物的抗病性，直接而有力地影响着病害流行。

四、植物病害的预测

病害的预测原理与虫害相同，但方法远不如害虫预测完善、准确，常用的方法有预测圃观察、田间调查、孢子捕捉、人工培养和根据病害发生与环境条件的关系进行预测等几种。

（1）预测圃观察。选择易发病的地区种植一些当地栽培品种和本地流行病害的感病品种，并给予病害发生的条件，诱导植物发病。通过预测圃观察，可以较早地掌握病害开始发病的时期，了解病情发展情况，估计病害可能发生危害的程度，以利于指导大田的普查和防治工作。

（2）田间调查。田间调查是了解大面积作物上病害发生发展实际情况的直接方法。目的是通过系统调查掌握病害发生的动态，对病害发展的趋势做出准确的估计。因此，必须在普查的基础上选择有代表性的田块，进行定点、定株、定期调查，并详细记载、计算每次调查的病害普遍率和病情指数。

病害的发生发展与被害作物的生育情况有一定的相关性。如水稻分蘖期徒长披叶，稻株嫩绿，并出现急性型稻病斑和发病中心，则预示叶瘟将迅速发展。在水稻孕穗末期，如果叶瘟重，并有新斑出现，特别是剑叶节出现病斑时，穗颈瘟将可能严重发生。所以在进行田间调查时，要掌握被害作物的生育情况。

（3）孢子捕捉。对一些借气流传播、发病季节性又较强的传染性真菌病害，如小麦锈病、稻瘟病、玉米小斑病、小麦赤霉病等可以利用孢子捕捉的方法，对病害发生时期和发病程度进行预测。捕捉孢子的方法，一般是在病害没有普遍发生以前，用载玻片涂上一薄层凡士林，根据病害孢子传播的特点，迎风平放在一定高度且容易接受孢子的地方，定期镜检计数，进行统计和分析。如捕捉稻瘟病菌孢子，可在4月上旬开始，将涂有凡士林的玻片平放在0.9～1.2 m高的方凳上，方凳置于稻草堆附近，或秧田周围的空旷处，每3d取玻片检查一次，并做必要的气象记载。专业测报站，常年用孢子捕捉器捕捉各种孢子，分类记载，并与历史资料进行对比分析，做出预测。为便于了解孢子的密度情况，可以按下式将查到的孢子数换算成以1 m^2面积为单位的孢子数。

$$1\ m^2\text{孢子数}=\frac{\text{全玻片孢子数}}{\text{玻片面积}(cm^2)}\times 10000$$

（4）人工培养。在病害没有发生以前，将作物易感病或疑为有病的部分放在适宜的发病条件下，进行人工培养、观察，以提前掌握病害发生的时期和菌量。由于病菌的生长发育和繁殖都需要较高的湿度，所以人工培养常用保湿培养法。一般是在玻璃杯内放少量清水或湿沙，或在培养皿内放一层滤纸加水湿润，然后将观察的材料插在水或沙中，或平放在滤纸上，置于适宜的温度下培养，逐日记载发病情况，借以推测田间可能发病的情况。

（5）根据病害的发生与环境条件的关系进行预测。病害的发生与环境条件，尤其是气候条件的关系极为密切，其中温湿度的影响更大。许多病害的发生与流行都是充足的菌量、适宜的气候条件和感病品种或作物的感病期相吻合的结果，故可以根据环境条件的变化，预测病害的发生趋势。如苏州地区曾经对小麦赤霉病历年发生情况及四五月份气象资料进行分析，归纳出15℃以上的雨日数的“流行预测指标”，参照气象预报，就能对小麦赤霉病的发生和流行做出预测。

第三章　园艺植物虫害基础

第一节　植物虫害概念

一、什么是植物虫害

植物在生长发育及其产品贮藏运输过程中，常常受到许多有害生物的侵袭，昆虫是其中重要的一大类。由于昆虫的危害，造成植物外观的损害及正常的生理活动受到影响，致使产量下降、质量低劣，而蒙受经济损失。这种由昆虫对植物造成的危害且对人类农业生产带来严重经济损失的称为植物虫害，造成危害的昆虫称为害虫。我国农业害虫的种类和数量都十分可观，如有记载的水稻害虫约有300种，棉花害虫约有300种，苹果害虫160多种，而蔬菜中仅十字花科蔬菜害虫就超过了130种。其中有些重要害虫对农作物的危害，严重时导致减产或绝收，造成灾荒。

除了有害昆虫之外，螨类危害农作物也归为虫害之列，又称为螨害，如二斑叶螨（棉红蜘蛛）是危害32科113种植物的重要害螨。

必须指出，造成植物损失而必须防治的害虫和害螨仅占总数的5%左右，称为常发性害虫或目标害虫，如桃蚜、菜粉蝶等；其余绝大多数种类在天敌、气候等因素控制下处于潜在性或间歇性危害状态，危害往往很轻，不需要防治，或偶然严重时才需防治，如桃一点叶蝉、菜螟等。

二、害虫的危害方式

害虫对植物的危害方式可分为直接取食性危害、非取食性危害和传播病害三大类。直接取食性危害表现为咀食、潜叶、卷叶或缀叶营巢、钻蛀、刺吸、成瘿等。非取食性危害，如害虫产卵造成对植物组织的伤害；地下害虫在土壤内穿行形成隧道，使幼苗根系脱离土壤，失水而死；蚜虫等分泌蜜露不仅引起霉污病，还堵塞气孔和污染叶片，影响光合作用等。传播病害，如植物病毒病有许多是由蚜虫和叶蝉等作为媒介进行传播的；昆虫危害造成伤口，也能导致植物病原菌的侵入，因而防治媒介昆虫成了防治许多植物病害的重要措施之一。

三、昆虫纲的特征

昆虫属无脊椎动物中节肢动物门昆虫纲，已知种类约100万种，约占整个动物界的2/

3，是动物界中种类最多、分布最广、群体数量最大的一个类群。

节肢动物的共同特征是：身体左右对称，具有外骨骼，体躯由一系列体节组成，体节上有成对的分节附肢，“节肢动物”名称由此而来，循环系统位于身体背面，神经系统位于身体腹面。昆虫纲除具以上特征外，还具有以下基本特征。

（1）体躯由一系列体节组成，明显分成头、胸、腹3个体段。

（2）头部由6节或4节愈合成一个坚硬的头壳，其上着生有口器、1对触角、1对复眼和0～3个单眼。

（3）胸部分为前胸、中胸和后胸3节，各节上着生有胸足1对，中、后胸一般各有1对翅。

（4）腹部一般由9～11个体节组成，末端生有外生殖器，有的还有1对尾须。

（5）刚从卵中孵出的幼期昆虫，需经过内部和外部形态上的一系列显著变化，才能转变为成虫，这种形态上的改变称为变态。

第二节　昆虫内外部形态特征

一、昆虫的外部形态

（一）昆虫的头部

头部是昆虫身体最前端的一个体段，由膜质的颈与胸部相连。头上有触角、复眼、单眼等感觉器官和取食的口器，是昆虫感觉和取食的中心。

（1）头部的基本构造。昆虫的头部是由几个体节愈合而成的一个体壁高度骨化的坚硬头壳，一般呈圆形或椭圆形。在头壳的形成过程中，由于体壁的内陷，表面形成许多沟（或缝）。这些沟和在某些昆虫中存在于头顶的倒“Y”字形的蜕裂线，把头部划分为若干区，如头顶、额、唇基、颊和后头等。

（2）头部的形式。根据昆虫口器的着生位置不同，昆虫的头部存在着三种不同的形式。

①下口式。口器着生在头的下方，头的纵轴与体躯纵轴大致垂直。常见于植食性昆虫，如蝗虫、蛾蝶类的幼虫等。

②前口式。口器着生在头的前方，头的纵轴与体躯纵轴呈水平或钝角。多见于捕食性和钻蛀性昆虫，如步甲、虎甲、天牛幼虫等。

③后口式。口器从头的腹面伸向身体的后方，位于前足基节之间，头的纵轴与体躯纵轴呈锐角。常见于刺吸式口器的昆虫，如蝉、蝽、蚜虫等。

（3）头部的感觉器官。

①触角。绝大多数昆虫在头部额区复眼前方或眼间有1对附肢称触角，是重要的感觉器官，其上拥有大量感器，主要是嗅觉和触觉。在某些昆虫中触角还具有听觉、味觉或一些特殊的功能，如仰泳蝽的触角起平衡作用，水龟虫用触角帮助呼吸，雄芫菁在交配

时用触角来抱握雌体等。触角是分节的构造，由柄节、梗节和鞭节三节组成。柄节位于基部，通常较粗短，连接在头壳的膜质小窝（又称触角窝）内。梗节为第二节，通常较细小。梗节以后的部分统称为鞭节，通常分成许多亚节。昆虫的种类繁多，触角的形状也多种多样，这些变化多在鞭节上。某些昆虫其雌、雄虫在触角上也表现出明显的差异，一般雄虫的触角较发达，如马尾松毛虫、小地老虎等其雄蛾触角为羽毛状，雌蛾则为丝状；天牛科雄虫触角往往较雌虫触角长得多。总之，触角的形状、分节数目或着生位置等随昆虫的种类不同而有差异，常常将其作为识别昆虫的重要依据。

②眼。昆虫的眼有单眼和复眼两种。昆虫的单眼分为背单眼和侧单眼两类。背单眼着生于额区上端两复眼之间，一般有3个，通常为成虫和不完全变态的幼虫所具有。侧单眼则是完全变态的幼虫所具有，位于头部的两侧，一般每侧各有1～6个。一般认为，单眼只能辨别光的方向和强弱，不能形成物像。近年来认为单眼是一种激动器官，可使飞行、降落、趋利避害等活动迅速实现。大多数昆虫具有复眼1对，着生于头部的侧上方，多为卵圆形，也有圆形或肾形。复眼是昆虫主要的视觉器官，由许多小眼组成，小眼的数目因昆虫种类而异，如家蝇的1个复眼由4000多个小眼组成，蜻蜓的复眼由28 000多个小眼组成。一般小眼数目越多，视力越好。昆虫的复眼能分辨近处物体，对光的强度、波长以及颜色等也有较强的分辨能力，特别是对330～400 nm的紫外光有很强的趋性。人们可根据这个特点，采用黑光灯、双色灯或卤素灯等诱集昆虫。许多昆虫在寻找产卵或停息场所时所表现出的趋黄或趋绿反应，也与复眼的功能有关。

（4）昆虫的取食器官。昆虫的口器由上唇、上颚、下颚、下唇和舌五部分组成，其中上唇和舌是头壳的构造，上颚、下颚和下唇是头部的3对附肢。昆虫因食性和取食方式的不同，口器也存在多种类型，但其中咀嚼式和刺吸式是两个基本类型。

①咀嚼式口器。咀嚼式口器是最基本、最原始的口器类型。上唇是连接在唇基下方的一个薄片，形成口器的上盖，可以防止食物外落，其内壁上还具有毛和味觉器。上颚在上唇的后方，是一对坚硬的锥状构造，前端具有切齿叶，后方具有臼齿叶，主要功能是切断、撕裂和磨碎食物。下颚着生于上颚的后方，是一对分节的构造，由轴节、茎节、外颚叶、内颚叶和下颚须组成，其中内颚叶和外颚叶具有握持、撕碎和推进食物的作用，而下颚须则具有触觉、嗅觉和味觉的功能。下唇位于下颚的后方，成为口器的底板，其构造与下颚相似，只是左右愈合成一片，由后颏、前颏、中唇舌、侧唇舌和下唇须构成，其功能表现为感触和盛托食物。舌位于口器中央，为狭长的囊状构造，其上有许多毛和味觉突起，底部有唾腺的开口。

具有咀嚼式口器的昆虫有很多，常见的如直翅目的蝗虫和蟋蟀、鞘翅目的甲虫、膜翅目的叶蜂和茎蜂，鳞翅目昆虫蛾、蝶类的幼虫等，许多是农林业上的重要害虫。咀嚼式口器的害虫主要取食固体食物，造成机械损伤，如将植物叶片咬食成缺刻、孔洞，取食叶肉在叶片上下表皮之间形成虫道或白斑，蛀食植物的茎秆、花果、蕾铃，有的吐丝卷叶，隐匿其中取食危害。

②刺吸式口器。能刺破动植物组织并从中吸取汁液的一类口器。其构造特点是：上唇退化成三角形的小片，上颚及下颚的一部分特化为细长的口针，下唇延长成收藏或保护口针的喙，同时口器后方的食窦和咽喉的一部分形成强有力的抽吸结构。口针的构造

很特别，上颚形成的一对口针在外面，下颚一对口针在里面，且下颚口针相对的两侧分别有两个凹槽，两口针相合形成食物道和唾液道。取食时，两上颚口针交替刺入组织，下颚口针跟随而下，唾液由唾液道注入食物进行初步消化，再由食物道抽吸入昆虫的消化道。

刺吸式口器主要为同翅目、半翅目及一部分双翅目昆虫所具有。常见具有刺吸式口器的昆虫主要有蝉、飞虱、叶蝉、蝽、蚊等。具有这类口器的害虫危害植物后，一般不造成明显的机械性损伤，植物呈现局部性的褪色、斑点、黄化、卷缩、虫瘿等。当害虫种群数量较大时，也可能出现植物因失去大量营养物质而致生长不良或倒伏，甚至枯萎而亡。这类口器害虫如蚜虫、叶蝉等还能传播病毒病，造成更严重的损失。

其他常见的口器还有许多，如吸食植物花蜜或露水的蛾、蝶类成虫的虹吸式口器；家蝇用于舐吸半流体或固体微粒的舐吸式口器；蜜蜂的口器能兼食固体和液体两种食物，又称作嚼吸式口器；同样能刺入植物组织内取食的锉吸式口器（如蓟马），等等。

了解昆虫口器类型，不仅可以通过被害症状来判断害虫的类别，还可以有针对性地提出防治方案。咀嚼式口器害虫是将固体食物磨碎后吞入肠胃中，因此具有胃毒作用的杀虫剂喷洒在植物表面或制成毒饵，使害虫因进食而死；而对蛀茎、潜叶、蛀果等钻蛀性咀嚼式口器害虫，因其暴露在外时间较短，故施药时间应严格掌握，否则不能达到应有的防治效果。而对刺吸式口器害虫，必须使用内吸性杀虫剂，即药剂能被植物吸收并输导至害虫危害的部位，害虫因摄食有害汁液发生致毒作用而死亡。具有触杀作用和熏蒸作用的杀虫剂对这两类口器的害虫均具有致毒作用。

（二）昆虫的胸部

胸部是昆虫体躯的第二体段，由前胸、中胸和后胸三节组成。每胸节各具1对附肢，即前足、中足和后足；中、后胸还各具1对翅，因此胸部是昆虫的运动中心。

（1）胸部的基本构造。胸部为了适应运动的需要，体壁一般都高度骨化，且内陷形成许多内脊和内突，便于着生发达的肌肉。每一节由背板、腹板和两块侧板组成，这些骨板又由表面的沟缝划分成若干骨片。骨板和骨片的形状、其上的突起和刺毛等常用作鉴别昆虫种类的特征。胸部通常还具有两对气门，位于中、后胸两侧的侧板上。

（2）胸部的足。胸足是胸部的行动附肢，着生在胸部侧板和腹板间膜质的基节窝内，是一种分节的构造，自基部向端部分为基节、转节、腿节、胫节、跗节和前跗节。基节较粗短，与身体相连；转节一般较小；腿节常为各节中最长的一节；胫节细长，边缘常有成排的刺或末端有距；跗节较短，常分为2～5个亚节；前跗节除少数昆虫外，多数是由1对爪和1个中垫组成。昆虫的跗节和中垫的皮肤较薄，表面具有感觉毛，药剂易由此进入虫体使其中毒。昆虫幼虫的胸足构造较简单，节间膜较宽大，跗节不分亚节，前跗节呈独爪状。有些甲虫幼虫中，跗节和胫节合并成胫跗节。因生活环境和生活方式的不同，昆虫足的形状和构造也随其功能的改变而多种多样。常见的胸足类型有：①步行足，各节较细长，无显著变化，适于行走，如步甲、瓢虫、蝽等的足；②跳跃足，发达的胫节肌源于腿节，腿节特别膨大，胫节细长用以弹跳，如蝗虫、蟋蟀的足；③开掘足，胫节宽扁，外缘具坚硬的齿，如蝼蛄、金龟子等的前足；④捕捉足，基节延长，腿节腹面有槽，胫节可以折嵌其内，形似折刀，如螳螂、猎蝽的前足；⑤游泳足，各节延长扁平，边缘缀有长毛，用以划水，如仰泳蝽、龙虱的后足；⑥抱握足，跗节膨大成吸盘状，在交尾时用以抱握雌体，如雄性龙虱的前足；⑦携粉足，胫节宽扁，两边有长毛相对环抱以用于携带花粉，通常称“花粉篮”，同时跗节第一亚节很大，内侧具有多排横列的硬毛，用以梳刮附着在身体上的花粉，如蜜蜂的后足。

（3）胸部的翅。翅是昆虫的飞行器官，大多数昆虫均具有两对翅，分别位于中、后胸，由胸部背板向两侧扩展演化而形成。昆虫是无脊椎动物中唯一能飞翔的动物，也是动物界中最早出现翅的类群。翅的形成，对昆虫的觅食、求偶、避敌和扩大分布均有利，对昆虫的生存和发展有极其重要的意义。

昆虫的翅一般为三角形，有3个边和3个角。同时，为了适于翅的折叠和飞行，翅上常发生一些褶线，通常还可分为若干区。昆虫的翅一般为双层膜质的构造，上、下两层之间分布有气管，翅面沿气管周缘加厚则形成翅脉。翅脉在翅面的分布形式称为脉序或脉相，是昆虫分类鉴定的重要依据，也可以通过它比较追溯昆虫的演化关系。昆虫的脉序有横脉及纵脉之分。各种昆虫翅脉的数目不尽相同，为了便于比较研究，人们对现代昆虫和古代化石昆虫的翅脉加以分析、比较，提出了“模式脉序”，作为对现代昆虫脉序研究的科学标准。

昆虫由于种类繁多，生活环境各异，翅也相应地有多种变化，表现为翅的有无、形状和质地等的变化。从翅的质地变化上说，大多数昆虫的翅为膜质透明，翅脉明显，为膜翅，如蜂类；有的翅为膜质，但表面生有鳞片，称鳞翅，如蛾蝶类；有的翅膜质，翅上密生细毛，称毛翅，如石蛾；有的翅膜质狭长，前后缘具有长的缨毛，称缨翅，如蓟马；有的翅革质，但翅脉仍然保留，覆于体背，兼有保护和飞翔的作用，称覆翅，如蝗虫、蝼蛄等的前翅；有的翅角质骨化，翅脉消失，成为保护后翅及体躯的鞘翅，如各种甲虫的前翅；有的翅基部为革质，端部为膜质，称为半鞘翅，如蝽；还有的昆虫其后翅特化成短小的棍棒状，飞翔时用以平衡身体，称为平衡棒，如蚊、蝇、雄性介壳虫等。昆虫翅的类型是昆虫分目的主要依据。

（三）昆虫的腹部

昆虫的腹部是昆虫体躯的第三个体段，一般由9～11节组成，里面包藏着昆虫主要的内脏和生殖器官，因此腹部是昆虫新陈代谢和生殖的中心。腹部的构造较简单，每一节主要由背板和腹板两块骨板所组成，两者由侧膜相连。其中1～8节各节身体的两侧还分别有1对气门，是昆虫体内气管在体壁上的开口。成虫腹部附肢大都退化，但第8、9腹节还保留有特化为外生殖器的附肢。有的昆虫在第11腹节还有1对尾须。鳞翅目昆虫幼虫和膜翅目叶蜂类幼虫腹部还具有腹足。

雌性昆虫其外生殖器又称为产卵器，包括3对产卵瓣，即背产卵瓣、内产卵瓣和腹产卵瓣，其生殖孔位于第8、9腹节间的节间膜上。昆虫因产卵的习性不同，其产卵器的形状也各式各样，如蝗虫的产卵器呈锥状；蟋蟀的产卵器为矛状，可将卵产在土中；有的昆虫产卵器呈剑状或刀状，产卵时可以划破植物组织，将卵产于其中，如叶蝉、飞虱、叶蜂等；而蛾蝶类、蝇类和甲虫等的产卵器，又称为伪产卵器，是因为其腹部末端若干体节细长而套叠，产卵时将卵产在物体表面；还有的昆虫其产卵器特化为能注射毒液的螯针，等等。

雄性昆虫其外生殖器则称为交配器或交尾器，包括将精子输入雌体的阳具及交配时挟持雌体的1对抱器，一般发生在第9或第10腹节。昆虫的交配器构造比较复杂，而且在各类昆虫中变化很大，具有种的特异性，以保持自然界中昆虫种的稳定。所以昆虫雄性外生殖器常用作分类时区分种和近缘种的重要依据。

（四）昆虫的体壁

昆虫的体壁又称“外骨骼”，是昆虫体躯的最外层组织，具有支持身体、保护内脏、着生肌肉的作用，而且还能防止体内水分散失和体外微生物及其他有害物质的侵入，同时由于体壁上特化的各种感觉器和腺体的存在，使之可以接受外界刺激和分泌各种化合物，调节昆虫的行为。

昆虫的体壁是一个分层的构造，由内向外可分为三层，即底膜、皮细胞层和表皮层。底膜是紧贴于皮细胞层下的一层薄膜，是体壁与内脏的分界，由血细胞分泌而成。皮细胞层由排列整齐的单层细胞构成，部分细胞在发育过程中能特化成各种不同的腺体和刚毛、鳞片、刺、距等外长物。表皮层是皮细胞层向外分泌的非细胞性物质，由内向外也可分为三层，为内表皮、外表皮和上表皮。内表皮的主要成分是蛋白质和几丁质，使体壁表现出延展曲折性。外表皮的主要成分与内表皮一致，但在形成过程中经过了鞣化（硬化）和暗化作用，因而颜色较深且质地坚硬。上表皮构造复杂，由内向外又可分为角质精层、蜡层和护蜡层，有的昆虫在蜡层与角质精层之间有一层多元酚层。由于蜡层全是蜡质，所以上表皮具有亲脂性，表现出不可透性（疏水性）。所以昆虫体壁具有的三个主要特性——延展曲折性、坚硬性和不可透性是由表皮层分层的不同化学成分所决定的。

体壁的结构和特性与害虫防治的关系十分密切。体壁上生有的密集刚毛、鳞片等，会影响农药在体表的展布；体壁上表皮层的厚度、坚硬程度和表皮层各分层的性质等，可以影响药剂的穿透情况；特别是上表皮表现的疏水性和内表皮、外表皮表现的亲水性，这就要求理想的触杀药剂应既是脂溶性的非极性化合物，又必须具有一定的水溶性。近年来，国内外开发出一些新型的破坏表皮几丁质合成的农药，如灭幼脲等，这类药剂能使幼虫在发育过程中由于蜕皮受阻而死亡。

二、昆虫的内部器官的构造与功能

（一）昆虫的体腔及内部器官的位置

昆虫体壁所包成的腔称为体腔，里面充满着流动的血淋巴，又叫血腔。体腔又由肌纤维和结缔组织形成的上、下隔膜分隔成2~3个小腔，称为血窦，分别是背血窦、围心窦和腹血窦。大多数昆虫只有上方的背隔，少数如直翅目的蝗科、鳞翅目和双翅目的成虫等有下方的腹隔。昆虫各内部器官分别位于体腔内不同的血窦中。消化道呈管状，纵贯围心窦的中央，与消化道相连的具排泄作用的马氏管及生殖系统均位于围心窦中。消化道上方与之平行的是位于背血窦中的背血管，下方与其平行的是位于腹血窦中的腹神经索，它是主要的中枢神经器官之一，两侧为气管系统的开口——气门，气管系统的网状分支则遍布体腔。

（二）昆虫主要内部器官的构造及功能

1. 消化系统和排泄器官

昆虫的消化系统包括纵贯体腔中央从口到肛门的一根消化道及与消化有关的腺体。消化道从前向后可分为前肠、中肠和后肠三部分。前肠由咽喉、食道、嗉囊和前胃组成，其主要功能是暂时贮存食物、磨碎食物和进行部分消化作用。刺吸式口器昆虫口前腔的一部分和咽喉形成抽吸汁液的唧筒。中肠又称为胃，是食物消化吸收的主要部位。有的昆虫中肠前段肠壁向外突出形成胃盲囊，其功能主要是增加消化和吸收面积。中肠后端以马氏管的着生处与后肠分界。后肠分为回肠（大肠）、结肠（小肠）和直肠，其主要功能是吸收代谢物残渣中的水分和无机盐，并形成粪便排出体外，以调节血液渗透压和酸碱平衡。

消化系统与杀虫剂的关系十分密切。胃毒剂的杀虫效力与害虫的消化生理特性紧密相连。昆虫的中肠是一个相对稳定的酸碱环境，不同昆虫其消化液的酸碱度是不同的，如很多蛾类其幼虫中肠的消化液偏碱性，pH值为8～9，而蝗虫、蝽类和一些甲虫的中肠消化液则为偏酸性。因此胃毒剂随食物进入虫体后，在中肠内的溶解情况直接影响其杀虫效力的发挥，如敌百虫在碱性消化液中能分解成更毒的敌敌畏。而目前常用的Bt制剂，其伴孢晶体毒素也是在碱性环境中更易溶解，因此这类药剂对防治消化液呈碱性的害虫效果更好。还有另外一类药剂——拒食剂，也对昆虫的消化系统发生作用，昆虫摄取这类药剂后，不再取食，最后因饥饿而死，如三氮苯类杀虫剂。

昆虫的主要排泄器官是马氏管，是一些浸浴在血液里的细长盲管，开口在消化道中肠和后肠的交界处。马氏管的形状和数目随昆虫种类而异，少的只有2条，如介壳虫，多的可达150条以上，如蜜蜂、飞蝗等。马氏管的主要作用是从血液中吸收代谢废物并将其送入后肠后随粪便一同排出体外。

2. 循环系统

昆虫的循环属开放式循环，即血液在体内只有一段途径经过主要的循环器官——背血管，其余在整个体腔内流动，各器官组织浸浴于血液中，直接与血液交换气体、水分和各种无机及有机化合物。

背血管位于消化道上方的背血窦中，前端开口，后端封闭，由两部分组成，前端的管状结构为大动脉，后端由若干个膨大的心室组成为心脏。每个心室有1对心门，血液由此进入心脏。心脏由于心室两侧翼肌的缩放而搏动，使得血液由后向前流动，由大动脉的开口喷出，流入头部及体腔内部。昆虫的血液又叫血淋巴，主要由血浆和血细胞组成，一般为无色、绿色、黄色及棕色等。血液的主要作用是运送养分至全身各组织，并将废物送入排泄器官。此外，血液还具有吞噬，愈伤，调节体内水分含量，传递压力以助孵化、蜕皮、羽化、展翅及气管系统的通风作用等。绝大部分昆虫血液中不存在红细胞，所以昆虫的血液循环不能输送氧气。杀虫剂进入虫体后，需要通过血液循环将药剂送到各靶标组织才能发挥作用。而杀虫剂直接影响循环系统则表现为几个方面，如某些无机盐类可使昆虫血细胞发生病变，烟碱类能扰乱血液的正常运行，除虫菊素和氢氰酸能降低昆虫血液循环的速率等。

3. 呼吸系统

昆虫的呼吸系统由许多富有弹性和一定排列方式的气管组成，由气门开口于身体两侧。在虫体的两侧各有1条纵贯全身的气管侧纵干，连接着全身的大小气管分支，并越分越细，最后形成微气管网，遍布体内各器官组织。昆虫气门为空气进出气管的通道，其数目和位置通常随昆虫的种类而异，一般具有9～10对，即前胸或中后胸各1对，腹部第1～8节各1对。气门的形状多为圆形或椭圆形的孔，孔口有过滤装置，孔内有开闭机构，能阻止灰尘及其他外物进入虫体内，同时具有调节气流和防止水分过度蒸发的作用。昆虫的呼吸作用主要靠空气的扩散作用和虫体呼吸运动的通风作用来完成，扩散作用是由于气管内和体外氧与二氧化碳分压的不同而进行的气体交换，通风作用则是靠虫体腹部的收缩、扩张，帮助气体在气管系统内进行气体交换。当空气中混合有一定量的毒气时，随着昆虫的呼吸，毒气也随着空气进入虫体，使其中毒而死，这是熏蒸杀虫的原理。同时气门的开闭与毒气进入虫体的情况密切相关，在一定的温度范围内，温度越高，昆虫的呼吸作用越强，气门开放也越大。因此，高温条件下进行熏蒸杀虫，效果好且节约用药量。昆虫的气门一般都是疏水亲油的，只有油剂或油乳剂可大量通过气门进入虫体或堵塞气门使昆虫窒息而死。

4. 神经系统

昆虫的一切生命活动都受神经系统的控制。昆虫通过感觉器官感受外界环境因子的刺激，又通过神经系统的协调，支配各器官做出相应的反应，进行各种生命活动。

昆虫的神经系统由中枢神经系统、交感神经系统和周缘神经系统组成。中枢神经系统包括脑、咽下神经节和腹血窦中的腹神经索。脑由前脑、中脑和后脑组成，有神经分别通至复眼、单眼、触角、额和上唇，是感觉和统一协调的中心。咽下神经节有神经通至上颚、下颚和下唇，支配口器取食。腹神经索一般由11个神经节组成，胸部3个，腹部8个，前后神经节通过神经索相连。胸部神经节支配翅、足肌肉运动，而腹部神经节除控制每节肌肉运动外还负责协调交尾、产卵动作。

构成神经系统的基本单位是神经元。一个神经元包括神经细胞和神经纤维两部分。神经纤维又可分出主支和侧支，主支是一根较长的神经纤维称轴状突，侧支是神经细胞附近轴状突上分出的短支。轴状突和侧支的末端再分为端丛，端丛末端部分叫突触，神经元的突触并不直接相连。神经细胞四周的短小纤维则称为树状突。神经元的神经细胞分出的主支可能有一个，也可能有两个或多个。从功能上讲，由于主支数量不同，可将神经元分为感觉神经元、运动神经元和联络神经元。神经节是各类神经元的集合体，神经是成束的神经纤维。神经元之间冲动的传导是通过突触间的乙酰胆碱的作用来实现的，即当前一神经末梢受到冲动后，突触分泌乙酰胆碱，靠它将冲动传到下一神经末梢，完成冲动的传导。而乙酰胆碱完成传导后即被下一神经末梢表面的乙酰胆碱酯酶水解从而使神经恢复常态，等待下一次冲动的来临。目前常用的有机磷和氨基甲酸酯类杀虫剂，大多是神经毒剂，其主要杀虫机制就是抑制胆碱酯酶的活性，引起乙酰胆碱在突触间聚集，使神经过度兴奋，虫体最后因疲劳而死亡。

5. 生殖系统

昆虫的雄性生殖系统由睾丸、输精管、贮精囊、射精管和附腺等部分组成。昆虫的雌性生殖系统由卵巢、侧输卵管、中输卵管、生殖腔、生殖附腺、受精囊和受精囊腺等部分组成。其中生殖附腺的主要作用是分泌黏液将卵黏着于物体上或将卵黏结成块，或形成坚实的卵鞘和卵囊。受精囊是用于接受和暂时贮存精子。昆虫的交尾和受精是两个不同的概念。交配是指雌、雄两性交合的过程。交配时雄虫将精液注入雌虫生殖腔内，贮存于受精囊内。雌虫接受精子后，不久即开始排卵。当成熟的卵子经过受精囊时，一些精子从受精囊口释放出来，与卵子结合，这个过程称为受精。研究昆虫的生殖系统，对于害虫防治有着重要的意义。在测报工作中，常通过解剖雌成虫的内生殖器官，观察卵巢发育进度，作为预测害虫的产卵量、发生量以及迁飞等的依据。利用不育技术防治害虫已在近几十年取得了很大的进展，方法有射线不育、化学不育和激素不育等，可以使雄虫不育或雌虫不育，有效地控制害虫种群数量，最后达到消灭害虫的目的。

6. 分泌系统

昆虫的分泌系统分为内分泌器官和外激素腺体两大类，能分泌微量化学活性物质，支配和协调昆虫的生长发育和行为活动。这类化学物质又称为激素，若由内分泌器官分泌则称为内激素，若由外激素腺体分泌则称为外激素或信息素。

昆虫的内分泌器官包括脑神经细胞群、咽下神经节、心侧体、咽侧体、前胸腺和绛色细胞等。脑神经细胞群分泌脑激素，咽侧体分泌保幼激素，前胸腺分泌蜕皮激素。脑激素能激发和活化咽侧体和前胸腺分泌相应的激素。保幼激素的主要功能是促进体内各组织保持原来形态和生长，同时抑制成虫器官等的分化和生长。蜕皮激素的主要功能是促进代谢活动和激发昆虫的蜕皮作用。在正常情况下，这三种激素相互联系、相互制约，协调昆虫整个生长发育和变态过程。外激素分泌物由昆虫排于体外，作为种内个体间传递信息之用，故又称信息素。目前已发现的有性外激素、示踪外激素、警戒外激素和群集外激素等。

目前，研究最多的是性外激素在害虫测报和防治上的应用，已人工合成多种昆虫的性外激素及其类似物，做成性引诱剂作为商品出售，如棉铃虫、梨小食心虫、桃小食心虫、稻螟、棉红铃虫、玉米螟等。通过性外激素及其类似物的使用，可以在田间诱捕大量异性昆虫或使之迷失方向，从而干扰正常的交配活动，减低发生量。此外，使用性外激素及其类似物，对及时发现检疫性害虫及其扩散区域等有不可替代的作用。

第三节　昆虫生物学习性

一、昆虫的生殖方式

昆虫种类繁多，生活环境各不相同，生活方式更是多样化，因此经过长期适应，昆虫的生殖方式也表现出多样性。

（1）两性生殖，即经过雌雄交配，精子与卵子结合后，雌虫产下受精卵，再发育成新个体的生殖方式，是昆虫普遍进行的一种生殖方式。

（2）孤雌生殖又称单性生殖，即雌虫不经过受精或未经受精的卵直接发育成新个体的生殖方式。

（3）卵胎生又称孤雌胎生，指雌虫未经受精的卵在母体内依靠卵黄供给营养，进行胚胎发育，直至孵化为幼体后才从母体中产出。常见的蚜虫孤雌生殖就是依靠这种生殖方式进行的。卵胎生可以对卵起到保护作用，是有利于繁殖的一种生殖方式。

（4）多胚生殖，常见于一些寄生蜂如茧蜂科、跳小蜂科、广腹细蜂科等，产在寄主体内的1个卵在发育过程中可分裂成2个以上的胚胎，最多可达3000个，每一个胚胎发育成一个新个体。新个体的性别由所产的卵是否受精而定，受精卵发育为雌虫，未受精卵发育为雄虫。多胚生殖是对活体寄生的一种适应，对繁衍后代有利。

二、昆虫的发育和变态

昆虫的个体发育由卵到成虫性成熟为止，分为胚胎发育和胚后发育两个阶段。

（一）昆虫的变态

昆虫在胚后发育过程中，即从卵孵化开始发育到成虫性成熟为止，昆虫的外部形态和内部器官等方面要发生一系列变化，从而形成几个不同的发育阶段或虫态，这种变化称作变态。昆虫在长期演化过程中，对生活环境产生了特殊适应，形成了不同的变态类型。

（1）不全变态。昆虫一生只经过卵期、幼虫期、成虫期三个阶段，幼虫期的虫态一般称为若虫，均为寡足型，翅芽发生在其体外。若虫和成虫在体形、习性和生境等方面均相似，主要差别仅在翅与生殖器官的发育程度，如蝗虫、蟋蟀、蝽、飞虱、叶蝉和蚜虫等。而有些不全变态昆虫的末龄若虫不食不动，类似全变态昆虫中的蛹，故称为伪蛹或拟蛹，这种变态又称为过渐变态，如缨翅目的蓟马、同翅目的粉虱和雄性蚧类等。昆虫蜻蜓也是不全变态类型，因其幼期营水生生活，在体形、呼吸、取食方式和行动器官等方面均有不同程度的变异，成、幼期出现形态分化，这种不全变态类型又称作半变态，它的幼虫期称为稚虫。

（2）全变态。昆虫一生经过卵期、幼虫期、蛹期和成虫期四个阶段，幼虫和成虫在内外构造、食性和生境等方面有明显差异，蛹是从幼虫转变为成虫的过渡虫态。幼虫器官组织的分解和成虫器官组织的重建均是在蛹期内完成，如蛾、蝶、蜂、蝇和大多数甲虫等。

（二）昆虫个体发育各阶段的特点

1. 卵期

卵自产下后到孵化所经过的时间称为卵期，它是昆虫个体生命活动的第一个阶段。昆虫的卵是一个大型细胞，由卵壳、卵黄膜、卵黄、原生质和细胞核组成。卵壳一端有孔，称为受精孔或精孔，是精子进入卵内的通道。卵壳的表面具有各式刻纹，其主要化学成分为骨蛋白和蜡质，一般杀虫剂难以进入。昆虫卵的大小、形状、颜色因种类不同而异，常见的卵有卵圆形、肾形、半球形、瓶形、桶形、有柄形等多种，卵的大小种间差异很大，如飞蝗卵长为6~7 mm，蚜虫卵长不足0.03 mm，卵颜色一般为乳白色、淡黄色、淡绿色等，接近孵化时卵色变深。昆虫产卵方式也多种多样，有的单粒散产（如棉铃虫），有的集中块产（如二化螟、黏虫），有的卵块上覆有鳞毛或茸毛（如三化螟、茶毛虫），有的产于卵囊或卵鞘内（如蟑螂、蝗虫）等。昆虫的产卵场所也各异，有的产于植株表面和组织内，有的产于土中和粪便内。寄生性昆虫有产于体外的，也有产于体内的。掌握害虫的卵粒形状、产卵习性和场所，对于害虫调查及防治具有重要的意义。特别是对产卵集中的害虫，可以采取人工摘除或结合农事操作进行有效防治。

2. 幼虫期

全变态昆虫从卵孵化为幼虫到变为蛹所经过的时间，或不全变态昆虫从卵孵化为若虫到变为成虫所经过的时间，称为幼虫期（对不全变态昆虫而言，又称为若虫期）。这是昆虫取食生长的时期，是许多农林业害虫的主要为害时期，也是开展药剂防治的关键时期。

昆虫幼虫期的主要特点是不断取食与快速生长发育，使得昆虫原有的体壁限制了它的生长，必须周期性地蜕去旧表皮代之以新表皮，这个过程称为蜕皮，蜕下的旧表皮称为蜕。从卵孵化开始，到第一次蜕皮前的幼虫称为第1龄幼虫，以后每蜕一次皮，就增加一龄。两次蜕皮之间的时间称为龄期。昆虫幼虫的头宽是区分幼虫龄别最可靠的特征。准确地鉴别龄期和掌握各龄历期是进行害虫测报及防治必不可少的资料。害虫的食量和抗药力是随着虫龄增加而加大的，且同一种昆虫幼虫刚蜕皮后或低龄期时体壁较薄，药剂也易进入，因此应抓住害虫的低龄阶段开展防治，可收到较为理想的防治效果。全变态昆虫的幼虫，由于食性、习性和生境各不相同，在形态上出现很多变化。

3. 蛹期

全变态昆虫从幼虫变为蛹到羽化为成虫所经过的时间称为蛹期。蛹是全变态昆虫由幼虫变为成虫过程中的一个过渡虫态。幼虫老熟后，停止取食，活动能力降低，同时身体缩短，有的吐丝作茧，有的营造土室，进入化蛹前的准备阶段，称为预蛹或前蛹。预蛹蜕皮变为蛹的过程，称为化蛹。在蛹期发育进程中，体色有明显的变化，根据这一变化，可将蛹期划分成若干蛹级，作为调查发育进度的依据，可准确地预测害虫的发生期，在害虫的预测预报中已得到广泛应用。预蛹和蛹在外表看来处于静止状态，其实体内在进行着激烈的生理变化，幼虫原来的器官组织解离，形成成虫新的器官组织。因此，蛹的外形基本上和成虫近似，如出现成虫具有的足和翅等外部器官，而与幼虫完全不同。

蛹期是昆虫生命活动中的一个薄弱环节。因为蛹不活动，易受敌害侵袭和不良环境因子的影响，所以昆虫在化蛹前常选择适宜的化蛹场所。了解昆虫蛹期的特点，人为地破坏其化蛹的生态环境，是防治害虫的一个重要途径。

全变态昆虫的蛹也有三种类型。

（1）离蛹。又称裸蛹，触角、足和翅等附肢不紧贴虫体，能活动，腹节也能活动，如金龟甲、蜂类的蛹。

（2）被蛹。触角、足和翅等紧贴在虫体上，不能活动，腹节多数或全部不能活动，如蛾、蝶类的蛹。

（3）围蛹。蛹体被幼虫最后蜕下的皮形成的桶形外壳所包围，里面是离蛹，如蝇、虻类的蛹。

4. 成虫期

成虫是昆虫个体发育的最后阶段，其主要任务是交配产卵、繁殖后代。全变态昆虫的蛹或不全变态昆虫末龄若虫蜕皮变为成虫的过程称为羽化。成虫羽化后至死亡所经过的时间称为成虫期。有的昆虫羽化为成虫时，性器官就已成熟，能立即交尾、产卵，这类成虫往往口器退化，寿命很短，对作物危害性不大。而大多数昆虫羽化为成虫时，性器官还未完全成熟，需要继续取食一段时间，才能达到性成熟，这种对成虫性成熟必不可少的营养，称为补充营养。这类昆虫成虫阶段对农作物仍能造成危害，如蝗虫、蝽类、叶蝉等。而有的昆虫通过补充营养，能大大提高产卵的数量和质量，从而增加繁殖能力。了解昆虫对补充营养的要求，可以作为害虫防治或预测害虫发生的重要依据。

成虫从羽化到第一次交配所经历的时间，称为交配前期。雌成虫从羽化到第一次产卵所经历的时间，称为产卵前期。各种昆虫其交配前期和产卵前期各不相同，且会受到诸多环境因子的影响，了解它们对开展预测预报和害虫防治也很有利。大多数昆虫的雌、雄虫，除了生殖器官有差异外，其余的外部形态是相似的。而有的昆虫的雌、雄虫，除了生殖器官有差异外，在触角、身体大小、颜色及其他形态上有明显的区别，这种现象称为雌雄二型或性二型。如小地老虎等蛾类，雄性触角为栉齿状，雌性为丝状；介壳虫和袋蛾等，雄性有翅，而雌性无翅；独角犀、锹形甲的雄虫，头部具有雌虫没有的角状突起或特别发达的上颚。此外，在同一种昆虫中，除雌雄异型外，在相同性别中，还具有两种或两种以上不同类型的个体，称为多型现象。如稻褐飞虱，有长翅型和短翅型之分；在社会性昆虫中，白蚁在同一巢中，有蚁后、蚁王、有翅生殖蚁、工蚁和兵蚁等之分。了解昆虫性二型和多型现象，有助于人们准确辨认昆虫种类，掌握雌、雄性数量和比例，对害虫的预测预报以及害虫防治和益虫利用都有极其重要的意义。

三、昆虫的休眠与滞育

昆虫在一年的生长发育过程中，常常出现生长发育暂时停滞的现象，且一般多发生在严冬和盛夏来临之前，故称越冬或越夏。从生理上看，可区分为休眠与滞育。

1. 休眠

休眠是昆虫在个体发育过程中由不良环境条件引起的暂时性生长发育停滞现象。当不良环境条件一旦消除，就可恢复生长发育。引起昆虫休眠的环境因子主要是温度和湿度。在温带和寒带地区，低温常常是引起休眠的主要原因；而在干旱或热带地区的干旱和高温季节，有些昆虫会进入夏眠。

2. 滞育

作为遗传特性固定在昆虫某一虫态的生长发育停滞现象称为滞育。滞育的发生受外界环境和内部因子的调控，是对不利环境（如寒冬或盛夏）的遗传性适应，发生于不利条件出现之前，一旦进入滞育状态，即使给予适生条件亦不能恢复，必须经过一定的滞育期，并要求有一定的刺激因素（如低温），才能恢复生长发育。滞育可分专性滞育和兼性滞育两类。专性滞育出现固定的世代和虫期，多发生于一年发生一代的昆虫，如大地老虎、大豆食心虫等。而兼性滞育昆虫，多发生于一年发生多代的昆虫，滞育的出现在不同地理区域的发生世代数不同，但有相同的滞育虫态。如玉米螟、桃小食心虫等，在南方或北方发生的世代数迥然不同，但各自均以末龄老熟幼虫滞育越冬。引起滞育的外界环境因素中，光照周期是主要因素之一。各种条件导致昆虫滞育的产生或解除均为外因，而与滞育相关的内因是体内激素活化或抑制的调节作用。

四、昆虫的世代和年生活史

（一）世代

昆虫从卵开始经过幼虫、蛹到成虫性成熟产卵为止的个体发育周期，称为一个世代，又叫一代。一年只完成一个世代的昆虫称为一化性昆虫，一年有两个世代的称为二化性昆虫，一年有多个世代的称为多化性昆虫。各种昆虫世代的长短和一年内所能完成的世代数不尽相同，有的一年1代或多代，有的则多年1代，最典型的是美洲的十七年蝉，即17年才完成一个世代。昆虫的世代除取决于昆虫本身的遗传特性外，还受环境条件的影响。一般南方气温较高，世代历期短，一年发生的代数多；而北方气温低，世代历期长，一年发生的代数就少。如棉铃虫在长江流域一年发生4～5代，而在黄河流域一年发生3～4代。但也有几种害虫，如大地老虎和大豆食心虫，无论南北，一年均只发生1代。

对于多化性昆虫来说，由于各种因素导致各虫态发育进度参差不齐，以致田间各世代间难以划分界限，造成在同一时间内出现不同世代的相同虫态，这种现象称为世代重叠。世代重叠使田间虫情复杂化，增加了预测预报和防治工作的难度。

昆虫的世代是以卵为起点，一年发生多代的昆虫，依先后出现的次序称为第一代、第二代等。因此，凡是以幼虫（若虫）、蛹或成虫越冬并于次年继续发育的世代，都不能算作当年的第一代，而是前一年的最后一个世代，称为越冬代。

（二）生活年史

从越冬虫态开始活动起在一年内的发生过程，称为生活年史，又叫生活史。它包括发生世代数、各世代发生时期及此时寄主植物的生育阶段、各虫态历期以及越冬虫态和场所等。研究害虫的生活年史，是揭示害虫发生规律的重要组成部分，通过它能找出害虫生活史中相对薄弱的环节，从而采取有效措施进行防治。研究害虫的生活史通常是通过室内饲养与田间系统调查相结合的方法来进行。

五、昆虫的习性

（一）昼夜节律

昼夜节律（circadian rhythm）是指与自然界中昼夜变化规律相吻合的节律。绝大多数昆虫的活动如飞翔、取食、交配等，均有昼夜节律，这是种的特性，是有利于种的生存和繁育的生活习性。在白昼活动的昆虫称为日出性或昼出性昆虫（diurnal insect），如蝴蝶、蜻蜓等；在夜间活动的昆虫则称为夜出性昆虫（nocturnal insect），如多数蛾类；还有一些只在弱光下如黎明、黄昏时活动的昆虫，称为弱光性昆虫（crepuscular insect），如蚊子。昆虫的昼夜节律性是受体内具有时钟性能的生理机制控制的，这种控制机制也被称为生物钟（biological clock）。

（二）食性

不同的昆虫对食物有不同的要求，也就是取食习性各不相同。昆虫的食性按食物种类可分为以下几种。

1. 植食性

取食活体植物及其产品，如农林害虫和部分吃植物性食物的仓库害虫。植食性昆虫依据寄主范围可分为如下3种。

（1）单食性。只取食一种寄主植物，如三化螟和稻褐飞虱只取食水稻。

（2）寡食性。只取食一个科或其近缘科内的若干种植物，如二化螟只取食水稻及近缘科的茭白、玉米、小麦等植物。

（3）多食性。能取食不同科、属的多种植物，如棉蚜能危害74科285种植物。

2. 肉食性

取食动物活体组织，很多是害虫的天敌，人们可以利用它们来消灭害虫。肉食性昆虫又分为寄生性和捕食性两大类，如寄生蝇、寄生蜂类和瓢虫、草蛉、螳螂等。

3. 腐食性

取食腐烂的动、植物尸体和粪便等，如蝇蛆、蜣螂等。

4. 杂食性

既能取食动物性食物又能取食植物性食物，常见的有蚂蚁、蜚蠊等。

（三）假死性

假死性是指昆虫受到异常刺激或突然震动，虫体立即蜷缩不动或从停留的地方或飞行的空中跌落下来不动，稍停片刻又恢复正常活动的现象。如金龟甲、黏虫和小地老虎幼虫等，在受到突然的震动时，立即六足收缩或身体蜷曲，跌落后呈假死状。这种习性是一种避敌的适应性反应，使昆虫能逃避即将面临的危险，人们可以利用其假死性进行震落捕杀。

（四）趋性

趋性是昆虫通过神经活动对外界环境刺激所表现的或趋或避的反应，是一种无条件的反射。趋向刺激物的称为正趋性，逃避刺激物的称为负趋性。按刺激物的性质，趋性可分为趋光性、趋化性、趋温性、趋湿性和趋（颜）色性等，其中与测报和防治关系密切的主要是趋光性和趋化性。

1. 趋光性

趋光性是昆虫通过视觉器官，对光源刺激所产生的反应。趋向光源的称正趋光性，反之为负趋光性。如夜出性的夜蛾、螟蛾、金龟子等对灯光为正趋光性，而蜚蠊、米象等为负趋光性。不同昆虫对光的波长和强度等的反应不同，但通常对波长为330 ~ 400 nm的紫外光趋性最强，诱集昆虫的黑光灯就是依据此原理设计的，此外还有双色灯、金属卤素灯等用于诱集昆虫。目前，各地病虫测报站均装有诱集灯，用作测报和灯光诱杀的工具。各地农民还在实践中丰富灯光诱杀的经验，如山东的农民在实践中发现高压汞灯对棉铃虫的诱集效果非常好。

2. 趋化性

趋化性是昆虫通过嗅觉器官，对挥发性化学物质的刺激所产生的反应。趋化性对昆虫的取食、交配和产卵等活动均具有重要意义。如昆虫寻找寄主，主要是靠寄主所发出的具有信号作用的某种气体，菜粉蝶趋向在含有芥子苷的十字花科蔬菜上产卵；昆虫分泌的性信息素，引诱异性前来交配等。在生产实践中，人们设计出糖、醋、酒混合液诱集黏虫用作测报，设计出性引诱剂来诱杀异性昆虫。

（五）群集性

群集性是同种昆虫的个体高密度地聚集在一起的习性。群集有暂时群集和长期群集之分，暂时群集只是在某一虫态或某一时段群集在一起，如二化螟、斜纹夜蛾等，初孵幼虫群集在一起，老龄时则分散危害。长期群集则是在整个生育期都聚集在一起，一旦群集往往不再分开，如群居性飞蝗。

（六）扩散和迁飞

1. 扩散

大多数昆虫在环境条件不适或食料严重不足时，常发生扩散转移，如菜蚜以有翅蚜在蔬菜田内扩散或向邻近菜地转移。扩散是昆虫扩大居住空间的生活方式之一。

2. 迁飞

许多农业害虫的成虫，有成群从一个发生地长距离地迁飞到另一个发生地的特性，如黏虫、小地老虎、稻纵卷叶螟、稻褐飞虱等。成虫在开始迁飞时，雌成虫的卵巢还没有发育成熟，交尾和产卵常在迁飞过程中和在迁入地完成。这种远距离迁飞的习性，可以从空间上逃避不良环境条件，有助于种的延续和扩大地理分布。

第四章　园艺植物病虫害综合防治

第一节　园艺植物病虫害综合防治

一、综合防治的概念

人们从事农业生产以来，就与病虫害进行着不懈的斗争，20世纪40年代后，化学防治占据了主导地位。长期的生产实践证明，任何一种防治方法都不是万能的，单纯依靠某一种防治方法，都不能取得预期的效果，甚至可能造成不可挽回的损失。人们在不断的探索中，逐步建立了“综合防治”（又称“综合治理”，即IPM）的正确观点。在1975年的全国植物保护工作会议上，制订了“预防为主、综合防治”的植保工作方针，为我国植物保护工作的开展进一步指出了正确的方向。

在1986年的病虫害综合防治学术研讨会上，对“综合防治”有了一个明确的概念：综合防治是对有害生物进行科学管理的体系。其基本点是：从农业生态学的总体观念出发，以预防为主，本着安全、有效、经济、简便的原则，有机地协调使用农业、化学、生物和物理机械的防治措施以及其他有效的生态学手段，把病虫的发生数量控制在经济损失允许水平以下，达到高产、优质、低成本和少公害或无公害的目的。

二、综合防治的观点

①经济观点：讲究防治病虫的目的是为了控制病虫的为害，减少经济损失。因此，经济允许水平（经济阈值）是综合防治中一个重要的概念。严格来说，防治任何一种病虫都应讲究经济效益和经济阈值，即防治费用必须小于或等于因防治而获得的利益。在综合治理中，人们必须研究病虫的数量发展到何种程度，如病虫为害造成的经济损失大于经济阈值，即应防治。

②协调观点：讲究相辅相成，防治方法多种多样。任何一种防治方法并非万能，因此必须综合应用；有些防治措施的功能常相互矛盾，有的对一种病虫有效，而对另一种病虫的防治不利。综合协调绝非是各种防治措施的机械相加，也不是越多越好，必须根据具体的农田生态系统，针对性地选择必要的防治措施，才能辩证地综合运用，取长补短，相辅相成。

③安全观点：讲究长远生态效益，一切防治措施必须针对人、畜、作物、有益生物安全，毒害小；尤其应用化学防治，必须科学地合理使用农药，达到有效地防治病虫，

保护天敌，保证当前安全毒害小，又能长期安全残毒少，符合环境保护原则，生态效益好。

④全局观点：取得最佳综合效果，综合防治是从农业生态系统的整体观点出发，制定措施首先要在了解病虫及优势天敌依存制约的动态规律基础上，明确主要防治对象的发生规律和防治关键，尽可能谋求综合协调，采用防治措施和兼治，能持续降低病虫发生数量，力求达到全面控制数种病虫严重为害的目的，取得最佳的经济效益、社会效益和生态效益。

三、制定综合防治措施应考虑的问题

在制定防治措施时，应根据具体的实际情况，选择必要的防治措施有机地结合。一般来说，在制订综合防治的技术方案时，应当研究：

①要调查各地区特定的农田生态系统的各个组成部分及其功能，特别要了解病虫及其优势天敌依存制约的动态规律，这是实施综合防治的基础；

②要明确防治的主要对象及其发生规律和防治的关键时期；

③要尽可能谋求持续降低病虫发生数量的防治措施和具有兼治效能的防治措施，全面控制病虫的为害，化繁为简；

④力求避免作用相同的重复措施，力求使各措施不相克相消而能相辅相成。

第二节　植物检疫

一、植物检疫的概念

植物检疫是指一个国家或地方政府颁布法令，设立专门机构，禁止或限制危险性病、虫、杂草等人为地传入或传出，或者传入后为限制其继续扩展所采取的一系列措施。植物检疫也称法规防治，是防治病虫害的基本措施之一，也是实施“综合治理”措施的有力保证。

植物检疫与其他防治措施的不同之处在于：首先，植物检疫的对象与一般的防治对象不同，一般是国内和本地区没有发生或少有分布的，而且是国家或本地法规所列的危险性病、虫、草害，且一旦传入会引起重大经济损失、生态失衡；其次，植物检疫的方法、内容有别于其他防治方法。检疫是以法规为准绳，通过技术的检测和依靠各行政部门的通力合作，执行国家法令，拒有害生物于国门外或本地区之外的一种强制手段。被检生物往往具备体积小、难发现、危险性大、繁殖力强、抗逆性强、难以防除等特点。

二、植物检疫的重要性

在自然情况下，病虫、杂草等的分布虽然可以通过气流等自然动力和自身活动扩散，不断扩大其分布范围，但这种能力是有限的，再加上有高山、海洋、沙漠等天然障碍的阻隔，病虫、杂草的分布有一定的地域局限性。但是，一旦借助人为因素的传播，

就可以附着在种实、苗木、接穗、插条及其他植物产品上跨越这些天然屏障，由一个地区传到另一个地区或由一个国家传播到另一个国家，当这些病菌、害虫及杂草离开了原产地，到达一个新的地区后，原来制约病虫害和杂草发生发展的一些环境因素被打破，条件适宜时，就会迅速扩展蔓延，猖獗成灾。

历史上对植物检疫的忽视和松懈的经验教训很多。在过去，由于众所周知的原因，植物检疫的主权失落，科技水平较低，致使许多危险性有害生物乘虚而入，如棉花枯萎病、甘薯黑斑病、棉花红铃虫和蚕豆象等，至今仍难以根除，每年造成的损失不可估量。现今由于对检疫工作的忽视与松懈，致使美国白蛾、松材线虫、稻水象甲等造成新的入侵为害。

有害生物在失去了原产地天敌控制后更加猖獗，往往在新地区造成巨大的经济损失。例如，马铃薯晚疫病19世纪40年代从南美传入西欧后在欧洲大流行，造成了历史上著名的爱尔兰大饥荒。葡萄根瘤蚜在1860年由美国传入法国后，经过25年，就有10万公顷以上的葡萄园归于毁灭，一大批葡萄酒厂倒闭。美国白蛾1922年在加拿大首次发现，随着运载工具由欧洲传播到亚洲，1979年在我国辽宁省东部地区发现，1982年发现于山东荣成县，1984年在陕西武功猖獗成灾，造成大片园艺及农作物被毁。又如，我国的菊花白锈病、樱花细菌性根癌病、松材线虫萎蔫病均由日本传入，最近几年传入我国的美洲斑潜蝇、蔗扁蛾也带来了严重灾难。为了防止危险性病虫害及杂草的传播，各国政府都制定了检疫法令，设立了检疫机构，进行植物病虫害及杂草的检疫。

三、植物检疫对象的确定

病虫害及杂草的种类很多，不可能对所有的病虫、杂草进行检疫，而是根据调查研究的结果，确定检疫对象名单。

园艺植物检疫对象的确定原则是：

①本国或本地区尚未发现的或只在局部地区发生的病虫、杂草；

②危险性大，一旦传入可能会造成农林重大损失，且传入后防治困难的病虫、杂草；

③必须是借助人为活动传播的病虫及杂草，即可随同植物材料、种苗、接穗、包装物、所附泥土等运往各地，适应性强的病虫、杂草。

检疫对象名单并不是固定不变的，应根据实际情况的变化及时修订或补充。

四、植物检疫的措施和步骤

1. 植物检疫的任务

植物检疫的任务主要有以下3个方面。

①禁止危险性病虫及杂草随着植物及其产品由国外输入或国内输出。

②将国内局部地区已发生的危险性病虫和杂草封锁在一定的范围内，防止其扩散蔓延，并积极采取有效措施，逐步予以清除。

③当危险性病虫和杂草传入新地区时，应采取紧急措施，及时就地消灭。

随着我国对外贸易的发展，园艺产品的交流也日益频繁，危险性病虫及杂草的传播机会越来越大，检疫工作的任务愈加繁重。因此，必须严格执行检疫法规，高度重视植物检疫工作，切实做到“既不引祸入境，也不染灾于人”，以促进对外贸易，维护国际信誉。

2. 植物检疫措施

我国对植物检疫采取了以下措施。

①对外检疫和对内检疫。对外检疫（国际检疫）是国家在对外港口、国际机场及国际交通要道设立检疫机构，对进出口的植物及其产品进行检疫处理，防止国外新的或在国内还是局部发生的危险性病虫害及杂草的输入；同时也防止国内某些危险性的病虫害及杂草的输出。对内检疫（国内检疫）是国内各级检疫机关，会同交通运输、邮电、供销及其他有关部门根据检疫条例，对所调运的植物及其产品进行检验和处理，以防止仅在国内局部地区发生的危险性病虫害及杂草的传播蔓延。我国对内检疫主要以产地检疫为主，道路检疫为辅。

对内检疫是对外检疫的基础，对外检疫是对内检疫的保障，二者紧密配合，互相促进，以达到保护园艺生产的目的。

②划定疫区和保护区。有检疫对象发生的地区划为疫区，对疫区要严加控制，禁止检疫对象传出，并采取积极的防治措施，逐步消灭检疫对象。未发生检疫对象但有可能传播进检疫对象的地区划定为保护区，对保护区要严防检疫对象传入，充分做好预防工作。

③其他措施，包括建立和健全植物检疫机构、建立无检疫对象的种苗繁育基地、加强植物检疫科研工作等。

3. 植物检疫的步骤

（1）对内检疫。

①报检。调运和邮寄种苗及其他应受检的植物产品时，应向调出地有关检疫机构报验。

②检验。检疫机构人员对所报验的植物及其产品要进行严格的检验。到达现场后凭肉眼和放大镜对产品进行外部检查，并抽取一定数量的产品进行详细检查，必要时可进行显微镜检及诱发试验等。

③检疫处理。经检验如发现检疫对象，应按规定在检疫机构监督下进行处理。一般方法有禁止调运、就地销毁、消毒处理、限制使用地点等。

④签发证书。经检验后，如不带有检疫对象，则检疫机构发给国内植物检疫证书并放行；如发现检疫对象，经处理合格后，仍可发证放行；无法进行消毒处理的，应停止调运。

（2）对外检疫。

我国进出口检疫包括进口检疫、出口检疫、旅客携带物检疫、国际邮包检疫、过境检疫等。应严格执行《中华人民共和国进出口动植物检疫条例》及其实施细则的有关规定。

4. 植物检疫检验的方法

植物检疫的检验方法分为现场检验、实验室检验和栽培检验3种。具体方法多种多样，植物检疫工作一般由检疫机构进行。

①现场检验。在检疫现场，注意有无害虫的排泄物、蜕、卵、幼虫、蛹、茧和成虫诸虫态以及食痕和为害状等。以肉眼或借助手持放大镜仔细观察种子、苗木、果实等被检植物的症状，观察有无菌核、菌瘿以及其他夹杂物，带病种子可能表现出霉烂、变色、皱缩、畸形等多种病变，种子表面产生病原菌的菌丝体、微菌核和繁殖体。

②实验室检验。对于现场检验还不能完全确定是否带有检疫对象的，可带回实验室内进行检验，对于害虫可进行染色检查、比重检查、解剖检查、软X光机检查等；对于病原菌可进行洗涤检验、吸水纸培养检验及琼脂培养基检验、种子分部透明检验等。

③栽培检验。对于怀疑带有某些隐蔽性较强的或有潜伏期的检疫性病虫害，应将输入的种苗试种在隔离的温室中或苗圃内进行观察。

5. 植物检疫法规和检疫机构

（1）植物检疫法规。

植物检疫是为了保护本国、本地农林牧业的安全生产，免受外来病虫害和其他有害生物的为害，促进贸易的正常往来，因此植物检疫历来受到各国政府和国际贸易组织的重视。联合国粮农组织（FAO）制定了《国际植物保护公约》（IPPC），关贸总协定（GATT）中也制定了《动物植物检疫和卫生措施协定》（SPS），各大洲还有区域性的植物保护组织和有关规定，如亚洲和太平洋地区植物保护委员会（APPPC）1990年4月正式批准我国为该组织成员。我国进入世贸组织（WTO）后也成为IPPC的合法成员。

我国自开展植物检疫以来先后颁布了许多植物检疫的法规，《中华人民共和国进出境动植物检疫法》是我国第一部由最高国家权力机构颁布的以植物检疫为主题的法律，该法于1991年10月30日在第七届全国人大常委会第二十次会议上通过，自1992年4月1日起施行。

《中华人民共和国进出境动植物检疫法实施条例》根据《中华人民共和国进出境动植物检疫法》由国务院制定并于1997年1月1日起施行。《植物检疫条例》是国务院1983年发布，1992年5月13日修改后颁布，包括植物检疫的目的和任务、植物检疫机构及其职责范围、检疫范围、调动检疫、产地检疫、国外引种检疫审批、检疫放行与疫情处理、检疫收费、奖惩制度等，是目前我国进行国内植物检疫的依据。此外，在一些其他法规中也涉及植物检疫。例如，《中华人民共和国森林法》第二十八条规定：林业主管部门负责确定林木种苗的检疫对象，划定疫区和保护区，对林木种苗进行检疫。《中华人民共和国邮政法》第三十条规定：依法应当施行卫生检疫或者动植物检疫的邮件，由检疫部门负责拣出并进行检疫，未经检疫部门许可，邮政企业不得送递。《中华人民共和国铁路法》第五十六款规定：货物运输的检疫，按国家规定办理。农业法、种子管理条例等也包含有植物检疫的内容。

（2）植物检疫机构。

我国植物检疫体系目前由国内农业检疫、林业检疫和口岸检疫3部分组成。国家有关植物检疫法规的立法和管理由农业部负责。《植物检疫条例》第三条第一款规定：县级以上地方各级农业主管部门、林业主管部门所属的植物检疫机构，负责执行国家的植物检疫任务。农业部所属的植物检疫机构和县级以上地方各级农业主管部门所属的植物检疫机构负责执行农业植物检疫任务，国家林业局和各级地方林业主管部门主管全国和地方森林植物检疫工作。口岸检疫由国家出入境检验检疫局管理，受海关总署领导。其主要任务是在对外开放的港口、码头、机场等场所，对进出境的植物和植物产品实施检疫，阻止国外检疫性有害生物的传入；对国内输出的植物和植物产品实施检疫，防止检疫性有害生物传出。

第三节　农 业 防 治

一、选育抗病虫品种

培育抗病虫品种是预防病虫害的重要一环，不同花木品种对于病虫害的受害程度并不一致。栽培抗病虫的植物品种比其他防治方法更经济、更易推广，尤其对于那些用其他措施难以防治的病虫害更是如此。目前，已培育出菊花、香石竹、金鱼草等花卉抗锈病的花卉新品种，抗紫菀萎蔫病的翠菊品种以及抗菊花叶枯线虫病的菊花品种等。我国园艺植物资源丰富，为抗病虫品种的选育提供了大量的种质资源，因而培育抗性品种前景广阔。

1. 植物的抗性特征

植物品种不仅有抗旱、抗涝、抗盐碱和抗倒伏等自然灾害的抗逆特性，而且还有抗病、虫和杂草为害的抗害特性。按植物抗害程度可将抗性品种划分为免疫、高抗、中抗、中感和高感几种。免疫指绝对不会受病虫侵害。对高抗至高感的描述，根据不同病虫害分别以为害症状、遭受的产量损失等，有不同的标准。

按植物对病原物生理小种的选择可分为垂直抗性和水平抗性。垂直抗性是指抗病品种只对某些病原物生理小种具有抗性，抗性较强，鉴别寄主往往表现为过敏性反应，生理小种（或组成）变异则品种会很快丧失抗性，抗性只能保持几年。水平抗性是指抗病品种对病原物的所有生理小种都有一定抗性，但抗性不很强，鉴别寄主往往表现除过敏之外的其他抗性反应，生理小种的变异不会导致抗性丧失，抗性往往维持几十年。

2. 抗病虫品种的选育及利用

①抗病品种的选育。培育植物抗病虫品种的方法很多，有常规育种、辐射育种、诱变育种、单倍体育种、新技术育种等。常规育种主要有引种、种内选育、杂交育种等。引种是指引进国外或国内其他地区的优良品种在本地驯化后推广利用；种内选育是在发生病虫害严重的时间和地区选择抗性单株；杂交育种则是应用最广泛的方法，即利用抗病虫品种与农艺性状好的品种或与亲缘关系远的含抗性基因的野生种杂交，并可通过回交稳定其抗病虫特性及农艺性状；诱变育种是采用电离辐射、超声波、化学物质处理等方法使品种产生基因突变而育成抗病虫品种；单倍体育种即利用植物组织培养技术（如花药离体培养等）诱导产生单倍体植株，再通过某种手段使染色体组加倍（如用秋水仙素处理），从而使植物恢复正常染色体数。

新技术育种主要有组织培养技术、细胞工程及转基因技术育种。利用分生组织及克隆技术繁殖抗性植物比通过种子繁殖更快速有效，在分离植物细胞、原生质体、愈伤组织后经培养获得再生植株时，会出现抗性突变体。而将抗病虫基因导入园艺植物体细胞，获得大量理想化的抗性品种已逐步变为现实。

②抗病虫品种的应用。目前在美国等发达国家50%～70%的农业种植面积采用抗单一或几种病虫害的品种，全世界每年因抗病品种获益几十亿美元，我国的主要农作物也采用了抗稻瘟病、小麦锈病、棉花枯萎病等抗病品种。抗虫品种的经济效益也十分可观，如美国报道对小麦瘿蚊、玉米螟等4种虫害的抗性品种选育总投资930万美元，而每年获益30 800万美元。可见，抗病虫品种的作用是无疑的。

抗性品种的利用也存在一些局限性。人们一般选育抗病虫品种多是针对一种主要病虫害，而较少考虑次要的或很少引起人们关注的病虫害，实际上也很难在一个品种上集中对多种病虫害的抗性。等到抗主要病虫害的品种大面积推广后，不到几年，一些次要的病虫害又会发展成为主要的病虫害。另外，抗病虫害的植物往往与高产优质的性状相互矛盾。大面积单一种植抗性品种会导致品种抗性的丧失。抗病虫基因发掘较难，尤其是多抗性或综合抗性就更难。培育抗性品种的周期较长，不可能短期内解决突发性的病虫害问题等。

基于上述原因，在利用抗病虫品种时，既要充分认识到它的局限和不足，又要最大限度地发挥抗病虫品种在综合治理中的作用，如与其他防治措施相协调，如与栽培技术、化学防治、生物防治等措施有机结合，从而提高整体综合治理效果。

二、建立无病虫种苗基地，繁育健壮种苗

园艺植物上有许多病虫害是依靠种子、苗木及其他无性繁殖材料来传播的，因而选择无病虫害的繁殖材料，通过一定的措施，培育无病虫的健壮种苗，可有效地控制该类病虫害的发生。

①无病虫圃地育苗。选取土壤疏松、排水良好、通风透光、无病虫为害的场所为育苗圃地。盆播育苗时应注意盆钵、基质的消毒，同时通过适时播种、合理轮作、整地施肥以及中耕除草等加强养护管理，使之苗齐、苗全、苗壮、无病虫为害。如菊花、香石竹等进行扦插育苗时，对基质及时消毒或更换新鲜基质，则可大大提高育苗的成活率。

②无病株采种（芽）。园艺植物的许多病害是通过种苗传播的，如仙客来病毒病、百日草白斑病是由种子传播，菊花白锈病是由脚芽传播等。只有从健康母株上采种（芽），才能得到无病种苗，避免或减轻该类病害的发生。

③组培脱毒育苗。园艺植物中病毒病发生普遍而且严重，许多种苗都带有病毒，利用组培技术进行脱毒处理，对于防治病毒病十分奏效。例如，脱毒香石竹苗、脱毒兰花苗等的应用已非常成功。

④球茎等器官的收获及收后管理。以球茎、鳞茎等器官越冬或繁殖的花卉，为了保障这些器官的健康贮存，收获前尽量少浇水，防止含水过多造成贮藏腐烂，应在晴天收获。在挖掘过程中尽量避免伤口；挖掘后剔除有伤口、病虫、腐烂的球茎，并在日光下暴晒数日后收藏。贮窖预先清扫消毒，通风晾晒；入窖后要控制好温度和湿度，窖温一般控制在5℃左右，湿度控制在70%以下。有条件时，最好单个装入尼龙网袋，悬挂于窖顶贮藏。

三、改变耕作制度

1. 合理轮作

轮作换茬是对土地养用结合，保证作物增产稳产的重要措施，它可均衡利用土壤养分、改善土壤理化性能及肥力，同时也可达到控制病、虫、草害的目的。例如，水旱轮作可以防除或减轻田间杂草的为害，特别对于恶性杂草是经济有效的措施。水旱轮作尤其对于一些土传病害如茄科、瓜类蔬菜枯萎病和地下害虫如地老虎、金龟子、蝼蛄等，可以取得一定效果。对于蔬菜与豆科作物的根结线虫病等，大多可通过结合非寄主的轮作得到控制。避免十字花科连茬，可减轻跳甲、小菜蛾的发生。轮作是防治土传病害和降低在土壤中越冬害虫数量的关键措施。与非寄主作物轮作，在一定时期内可以使病虫处于“饥饿”状态而削弱致病力或减少病原及害虫基数。

轮作换茬除了直接对病、虫、草等有抑制作用外，还可产生间接作用，如根际效应、残体效应和生防效应。根际效应表现为分泌物影响到根际微生物的组成和数量。例如，根际常见的节杆细菌可夺取土壤中的生长素B_1，从而使得需要这种维生素的疫霉菌种群下降。植物残体效应表现为对土壤肥力和根际微生物两方面的作用，一般豆科作物积累肥力大于禾本科植物。轮作的生防效应在于非寄主对于病虫的直接排斥或根际促使抗性微生物增加等。

轮作方式及年限因病虫害种类而异。对一些地下害虫实行水旱1～2年轮作，土传病害轮作年限再长一些，可取得较好的防治效果。对于鸡冠花褐斑病实行2年以上的轮作即有效，而对胞囊线虫病所需时间则较长，一般情况下要实行3年以上轮作。轮作是古老而有效的防治措施，轮作作物须为非寄主植物。

2. 科学配置园艺植物

建园时，为了保证园艺作物的结实效果，往往是许多种植物搭配种植，这样便忽视了病虫害之间的相互传染，人为地造成了某些病虫害的发生和流行。如海棠与柏属树种、牡丹（芍药）与松属树种近距离栽植易造成海棠锈病和牡丹（芍药）锈病的再发生。苹果、梨与柏树相距太近导致苹果、梨桧锈病发生；槐树与苜蓿为邻将为槐蚜提供转主寄主，导致槐树严重受害；桃、梅与梨相距太近，有得于梨小食心虫的大量发生。因而在园艺作物布局时，植物的配置应考虑病虫的为害问题。

3. 科学间作、套作

每种病虫对树木、花草都有一定的选择性和转移性，因而在进行花卉生产及苗圃育苗时，要考虑到寄主植物与害虫的食性及病菌的寄主范围，尽量避免相同寄主范围的园艺植物混栽或间作。合理的间套种能明显抑制某些病虫害的发生和为害，如麦棉套种，麦收后能增加棉田的瓢虫数量，减轻棉蚜为害。

四、加强田间管理

①清洁园圃。及时收集园圃中的病虫害残体、草坪的枯草层，并加以处理，深埋或烧毁。生长季节要及时摘除病、虫枝叶，清除因病虫或其他原因致死的植株。园艺操作过程中应避免人为传染，如在切花、摘心、除草时要防止工具和人手对病菌的传带。温

室中带有病虫的土壤、盆钵在未处理前不可继续使用。无土栽培时，被污染的营养液要及时清除，不得继续使用。除草要及时，许多杂草是病虫害的野生寄主，增加了病虫害的侵染来源，同时杂草丛生还提高了周围环境的湿度，有利于病害的发生。

②加强肥水。合理的肥水管理不仅能使植物健壮地生长，而且能增强植物的抗病虫能力。观赏植物应使用充分腐熟且无异味的有机肥，以免污染环境，影响观赏。使用无机肥时要注意氮、磷、钾等营养成分的配比，防止施肥过量或出现缺素症。浇水方式、浇水量、浇水时间等都影响着病虫害的发生。喷灌和洒水等方式往往容易引起叶部病害的发生，最好采用沟灌、滴灌或沿盆钵边缘注浇。浇水量要适宜，浇水过多易烂根，浇水过少则易使花木因缺水而生长不良，出现各种生理性病害或加重侵染性病害的发生。浇水时间最好选择晴天的上午，以便及时地降低叶表湿度。多雨季节要及时排水。

③改善环境条件。改善环境条件主要是指调节栽培地的温度和湿度，尤其是温室栽培植物，要经常通风换气、降低湿度，以减轻灰霉病、霜霉病等病害的发生。定植密度、盆花摆放密度要适宜，以利通风透光。冬季温室温度要适宜，不要忽冷忽热，否则，各种花木往往因生长环境欠佳，导致各种生理性病害及侵染性病害的发生。

④合理修剪。合理修剪、整枝不仅可增强树势，使花叶并茂，还可减少病虫为害。例如，对天牛、透翅蛾等钻蛀性害虫以及袋蛾、刺蛾等食叶害虫，均可采用修剪虫枝等进行防治；对于介壳虫、粉虱等害虫，则通过修剪、整枝达到通风透光的目的，从而抑制此类害虫的为害。秋冬季节结合修枝，剪去有病枝条，从而减少来年病害的初侵染源，如月季枝枯病、白粉病以及阔叶树腐烂病等。对于园圃修剪下来的枝条，应及时清除。草坪的修剪高度、次数、时间也要合理。

⑤中耕除草。中耕除草不仅可保持地力，减少土壤水分的蒸发，促进花木健壮生长，提高抗逆能力，还可清除许多病虫的发源地及潜伏场所。例如，苋色藜是香石竹的中间寄主，铲除可起到减轻病害的作用；褐刺蛾、绿刺蛾、扁刺蛾、黄杨尺蛾、草履蚧等害虫的幼虫、蛹或卵生活在浅土层中，通过中耕，可使其暴露于土表，便于杀死。

⑥翻土培土。结合深耕施肥，可将表土或落叶层中越冬的病菌、害虫深翻入土。公园、绿地、苗圃等场所在冬季暂无花卉生长，最好深翻一次，这样便可将其深埋于地下，翌年不再发生为害。此法对于防治花卉菌核病等效果较好。对于公园树坛翻耕时要特别注意树冠下面和根颈部附近的土层，让覆土达到一定的厚度，使得病菌无法萌动，害虫无法孵化或羽化。

⑦覆盖技术。通过地膜覆盖，达到提高地温、保持土壤水分、促进作物生长发育和提高作物抗病虫的目的。地膜覆盖栽培可控制某些地下害虫和土传病害。将高脂膜加水稀释后喷到植物体表，形成一层很薄的膜层，膜层允许氧和二氧化碳通过，真菌不能在组织内扩展，从而控制了病害。高脂膜稀释后还可喷洒在土壤表面，抑制土壤中的病原物，减少发病的概率。

第四节　物理机械防治

一、捕杀法

利用人工或各种简单的器械捕捉或直接消灭害虫的方法，称捕杀法。人工捕杀适合于具有假死性、群集性或其他目标明显易于捕捉的害虫。例如，多数金龟甲、象甲的成虫具有假死性，可在清晨或傍晚将其震落杀死；榆蓝叶甲的幼虫老熟时群集于树皮缝、树疤或枝杈下方等处化蛹，此时可人工捕杀。冬季修剪时，剪去黄刺蛾茧、蓑蛾袋囊，刮除舞毒蛾卵块等。在生长季节也可结合园圃日常管理，人工摘除卷叶蛾虫苞、虫卵和捕捉天牛成虫等。此法的优点是不污染环境，不伤害天敌，不需额外投资，便于开展群众性的防治。特别是在劳动力充足的条件下，更易实施。缺点是工效低，费工多。

二、诱杀法

利用害虫的趋性，人为设置器械或诱物来诱杀害虫的方法，称为诱杀法。利用此法还可预测害虫的发生动态。

1. 灯光诱杀

利用害虫对灯光的趋性，人为设置灯光来诱杀害虫的方法，称为灯光诱杀。目前，生产上所用的光源主要是黑光灯，此外，还有高压汞灯、频振式杀虫灯、白炽灯等。

黑光灯诱杀：黑光灯是一种能辐射出360 nm紫外线的低气压汞气灯，而大多数害虫的视觉神经对波长330～400 nm的紫外线特别敏感，具有较强的趋光性，因而诱虫效果很好，能诱集15目100多科几百种昆虫，其中多数是农林害虫。利用黑光灯诱虫，诱集面积大，成本低，能消灭大量虫源，降低下一代的虫口密度，还可用于开展预测预报和科学实验，进行害虫种类、分布和虫口密度的调查，为防治工作提供科学依据。

安置黑光灯时应以安全、经济、简便为原则，黑光灯管又分为交流黑光灯和直流晶体黑光灯两类。交流黑光灯用220 V的交流电源。直流晶体黑光灯用6～12 V蓄电池或干电池直流电源，光亮度低，但使用方便灵活，可在远离交流电源的地方设灯，使用安全。黑光灯诱虫时间一般在5—9月份，灯要设置在空旷处，选择闷热、无风无雨、无月光的天气开灯，诱集效果较好，晚上在华东地区以21：00～22：00时诱虫最多，24：00点后可关灯。设灯时，易造成灯下或灯的附近虫口密度增加，因此应注意杀灭灯周围的害虫，以防灯周围的植株受害加重。

2. 食物诱杀

①毒饵诱杀。利用害虫的趋化性，在其所喜欢的食物中掺入适量毒剂来诱杀害虫的方法，称为毒饵诱杀。例如蝼蛄、地老虎等地下害虫，可用麦麸、谷糠等作饵料，掺入适量敌百虫、辛硫磷等药剂制成毒饵来诱杀，配方是饵料100份，毒剂1～2份，水适量。诱杀地老虎、梨小食心虫成虫时，常以糖、酒、醋作饵料，以敌百虫作毒剂来诱杀，配方是糖6份，酒1份，醋2～3份，水10份，加适量敌百虫。

②植物诱杀。利用害虫对某些植物有特殊的嗜食习性，人为种植或采集此种植物诱集捕杀害虫的方法。如在苗圃周围种植蓖麻，可使金龟甲误食后麻醉，从而集中捕杀。

③潜所诱杀。利用害虫在某一时期喜欢某一特殊环境的习性，人为设置类似的环境来诱杀害虫的方法，称为潜所诱杀。如在树干基部绑扎草把或麻布片，可引诱某些蛾类幼虫前来越冬；在苗圃内堆集新鲜杂草，能诱集地老虎幼虫潜伏草下，然后集中杀灭。

④黄板诱杀。利用蚜虫对黄色的趋光性，在30 cm×30 cm的夹板上正反两面刷上黄漆，干后在板上刷一层机油，将黄色粘胶板设置高于植株30 cm放置，可诱粘到大量有翅蚜、白粉虱、斑潜蝇等害虫，其中以在温室保护地内使用时效果较好。

⑤饵木诱杀。许多蛀干害虫，如天牛、小蠹虫等喜欢在新伐倒木上产卵繁殖，因而可在这些害虫的繁殖期，人为地放置一些木段，供其产卵，待卵全部孵化后进行剥皮处理，消灭其中的害虫。如在山东泰山岱庙内，用此法可引诱大量双条杉天牛到人为设置的柏树木段上产卵，据调查，每1 m木段上可诱虫100余头。

⑥性诱杀。用50 ~ 60目防虫网制成一个高10 cm、直径3 cm的圆柱形笼子，每个笼子里放两头未交配的雌蛾（可先采集雌蛹放在笼里，羽化后待用），把笼子吊在水盆上，水盆内盛水并加入少许煤油，在黄昏后放于田中，一个晚上可诱杀数百上千头雄蛾。

三、阻隔法

人为设置各种障碍，以切断病虫害的侵害途径，这种方法称为阻隔法，也称障碍物法。

①涂毒环、涂胶环。对有上、下树习性的幼虫可在树干上涂毒环或涂胶环，阻隔和触杀幼虫。该法多用于树木的胸径高处，一般涂2 ~ 3个环。胶环的配方通常有以下两种：

a.蓖麻油10份、松香10份、硬脂酸1份。

b.豆油5份、松香10份、黄醋1份。

②挖障碍沟。对不能迁飞只能靠爬行扩散的害虫，为阻止其迁移为害，可在未受害区周围挖沟，害虫坠落沟中后予以消灭。对紫色根腐病等借助菌索蔓延传播的根部病害，在受害植株周围挖沟能阻隔病菌菌索的蔓延。挖沟规格是宽30 cm、深40 cm，两壁要光滑垂直。

③设障碍物。有的害虫雌成虫无翅，只能爬到树上产卵，对这类害虫，可在上树前在树干基部设置障碍物阻止其上树产卵，如在树干上绑塑料布或在干基周围培土堆，制成光滑的陡面。山东枣产区总结出人工防治枣尺蠖的经验，“五步防线治步曲”，即“一涂、二挖、三绑、四撒、五堆”可有效地控制枣尺蠖上树。

④土壤覆盖薄膜或盖草也能达到防病的目的。许多叶部病害的病原物是在病残体上越冬的，花木栽培地早春覆膜或盖草（稻草、麦秸草等）可大幅度地减少叶部病害的发生。其原因是：膜或干草对病原物的传播起到了机械阻隔作用，而且覆膜后土壤温度、湿度提高，加速了病残体的腐烂，减少了侵染来源。

⑤纱网阻隔。对于温室保护地内栽培的园艺植物，可采用40 ~ 60目的纱网覆罩，不仅可以隔绝蚜虫、叶蝉、粉虱、蓟马等害虫的为害，还能有效地减轻病毒病的侵染。

⑥外科手术法。对于多年生的果树和林木，外科手术是治疗枝干病害的必要手段。例如治疗苹果树腐烂病，可直接用快刀将病组织刮干净并在刮净后涂药。当病斑绕树干1

周时，还可采用桥接的办法将树救活。刮除枝干轮纹病斑可减轻果实轮纹病的发生。

此外，在目的植物周围种植高秆且害虫喜食的植物，可阻隔外来迁飞性害虫的为害；蚜虫忌避银灰色和白色膜，用银灰反光膜或白色尼龙纱覆盖土表，可使有翅蚜远远躲避，减少传毒介体蚜虫数量，从而减少病毒病害。

四、汰选法

利用健全种子与被害种子体形大小、比重上的差异进行器械或液相分离，剔除带有病虫的种子。常用的有手选、筛选、盐水选等。剔除大豆菟丝子种子，一般采用筛选法。剔除小麦线虫病的虫瘿、油菜菌核病的菌核，常用盐水选种法。

带有病虫的苗木，有的用肉眼便能识别，因而引进购买苗木时，要汰除有病虫害的苗木，尤其是带有检疫对象的材料，一定要彻底检查，将病虫拒之门外。特殊情况时，应该进行彻底消毒，并隔离种植。在此特别需要强调的是，从国外或外地大批量引进种苗时，一定要经有关部门进行检疫，有条件时最好到产地进行实地考察。

自己繁育的苗木，出售或栽植前，也应进行检查，剔除病虫植株，并及时进行处理，以防止扩展蔓延。

五、热处理

任何生物，包括植物病原物、害虫对温度有一定的忍耐性，超过限度生物就会死亡。害虫和病菌对高温的忍受力都较差，因此通过提高温度来杀死病菌或害虫的方法称温度处理法，简称热处理。在园艺植物病虫害的防治中，热处理有干热和湿热两种。

①种苗的热处理。有病虫的苗木可用热风处理，温度为35℃～40℃，处理时间为1～4周；也可用40℃～50℃的温水处理，浸泡时间为10 min～3 h。如唐菖蒲球茎在55℃水中浸泡30 min，可防治镰刀菌干腐病；有根结线虫病的植物在45℃～65℃的温水中处理（先在30℃～35℃的水中预热30 min）可防病，处理时间为0.5～2 h，处理后的植株用凉水淋洗；用80℃热水浸刺槐种子30 min后捞出，可杀死种内小蜂幼虫，不影响种子发芽率。

种苗热处理的关键是温度和时间的控制，一般对休眠器官处理比较安全。对有病虫的植物做热处理时，要事先进行试验。热处理时升温要缓慢，使之有一个适应温热的锻炼过程。一般从25℃开始，每1 d升高2℃，6～7 d后达到37(±1)℃的处理温度。

②土壤的热处理。现代温室和苗床的土壤热处理是使用热蒸汽（90℃～100℃），处理时间为30 min可杀死绝大部分病原菌。蒸汽处理可大幅度降低香石竹镰刀菌枯萎病、菊花枯萎病及地下害虫的发生程度。在发达国家，蒸汽热处理已成为常规管理。

利用太阳能热处理土壤也是有效的措施，在7～8月将土壤摊平做垄，垄为南北向。浇水并覆盖塑料薄膜（厚25 μm为宜），在覆盖期间要保证有10～15 d的晴天，耕层温度可高达60℃～70℃，能基本上杀死土壤中的病原物。温室大棚中的土壤也可照此法处理，当夏季花木搬出温室后，将门窗全部关闭并在土壤表面覆膜，能较彻底地消灭温室中的病虫害。夏季高温期铺设黑色地膜，吸收日光能，使土壤升温，能杀死土壤中多种病原菌。

六、近代物理技术的应用

近几年来，随着物理学的发展，生物物理也有了相应的发展。因此，应用新的物理学成就来防治病虫，也就具有了愈加广阔的前景。原子能、超声波、紫外线、红外线、激光、高频电流等，正普遍应用于生物物理范畴，其中很多成果正在病虫害防治中得到应用。

①原子能的利用。原子能在昆虫方面的应用，除用于研究昆虫的生理效应、遗传性的改变以及示踪原子对昆虫毒理和生态方面的研究外，也可用来防治病虫害。例如，直接用32.2万R（1 R=2.58×10^{-4} C/kg）的60 Coγ-射线照射仓库害虫，可使害虫立即死亡。即使用6. 44万R剂量，仍有杀虫效力，部分未被杀死的害虫，虽可正常生活和产卵，但生殖能力受到了损害，所产的卵粒不能孵化。

②高频、高压电流的应用。通常所使用的为50 Hz/s的低频电流，在无线电领域中，一般将3000万Hz/s的电流称为高频率电流，3000万Hz/s以上的电流称为超高频电流。在高频率电场中，由于温度增高等原因，可使害虫迅速死亡。由于高频率电流产生在物质内部，而不是由外部传到内部，因此对消灭隐蔽为害的害虫极为方便。该法主要用于防治仓储害虫、土壤害虫等。

高压放电也可用来防治害虫：如国外设计一种机器，两电极之间可形成5 cm的火花，在火花的作用下，土壤表面的害虫在很短时间内就可死亡。

③超声波的应用利用。振动在20 000次/秒以上的声波所产生的机械动力或化学反应来杀死害虫，如对水源的消毒灭菌、消灭植物体内部害虫等，也可利用超声波或微波引诱雄虫远离雌虫，从而阻止害虫的繁殖。

④光波的利用。一般黑光灯诱集的昆虫有害虫也有益虫，近年根据昆虫复眼对各种光波具有很强鉴别力的特点，采用对波长有调节作用的“激光器”，将特定虫种诱入捕虫器中加以消灭。

第五节　生物防治

一、利用有益动物治虫除草

1. 捕食性天敌昆虫

专以其他昆虫或小动物为食物的昆虫，称为捕食性昆虫。分属18个目近200个科，如瓢虫、食蚜蝇、步甲、蚂蚁、食虫虻、胡蜂、食虫蝽、螳螂、猎蝽、草蛉等。这类昆虫用它们的咀嚼式口器直接蚕食虫体的一部分或全部；有些则用刺吸式口器刺入害虫体内吸食害虫体液使其死亡，有害虫也有益虫，因此，捕食性昆虫并不都是害虫的天敌。但是螳螂、瓢虫、草蛉、猎蝽、食蚜蝇等多数情况下是有益的，是最常见的捕食性天敌昆虫。这类天敌，一般个体较被捕食者大，在自然界中抑制害虫的作用十分明显。此外，蜘蛛和其他捕食性益螨对某些害虫的控制作用也很明显，对它们的研究和利用也受到了广泛的关注。

2. 寄生性天敌昆虫

一些昆虫种类，在某个时期或终身寄生在其他昆虫的体内或体外，以其体液和组织为食来维持生存，最终导致寄主昆虫死亡，这类昆虫一般称为寄生性天敌昆虫，分属5个目90个科，大多属于膜翅目的寄生蜂类和双翅目的寄生蝇类，以幼虫寄生寄主体内或体外吸取寄主营养导致寄主死亡。这类昆虫个体一般较寄主小，数量比寄主多，在1个寄主上可育出一个或多个个体。

寄生性天敌昆虫的常见类群有姬蜂、小茧蜂、蚜茧蜂、土蜂、肿腿蜂、黑卵蜂及小蜂类和寄生蝇类。

3. 天敌昆虫利用的途径和方法

（1）当地自然天敌昆虫的保护和利用。

自然界中天敌的种类和数量很多，在田间对害虫的种群密度起着重要的控制作用，因此，要善于保护和利用。具体措施如下。

①害虫进行人工防治时，把采集到的卵、幼虫、茧蛹等放在害虫不易逃走而各种寄生性天敌昆虫能自由飞出的保护器内，待天敌昆虫羽化飞走后，再将未被寄生的害虫进行处理。如将摘除的三化螟卵块放入保护器（泡菜坛）内，可使寄生蜂飞回田间。在春灌沤田时，水面上撒稻草把，可避免蜘蛛溺死。

②化学防治时，应选择高效低毒、不杀伤天敌的微生物农药、植物性农药、酰基脲类杀虫剂，避免高毒高残留农药人为杀伤天敌。应选用选择性强或残效期短的杀虫剂，选择适当的施药时期和方法，尽量减少用药次数，喷施杀虫剂时尽量避开天敌活动盛期，以减少杀虫剂对天敌的伤害。采用种衣剂、毒土、涂茎等局部放药方法，可起到保护天敌的作用。根据天敌比例确定防治指标，如湖南水稻田当蜘蛛与飞虱数量比为1∶5时，可不必用药，山东麦田瓢虫、食蚜蝇与麦蚜比为1:（80～120）时可不必用药。

③保护天敌过冬。瓢虫、螳螂等越冬时大多在干基枯枝落叶层、树洞、石块下等处，在寒冷地区常因低温的影响而大量死亡。因此，搜集越冬成虫在室内保护，翌春天气回暖时再放回田间，这样可保护天敌安全越冬。秋后田埂留杂草、挖沟铺草、堆垒土块等可创造蜘蛛安全越冬场所。

④改善天敌的营养条件。一些寄生蜂、寄生蝇成虫羽化后常需补充花蜜。如果成虫羽化后缺乏蜜源，常造成死亡，因此，园艺植物栽植时要适当考虑蜜源植物的配置。

（2）人工大量繁殖释放天敌昆虫。

在自然条件下，天敌的发展总是以害虫的发展为前提，在害虫发生初期由于天敌数量少，对害虫的控制力低，再加上受化学防治的影响，园内天敌数量减少，因此，需采用人工大量繁殖的方法，繁殖一定数量的天敌，在害虫发生初期释放到野外，可取得较显著的防治效果。目前已繁殖利用成功的有赤眼蜂、异色瓢虫、黑缘红瓢虫、草蛉、蜀蝽、平腹小蜂、管氏肿腿蜂等。

（3）移植、引进外地天敌。

天敌移植是指天敌昆虫在本国范围内移地繁殖。天敌引进是指从一个国家移入另一个国家。我国从国外引进天敌虽有不少成功的事例，但失败的次数也很多。主要是因为对天敌及其防治对象的生物学、生态学及它们的原产地了解不足所致。1978年从英国引进的丽蚜小蜂，在北京等地试验，控制温室白粉虱的效果十分显著。1953年，湖北省从浙江移植大红瓢虫防治柑橘吹绵蚧获得成功，后来四川、福建、广西等地也引入了这种瓢虫，均获成功。在天敌昆虫的引移过程中，要特别注意引移对象的一般生物学特性，选择好引移对象的虫态、时间及方法，应特别注意两地生态条件的差异。蜘蛛和捕食螨同属于节肢动物门、蛛形纲，分别属蜘蛛目和蜱螨目，它们全部以昆虫和其他小动物为食，是城市风景区、森林公园、苗圃等场所的重要天敌类群。

（4）其他有益动物治虫。

①蜘蛛和螨类治虫。近十几年来，对蛛螨类的研究利用已取得较快进展。蜘蛛为肉食性，主要捕食昆虫，食料缺乏时也有相互残杀现象。常见的有草间小黑蛛、八斑球腹蛛、拟水狼蛛、三突花蟹蛛等。蜘蛛主要捕食各种飞虱、叶蝉、螨类、蚜虫、蝗蝻、蝶蛾类的卵和幼虫。根据蜘蛛是否结网，通常分为游猎型和结网型两大类。游猎型蜘蛛不结网，在地面、水面及植物体表面行游猎生活。结网型蜘蛛能结各种类型的网，借网捕捉飞翔的昆虫。田间可根据网的类型识别蜘蛛。

捕食螨是指捕食叶螨和植食性害虫的螨类。重要科有植绥螨科、长须螨科。这两个科中有的种类已能人工饲养繁殖并释放于温室和田间，对防治叶螨收到良好效果。很多捕食螨类是植食性螨类的重要天敌。例如，四川利用畸螯螨防治柑橘叶螨，广东利用植绥螨防治二斑叶螨，福建利用胡瓜钝绥螨防治叶螨。国内研究较多的是植绥螨，其种类多，分布广，可捕食许多植物上的多种害螨，并对其进行了大面积的商品化应用。

②蛙类治虫。两栖类中的青蛙、蟾蜍、雨蛙、树蛙等，主要以昆虫及其他小动物为食。所捕食的昆虫，绝大多数为农林害虫，如蝗虫、叶蝉、飞虱、蚜虫、蝽类、蝼蛄、金龟子、象甲、叩头虫、蚊、蝇及多种鳞翅目幼虫。蛙类食量很大，如泽蛙1 d可捕食叶蝉260头。为发挥蛙类治虫的作用，除严禁捕杀蛙类外，还应加强人工繁殖和放养蛙类，保护蛙卵和蝌蚪。

③鸟类、家禽类治虫。据调查，我国现有1100多种鸟，其中食虫鸟约占半数，很多鸟类一昼夜所吃的东西相当于它们本身的重量，广州地区1980—1986年对鸟类调查后，发现食虫鸟类达130多种，对抑制园艺害虫的发生起到了一定作用。目前，在城市风景区，森林公园等保护益鸟的主要做法是：严禁打鸟、人工悬挂鸟巢招引鸟类定居以及人工驯化等。家燕能捕食蚊、蝇、蝶、蛾等害虫，一对啄木鸟可控制20 ~ 30 hm^2杨树林中的光肩星天牛。1984年，广州白云山管理处曾从安徽省定远县引进灰喜鹊驯养，用来消灭松毛虫，获得成功。山东省林科所人工招引啄木鸟防治蛀干害虫，也收到良好的防治效果。江苏句容戴庄在桃园里放养鸡鹅，让其自由觅食害虫。

④利用有益动物除草。目前，在此方面做得较多的是利用昆虫除草，最早利用昆虫防治杂草成功的例子是对马缨丹的防治。该草是原产于中美洲的一种多年生灌木，1902年，作为观赏植物输入夏威夷，不幸很快蔓延全岛的牧场和椰林，成为放牧的严重障碍。人们从墨西哥引进了马缨丹籽潜蝇等昆虫，使问题得以解决。澳大利亚利用昆虫防治霸王树仙人掌、克拉马斯草、紫茎泽兰以及苏联利用昆虫防治豚草、列当等都非常成功。

除此之外，螨类、鱼类、贝类以及家禽中的鹅等，也可用以防除杂草。例如，保加利亚的一些农场利用放鹅能有效地防治列当，平均每公顷有一只鹅，就足以能把列当全部消灭。

二、利用有益微生物杀虫、治病、除草

1. 以菌治虫（细菌、真菌、病毒、线虫、杀虫素）

人为利用病原微生物使害虫得病而死的方法，称为以菌治虫，能使昆虫得病而死的病原微生物有真菌、细菌、病毒、立克次氏体、原生动物及线虫等。目前，生产上应用较多的是前3类。

①细菌。昆虫病原细菌已经发现的有90余种，大多为腐生菌，多属于芽孢杆菌科、假单胞杆菌科和肠杆菌科。

苏云金杆菌是世界上产量最高、生物防治面积最大的一种昆虫病原细菌，菌体为杆状，两端钝圆，周生鞭毛，能合成伴胞晶体，对鳞翅目570种以上的昆虫有致病性。由于伴胞晶体毒蛋白在昆虫中肠碱性条件下能水解为毒性肽，而使昆虫患败血症死亡。被细菌感染的昆虫，食欲减退，口腔和肛门具黏性排泄物，死后虫体颜色加深，并迅速腐败变形、软化、组织溃烂，有恶臭味，通称软化病。至今已发现Bt有35个变种，45个血清型和1000多种菌株。不同菌株对昆虫致病力不同，因此，即使是优良菌株，如从美国引进的HD-1菌株，也只对一种或几种害虫具有高毒力。目前，国产Bt杀虫剂主要有乳剂（效价为2500 IU/μL）和粉剂（效价为16 000 IU/mg），能有效防治水稻、棉花、玉米、蔬菜、果树等的鳞翅目害虫，平均防效达70%～90%。

乳状芽孢杆菌主要菌株为日本金龟子芽孢杆菌，是50多种金龟子幼虫的专性寄生菌，因蛴螬感病后体表呈乳白色，故称为乳状菌。由于该菌必须活体培养，因而限制了该菌的工厂化生产。日本金龟子芽孢杆菌防治日本金龟子幼虫有特效，该虫为害300多种植物。在我国，金龟子幼虫——蛴螬是农、林、园艺植物和牧草等的重要地下害虫，我国已分离到多种乳状菌新菌株。美国曾大面积应用Bp防治草坪上日本金龟子幼虫，防效达95%，且持效达9年以上的显著效果。因此乳状菌的开发利用前景十分可观。

形成商品化生产的还有球形芽孢杆菌，因对某些蚊类幼虫有较高毒力且持效明显优于苏云金杆菌，世界卫生组织将其列为最有希望的生物防治因子之一。我国Bs制剂在20世纪80年代开始生产，在我国城市防蚊中发挥了重要作用。

目前，我国应用最广的细菌制剂是苏云金杆菌（包括松毛虫杆菌、青虫菌均其为变种）。这类制剂无公害，微生物繁殖量大，产品能工厂化生产，使用上与化学农药相同，且可与其他农药混用。对温度要求不严，在温度较高时发病率高，对鳞翅目幼虫防效好。

②真菌。病原真菌的类群较多，约有750种，但研究较多且实用价值较大的主要是接合菌中的虫霉属、半知菌中的白僵菌属、绿僵菌属及拟青霉属。病原菌以其孢子或菌丝自体壁侵入昆虫体内，以虫体各种组织和体液为营养，随后虫体上长出菌丝，产生孢子，随风和水流进行再侵染。感病昆虫常出现食欲锐减、虫体萎缩。因菌丝体及分生孢子充满体腔，吸干了水分，使昆虫僵硬而死，昆虫死后体表布满菌丝和孢子。

目前应用较为广泛的真菌制剂是白僵菌，不仅可有效地控制鳞翅目、同翅目、膜翅目、直翅目、半翅目等害虫。我国自20世纪60年代以来应用白僵菌防治农林害虫成效显

著，目前防治农林害虫40多种，每年防治面积达66.7万公顷，居世界首位，尤其在机械化生产纯孢子粉加工成乳剂或油剂，进行超低量喷雾防治松毛虫、玉米螟方面，防效分别达82%～96%和79%～87%，在世界上取得了引人注目的成就。

此外，我国在绿僵菌防治天牛、金龟子幼虫，轮枝孢菌防治温室花卉、蔬菜同翅目害虫，多毛菌防治柑橘锈壁虱，座壳孢菌、拟青霉防治温室粉虱、柑橘粉虱、介壳虫，虫霉菌防治蚜虫等的研发及应用方面均取得了不少进展。

昆虫病原真菌类制剂对人畜无害，不污染环境。其应用成败往往取决于天气及田间小气候湿度，应注意选用适宜的作物和用药时期。

③病毒。昆虫的病毒病在昆虫中很普遍，利用病毒来防治害虫，其主要特点是专化性强，在自然情况下，往往只寄生1种害虫，不存在污染与公害问题。

全世界已从1100多种昆虫中发现1690种左右的昆虫病毒，在已知的昆虫病毒中，防治应用较广的有核型多角体病毒（NPV）、颗粒体病毒（GV）和质型多角体病毒（CPV）3类。其中发现早、分布广、数量多的是NPV，据国外资料统计：对农林害虫具有85%防效的杆状病毒约有67种，NPV占50种。NPV的病毒粒子呈杆状，由套膜、核衣壳构成。多角体又称包含体，为蛋白质晶体结构，光学显微镜下呈现三边形、四边形、五边形等不规则颗粒状，其内包埋几十至上百个杆状粒子，可保护病毒粒子免受外界环境影响，有利于NPV在环境中的活性保持及传播。昆虫经口服感染，在鳞翅目幼虫碱性中肠中多角体降解并释放出病毒粒子，先侵染中肠上皮细胞，经核内复制后，子代粒子进入血腔而进一步感染昆虫所有细胞。感病虫体先体节肿胀，体色变浅发亮，食欲减退，行动迟缓，后体壁变薄，体内组织液化，一触即破，流出乳白色脓液，但无臭味，体表无丝状物。一般多卧于或悬挂在叶片及植株表面。

目前，NPV病毒杀虫剂主要用半合成的人工饲料饲喂昆虫进行工厂化生产，单虫产量一般为50亿～100亿多角体，每667 m^2用量10～20头虫尸，有水悬剂、可湿性粉剂和乳悬剂等剂型。我国已登记注册的NPV病毒杀虫剂主要有棉铃虫NPV、苜蓿银纹夜蛾NPV、斜纹夜蛾NPV、黏虫NPV、和草原毛虫NPV等（1998），与其他微生物杀虫剂相比，NPV病毒杀虫剂在田间使用不受温湿度影响，在pH值为4.0～9.0条件下不失活。另外，其可在土壤中长期滞留，田间易产生流行病面后效明显，且至今未引起昆虫的抗性。缺点是因病毒宿主专一性强而杀虫范围窄，生产工艺复杂，不易规模化、产业化生产等。

这些病毒主要感染鳞翅目、双翅目、膜翅目、鞘翅目等的幼虫。例如，上海使用大蓑蛾核型多角体病毒防治大蓑蛾效果很好。

④杀虫素。某些微生物在代谢过程中能够产生杀虫的活性物质，称为杀虫素。目前取得一定成效的有杀蚜素、T21、44号、7180、浏阳霉素等。近几年大批量生产并取得显著成效的有阿维菌素（杀虫、杀螨剂）、浏阳霉素（杀螨剂）等。

该类药剂杀虫效力高、不污染环境、对人畜无害，符合当前无公害生产的原则，因而极受欢迎。

⑤其他病原微生物。有些线虫可寄生地下害虫和钻蛀害虫，导致害虫受抑制或死亡。被线虫寄生的昆虫通常表现为褪色或膨胀、生长发育迟缓、繁殖能力降低，有的出现畸形。不同种类的线虫以不同的方式影响被寄生的昆虫，如索线虫以幼虫直接穿透昆

虫表皮进入体内寄生一个时期，后期钻出虫体进入土壤，再发育为成虫并交尾产卵。索线虫穿出虫体时所造成的孔洞导致昆虫死亡。另外，新疆、内蒙古、青海利用原生动物微孢子虫防治蝗虫，均取得成功。

2. 以菌治病

通过微生物的作用减少病原物的数量，从而起到防治病害目的。

①拮抗作用也称抗生作用，某些微生物在生长发育过程中能分泌一些抗菌物质，抑制其他微生物的生长，这种现象称拮抗作用。利用有拮抗作用的微生物来防治植物病害，有的已获得成功。例如，利用哈氏木霉菌防治茉莉花白绢病，有很好的防治效果。

②交互保护作用。植物在受到第一病原物侵染后，一般不易受第二病原物的侵染，植物病毒病害的生物防治原理就是用无毒株或弱毒株预先感染植物，使植物对强毒株的感染产生抵抗力。通过自然筛选或人工的化学、高温诱变，获得弱毒疫苗，用接种的方法（压力喷枪、摩擦和侵根）侵染植株，可达到全株免疫的目的。例如，我国的番茄花叶病毒病使用了TmMv弱毒株N14防治，防病增产效果达30%。植物在有益微生物的作用下，其抗病性酶类及蛋白质会发生变化，如诱导合成植物保卫素和凝集素等，这是交互保护的又一机制，也值得加以利用。

目前，以菌治病多用于土壤传播的病害。

3. 以菌除草

在自然界中，各种杂草和园艺植物一样，在一定环境条件下都能感染一定的病害。利用病原微生物来防治杂草，虽然其工作较以虫治草为迟，但微生物的繁殖速度快，工业化大规模生产比较容易，且具有高度的专一性，因而它的出现，就显示出了在杂草生物防治中强大的生命力和广阔的前景。

利用真菌来防治杂草是整个以菌治草中最有前途的一类。例如，澳大利亚利用一种锈菌防治菊科杂草——粉苞菊非常成功；苏联利用一种链格孢菌防治三叶草菟丝子也非常理想。利用炭疽病菌"鲁保一号"防治大豆菟丝子是我国早期杂草生物防治最典型最突出的一例，防治效果稳定在80%以上。

三、利用昆虫激素及昆虫生长调节剂防治害虫

昆虫分泌的、具有活性、能调节和控制昆虫各种生理功能的物质称为激素，昆虫激素分外激素和内激素两大类型。由内分泌器官分泌到体内的激素称为内激素，由外激素腺体分泌到体外的激素称为外激素。昆虫的外激素是昆虫分泌到体外的挥发性物质，是昆虫对它的同伴发出的信号，便于寻找异性和食物。已经发现的有性外激素、结集外激素、追踪外激素及告警激素。目前，研究应用最多的是雌性外激素。世界上已有2000种以上的昆虫性外激素化学结构被微量分析并能人工合成，在害虫的预测预报和防治方面起到了非常重要的作用。目前，我国能人工合成的雌性外激素种类有马尾松毛虫、白杨透翅蛾、桃小食心虫、梨小食心虫、苹小卷叶蛾等。

昆虫性外激素的应用有以下3个方面。

①诱杀法。利用性引诱剂将雄蛾诱来，配以粘胶、毒液等方法将其杀死。如利用某些性诱剂来诱杀国槐小卷蛾、桃小食心虫、白杨透翅蛾、大袋蛾等效果很好。

②迷向法。成虫发生期，在田间喷洒适量的性引诱剂，使其弥漫在大气中，使雄蛾无法辨认雌蛾，从而干扰正常的交尾活动。

③绝育法。将性诱剂与绝育剂配合，用性引诱剂把雄蛾诱来，使其接触绝育剂后仍返回原地，这种绝育后的雄蛾与雌蛾交配后就会产下不正常的卵，起到灭绝后代的作用。

除此之外，昆虫性外激素还可应用于害虫的预测预报，即通过成虫期悬挂性诱芯，掌握害虫发生初期、盛期、末期及发生量，指导施药时机和施药次数，减少环境污染和对天敌的伤害。

昆虫内激素是分泌在体内的一类激素，用以控制昆虫的生长发育和蜕皮。昆虫内激素主要有保幼激素、蜕皮激素及脑激素。在害虫防治方面，如果人为地改变内激素的含量，可阻碍害虫正常的生理功能，造成畸形，甚至死亡。天然的保幼激素和蜕皮激素性质很不稳定，而且合成困难，用来防治害虫几乎不可能。自1967年Roller分离鉴定了第一个保幼激素以来，迄今已发现了4种天然保幼激素，合成了数以千计的保幼激素类似物。1988年，Wing报道了一种非甾族化合物的蜕皮激素抑食肼，随后又合成了其系列物虫酰肼。这些人工合成的化合物及几丁质合成抑制剂称为昆虫生长调节剂。这些杀虫剂并不快速杀死昆虫，而是通过干扰昆虫的生长发育。主要类型有保幼激素类似物烯虫酯、吡丙醚，蜕皮激素类似物抑食肼、虫酰肼。几丁质合成抑制剂除虫脲、氟啶脲、氟铃脲、氟虫脲、噻嗪酮等。这些昆虫生长调节剂的作用方式不同于常规杀虫剂，具有相当高的选择性，对天敌相对安全，不存在与其他杀虫剂的交护抗性问题。

四、其他有益生物及其代谢产物的利用

①不育昆虫。使用雄性不育个体或雌雄兼性个体释放田间，致使昆虫后代不能生育，达到控制害虫种群数量目的。

②植物农药。目前我国已有20余种植物农药登记注册，进入工厂化生产，如烟碱、木烟碱、苦参碱、鱼藤、川楝素、芸薹素和茼蒿素等制剂。另据报道，世界上已发现30多科100多种植物有克草作用，种植相克的植物，通过竞争及化感作用可防除杂草。

③农用抗生素。某些微生物的代谢产物具有杀菌、杀虫、杀螨等作用，统称为抗生素。其中大多是放线菌产生的抗生素，开发成商品杀菌剂。我国已登记注册的有20余种，包括井冈霉素、农抗120、灭瘟素、浏阳霉素和阿维菌素，其中有些如井冈霉素、阿维菌素目前正广泛使用。可防治稻瘟病、纹枯病、黑穗病以及果、蔬多种病害，另外还能防治害螨、蚜虫和鳞翅目幼虫，具有内吸、高效、降解快和安全性高等优点。

五、现代生物技术应用

①转基因植物。利用基因技术，将外源基因导入体细胞，最终可得到转基因植株。1988年，美国科学家应用基因工程方法，在杨树抗虫育种方面取得了突破性进展，他们通过基因嵌合，把马铃薯中对昆虫有抵制作用的蛋白基因通过大肠杆菌转移到杨树中，培育了新型抗虫树种。近几年克隆Bt基因已转入植物，并在植物体内高效表达。

②植物组培快繁和植株脱毒。植物组织培养技术即是把植物细胞、组织、器官等培育成幼苗。其特点是使用的植物材料少，不受季节和气候限制，繁殖周期短，扩繁速度

快，已广泛应用于珍稀植物和名贵花木的育苗。花卉利用茎尖组织培养，辅以化学或高温处理，可较好地起到植株脱毒作用，有利于防止畸形、品质变劣等。

第六节 化学防治

一、化学防治的概念

化学防治是用化学物质——农药来控制有害生物数量的方法。它是有害生物综合治理中的一个重要组成部分。

化学防治又称植物化学保护，是用化学物质和手段杀灭、控制有害生物，从而达到保护植物的目的。因此这不是单纯的化学问题，除了化学药物外还有施药机具和如何合理施药问题，如何与其他措施相协调，以便充分发挥化学药剂的最大作用，而将其负面效应减到最小。

使用化学农药所引起的3R问题已为世界所公认，3R是抗性（resistance）、再增猖獗（resurgence）和残留（residual）三个词的第一个字母。连续使用相同的农药会使害虫抗性水平提高，因为农药将敏感个体淘汰，筛选出了抗性个体；再增猖獗与抗性相伴而生，因害虫抗性而加大用药量，进一步杀伤天敌，导致害虫更加猖獗；农药残留在农产品上通过直接或间接摄入人体，形成急、慢性中毒，对人类安全造成威胁。因此，合理用药是解决3R问题的关键。

化学防治尽管存在着问题，但仍然是有害生物综合治理中不可缺少的一环，仍然有其他防治措施无法替代的优点，如杀虫作用快、杀虫范围广、效果好、使用方便、成本低，以及可不受地区和季节限制而大面积机械化防治等。

二、农药的种类

农药是指用于防治有害生物的化学物质，包括提高这些药剂效力的辅助剂、增效剂等。随着农药研制的发展，一些非杀生性农药，包括昆虫生长调节剂或影响昆虫生殖行为以及生物学特性的不育剂、性引诱剂、驱避剂和拒食剂等，也都属于农药的范畴。因此，农药的含义不仅要从毒杀防治对象来认识，还应从对生物体产生的非毒杀作用来理解。

随着化学工业的发展及人们对有害生物生理生化功能的深入了解，作为防治药物的新化合物屡见不鲜，品种、种类及剂型都在不断增加。农药种类可根据农药的用途、成分、防治对象或作用方式等进行分类。一般按防治对象可以分为杀菌剂、杀虫剂、除草剂和杀鼠剂等。

（一）杀菌剂

杀菌剂是对病原物（真菌、细菌、病毒等）具有抑制和毒杀作用的化学物质。一般杀菌剂对人、畜的急性毒性较小，但由于杀菌剂要求有较长的残效期，残毒问题较大。

杀菌剂防治病害的原理主要有保护、治疗和免疫三个方面。保护是指植物未罹病前喷布药剂以防止病菌侵入；治疗是指植物发病后喷布药剂而阻止病害继续发展，使植物恢复健康；免疫是指应用化学物质提高植物对病菌的抗性，以免于发病。常用杀菌剂分为无机、有机、内吸和抗生素等类型。

1. 无机杀菌剂

（1）波尔多液。在杀菌史上波尔多液是最早发现和应用的保护剂之一，是由硫酸铜和生石灰配制而成的胶悬剂，有黏着力强、不易被雨水冲刷、残效期长达15～20 d等优点，杀菌主要成分是碱性硫酸铜。因是保护剂，应在病菌侵入寄主前施用，根据作物及防治对象不同而有多种配合使用量，通常有等量式（硫酸铜、生石灰、水的配制比例为1：1：100）、倍量式（0.5：1：100）、半量式（1：0.5：100）等，对多种真菌病害如霜霉病、绵腐病、炭疽病、猝倒病及细菌病害如棉花细菌角斑病有效。

（2）石硫合剂。由生石灰1份、硫黄2份和水20份煮制而成，母液是一种以多硫化钙为主要成分的碱性溶液，呈透明酱油色溶液，有较浓的臭蛋气味。浓度一般为20～30波美度，使用浓度要根据作物、防治对象、天气条件而定，可防治白粉病、锈病、多种叶斑病，对细菌引起的水稻白叶枯病有防效。

2. 有机杀菌剂

（1）有机硫杀菌剂。具有高效、低毒，对人、畜、植物安全及广谱等特点。如代森类和福美类可防治水稻、果树等多种病害；克菌丹和灭菌丹等可防治根腐、立枯等多种土传病害，也可用于种子、土壤消毒；敌锈钠可防治锈病；敌克松可防治棉花苗期病害等。

（2）有机砷杀菌剂。主要种类有田安、稻脚青及退菌特，可防治水稻纹枯病、棉立枯、炭疽病及小麦白粉病等。由于砷在人体内有积累性中毒及破坏土壤理化性质，目前已逐步被禁止及限制使用。

3. 内吸杀菌剂

内吸杀菌剂具有被植物吸收并在体内输导的性能，因此对侵入植物体内的病菌有很好的抑制作用，有些品种还兼有增产和优质的作用。

（1）有机磷杀菌剂。主要品种有稻瘟净和克瘟散等，可防治水稻稻瘟病、小粒菌核病和玉米大小斑病，并能兼治水稻飞虱和叶蝉。又如乙膦铝为双向传导内吸广谱杀菌剂，对疫霉、霜霉、白粉和菌核等多种病害有特效。

（2）苯并咪唑类。杀菌谱广，有明显向植株顶端输导的性能，可用于喷叶、拌种、灌施等，可防治恶菌、赤霉、黑穗、菌核等子囊菌多种病害。主要品种如多菌灵、苯来特、甲基托布津、抑霉唑等。

（3）羧酰替苯胺类。主要品种如萎锈灵、邻酰胺等，是丝核菌、黑穗菌、锈菌的种子和土壤消毒剂，甲霜灵对霜霉、疫霉和腐霉等病害有特效。

（4）甾醇抑制剂。甾醇是菌体细胞膜组成物，这类杀菌剂起甾醇的抑制作用，并有向顶端传导及熏蒸作用，具杀菌谱广、施药量低、药效期长等特点，如粉锈宁对防治锈病有特效，三环唑、稻瘟灵防治稻瘟病有效，菌力克（戊唑醇）为防治禾本科纹枯病和黑穗病的种子处理剂，喷雾可防治白粉病、菌核病和纹枯病等多种病害。

4. 其他

（1）芳烃类。如百菌清可防治果树和蔬菜的多种病害。

（2）二甲酰胺类。如乙烯菌核利、速克灵可防治灰霉病、菌核病，咪唑霉（扑海因）对麦类黑穗病也有效。

（3）农用抗生素类。很多产品已从单纯微生物生产扩展到人工合成、半合成产品，具有内吸、高效、选择性强、生物降解快和对人畜安全等特点。如灭瘟素、春雷霉素、井冈霉素等为放线菌代谢产物，可防治水稻稻瘟病、纹枯病；而抗菌剂402为化学合成，可防治水稻烂秧病等。

另外，还有杀枯净防治水稻白叶枯病，氨基酸及其衍生物、复配型杀菌剂等新产品可防治抗性病害等。

（二）杀线虫剂

1. 卤代烃类

大多为土壤熏蒸剂，因破坏了线虫的呼吸，使线虫麻痹瘫痪而死。主要品种有滴滴混剂（D-D）、溴甲烷和氯化苦等，因毒性及对环境的污染，有的品种如二溴氯丙烷已禁用。

2. 硫化异氰酸甲酯类

主要释放氰化物离子使线虫死亡，对真菌、线虫、杂草均有毒杀作用。如威百亩（维巴姆）、棉隆等在播前一周穴施，不宜在农作物表面施用。

3. 有机磷酸酯类

为线虫神经毒剂，因是高毒农药，使用时应注意安全。如克线磷、丙线磷等为主要品种，土施后可被根部吸收向上传导，药效长达数月。

4. 氨基甲酸酯类

氨基甲酸酯类是应用较广的一类，也属神经毒剂，主要品种有涕灭威、呋喃丹等。

（三）杀虫剂

这类药剂是用于防治农、林、桑、茶、卫生、贮粮和畜禽等方面的害虫及有害动物。种类有上千种，我国农业上常用的有几十种。

按其成分及来源可分为：无机杀虫剂如砷酸钙、亚砷酸、氟化钠等；天然的有机杀虫剂如植物性的鱼藤、除虫菊、烟草等以及矿物性石油乳膏、葱油乳膏等。而大多为人工合成的有机杀虫剂，又分为以下几类。

1. 有机氯类

有机氯类如六六六、滴滴涕、氯丹等，因对人体产生积累性中毒及污染环境已被禁用。

2. 有机磷类

有机磷类是发展速度最快、应用最广的一类杀虫剂，具有杀虫范围广、杀虫方式多和易降解等特点，但有的品种毒性较大，对人畜易产生急性中毒，应注意安全使用。如敌百虫、敌敌畏、乐果和辛硫磷等为常用品种，均有广谱及胃毒、触杀等杀虫作用，其中乐果的内吸、敌敌畏的熏蒸、辛硫磷的光分解各具杀虫特点。甲胺磷、甲拌磷、对硫磷等因是高毒品种，现已禁用。稻丰散可防治水稻、蔬菜、果树上多种鳞翅目害虫及蚜虫。毒死蜱（乐斯本）可与其他农药混配防治多种鳞翅目、鞘翅目、同翅目和螨类害虫。

3. 氨基甲酸酯类

该类杀虫剂大多数品种毒性比有机磷低，对鱼类安全。常用品种如西维因可与有机磷杀虫剂混用而增效；呋喃丹因毒性大，多使用颗粒剂、种子处理剂穴施，严禁喷施，对多种鳞翅目、鞘翅目、叶面及地下害虫有效，并能防治刺吸式害虫及根结线虫等；抗蚜威（避蚜雾）对抗性蚜虫有效，对蚜虫天敌安全；而叶蝉散等则对飞虱、叶蝉有特效。

4. 拟除虫菊酯类

该类杀虫剂是模拟天然除虫菊素的人工合成产物，如敌杀死（溴氰菊酯）、除虫精（二氯苯醚菊酯）和功夫（三氟氯氰菊酯）等以触杀、胃毒为主，可防治农林、卫生的鳞翅目和双翅目等多种害虫，而天王星（联苯菊酯）等则对同翅目及害螨有效。

5. 其他

（1）沙蚕毒类。有杀虫双、巴丹等为沙蚕毒素分析后人工合成物，对害虫击倒快、残效长，兼有拒食、杀卵等作用。

（2）特异性杀虫剂。这类药剂包括不育剂、几丁质抑制剂、蜕皮激素、保幼激素等，具有生物活性高、选择性强、对天敌和人畜安全等特点，因杀虫机理是抑制昆虫生长，因而杀虫缓慢。主要品种如伏虫脲、灭幼脲一号、定虫隆、农梦特和扑虱灵等。其他还有吡虫啉、米螨、阿克泰、锐劲特等杀虫剂各有其杀虫特异功能，并对抗性害虫的防治起到了重要作用。

（3）抗生素类。如阿维菌素、多杀菌素等为一类放线菌代谢物，也是高效、低毒和广谱的杀虫、杀螨剂。

杀虫剂的作用方式主要有：①胃毒作用，适合于防治咀嚼式口器害虫，药剂喷在植物表面或拌在饵料中，随害虫取食从口器进入消化道，经肠壁细胞进入血液起毒杀作用；②触杀作用，药剂喷洒在植物表面或虫体上，害虫接触后从表皮（体壁）经血液到达作用部位；③熏蒸作用，药剂以气体状态从气孔、呼吸道经体壁或血液到达作用部位；④内吸作用，适合于防治刺吸式口器害虫，药剂先由植物吸收传导，被昆虫取食后经口器进入作用部位。另外还有驱避、不育、引诱、拒食和抑制昆虫生长等多种作用。

（四）杀螨剂

杀螨剂是一类用来防治植食性螨类的药剂，如三氯杀螨醇、克螨特、溴螨酯、双甲脒、三环锡、卡死克、三唑锡和尼索朗等，可防治棉花、蔬菜、果树、花卉上多种害螨。理想的杀螨剂应具备对成螨、若螨及卵均有毒杀作用，具有化学性质稳定、残效期长和对人畜安全等特点。

（五）除草剂

按对植物的选择作用，可分为灭生性除草剂，如五氯酚钠、草甘膦和克无踪；选择性除草剂，如2甲4氯、敌稗和燕麦灵等。按对植物的作用方式，可分为内吸传导性除草剂，如草甘膦、农达和西玛津；触杀性除草剂，如敌稗、五氯酚钠和克无踪等。

（六）植物生长调节剂

植物生长调节剂是一类调节植物生长的激素类农药，在园艺植物中使用较多，具有防落花落果、诱导雌雄花比例、促进根或茎的发育、抑制徒长及贮存保鲜等作用。如乙烯利、助壮素、赤霉素、萘乙酸、矮壮素、防落素和多效唑等。

三、农药的剂型

（一）农药辅助剂

凡与农药原药混用或通过加工过程与原药混合能改善制剂的理化性质，提高药效及便于使用的物质称为农药助剂。一般来讲，农药助剂本身没有生物活性，助剂的合理使用可以提高药剂对植物的安全性及降低对人畜的毒性。农药辅助剂种类很多，按作用可分为如下几类。

1. 填充剂

或称填料，用来稀释农药原药以减少原药用量，使原药便于机械粉碎，增加原药的分散性，是制造粉剂或可湿性粉剂的填充物质，如黏土、陶土、高岭土、硅藻土、叶蜡石和滑石粉等。

2. 湿展剂

可以降低水的表面张力，使水易于在固体表面湿润与展布的助剂，如茶枯粉、纸浆废液、洗衣粉和拉开粉等。

3. 乳化剂

能使原来不相溶的两相液体（如油与水），其中一相液体以极小的液珠稳定分散在另一相液体中，形成不透明或半透明乳浊液，起这种作用的助剂称为乳化剂，如土耳其红油、双甘油月桂酸钠、蓖麻油聚乙基醚和烷基苯基聚乙基醚等。

4. 溶剂

溶剂是溶解农药原药的辅助剂，多用于加工乳油，如苯、甲苯和二甲苯等。

5. 分散剂

农药原药的分散剂是一种具有高黏度特性的物质，通过机械作用，可将熔融的农药分散成胶体颗粒的助剂，如废糖蜜浓缩物、纸浆废液浓缩物。农药制剂的分散剂具有防止粉剂絮结，喷粉时利于粉剂分散，不絮结成团块。

6. 黏着剂

黏着剂是能增加农药对固体表面黏着性能的助剂，可以提高在植物体上的黏着性而耐雨水冲刷，延长残效期。如在粉剂中加入适量黏度较大的矿物油，在液体农药中加入适量的淀粉糊、明胶等。

7. 稳定剂

又称抗凝剂、防解剂。能防止农药制剂（可湿性粉剂）在贮藏过程中物理性能变坏、凝聚成块团、降低悬浮率，起抗凝作用。或在贮藏过程中有效成分发生分解，加入防解剂可提高乳剂的稳定性。

8. 增效剂

增效剂是本身基本没有杀虫、杀菌活性，但能使原药提高杀虫、杀菌效力的助剂。

9. 发泡剂

一般为非离子表面活性剂，药液中加入少量发泡剂如聚烷基醚，通过特殊喷雾装置，药液混以空气呈泡沫状被喷出，较一般喷雾的遗失少，同时在植物上面有痕迹，便于检查喷药质量。

10. 消泡剂

它与发泡剂作用正好相反，主要用于消除因一些乳化剂等在喷雾时产生的泡沫，利于药液的雾化。

（二）农药剂型

农药剂型是指农药原药加入辅助剂以后制成的成品药的形态。生产何种剂型主要根据农药性状与防治对象来确定，而剂型质量的好坏又影响到防治效果与环境保护。所以，选择一个良好的剂型是取得良好防治效果的开端。农药的剂型主要有以下几种。

1. 粉剂

粉剂是固态剂型的基本形态。粒剂、可湿性粉剂等都是从粉剂衍生而来。粉剂可按所需浓度将原药和填料混合后，直接粉碎至规定细度充分混匀即成。有低浓度（原药成分10%以下）供大田喷粉，高浓度（原药成分10%以上）供拌种和土壤中施药用。它的优点是能保证药粒细度和耐贮藏，并减少运输费用。

粉粒的细度可分为粗粉剂（过200目筛）、一般粉剂（过300目筛）和微粉剂（过320目以上筛）三种。粉剂含水量我国规定应小于1.5%，在农药的包装与贮藏中同样要注意防潮。

加工粉状农药的填料有三类：第一类是植物性的木粉、烟草粉、胡桃皮粉、花生壳粉等；第二类是人工合成的无机填料及有机填料；第三类为广泛应用的矿物性填料，常用的是硅酸盐矿土，如黏土类、高岭土类、滑石粉及硅藻土等。

2. 粒剂

以粒度大小可分为：微粒剂，粒径105 ~ 297 μm，合48 ~ 150目筛；颗粒剂，粒径297 ~ 1680 μm，合10 ~ 48目筛；大粒剂，亦称丸剂，粒径可达7000 μm，每颗粒达0.5 g左右。在微粒剂和粉剂之间，还有细微粒剂，粒径介于微粒与粗粉之间，为65 ~ 250目筛，使该剂兼具微粒剂及粉剂的特点，即着药部位的目标性强而又具有良好的分散性，主要用于防治稻田病虫。粒剂有无粉尘、无污染、使用方便和易于长期贮存等特点。

3. 可湿性粉剂

可湿性粉剂是一种以无机矿物为载体和含有湿润剂及分散剂的粉剂。该剂加水可稀释成稳定且分散性良好的可供喷雾用的悬浮液。与乳油比较，它不用有机溶剂和乳化剂，又具有粉剂的便于包装、运输、成本低、耐贮存的优点。在加工质量方面，对成品的悬浮性、分散性、湿润性和贮存稳定性都有严格的要求。

4. 胶悬剂及胶体剂

对于一些高效农药，其原药难溶于水及一般有机溶剂，可加工成分散度更高的胶悬剂或胶体剂。胶悬剂平均粒径应为0.1～0.3 μm，其药效明显高于可湿性粉剂。

5. 乳油

具有有效成分含量高、药效好、使用方便等优点。乳油加工方法比较简单，按乳油所需浓度将原药溶解在一定量的有机溶剂中，再加一定量乳化剂混匀而成，正常条件下贮藏不分层、不沉淀和具有稳定性。

6. 水乳剂

由不溶于水的液态原药或低熔点（<60℃）固体原药，用水代替溶剂加工成微小液滴分散在水中制成，又称乳剂型悬浮剂。外观呈乳白色牛奶状，液滴粒径小于2 μm，用水稀释时仍为乳白色溶液。

7. 种衣剂

作物种子处理剂，在干燥或润湿状态的种子外面，用含有黏结剂的农药或肥料等组合物包装，使之形成具有一定功能和包覆强度的保护层，此组合物称为种衣剂。以悬浮剂制成的种衣剂最好，因为它有适当的黏度和流变性，保证了种子各部位药剂的均匀性，并具有足够的强度和韧性、透气性和透水性，保证了发芽率和药效。种衣剂符合环保要求，安全、低毒、多用途，不仅防病、防虫，还有肥效及保湿等多种功能，是推广种子工程的一个主要项目。

8. 微胶囊剂

微胶囊剂是目前控制释放剂中品种最多、工艺最为成熟的剂型。它是将液体或固体农药有效成分包在囊壁材料中形成粒径为几微米至几百微米的微小球状制剂。它有降低原药的毒性、延长农药的药效期、减少对环境污染和光热稳定性高等诸多优点，现已广泛应用。

9. 烟剂

由农药原药加燃料（如木屑粉、淀粉等）、助燃剂（如氯酸钾、硝酸钾等）、消燃剂（如陶土、滑石粉等）制成的粉状混合物。装入罐或袋中，由引火线点燃，因有消燃剂不会发出火焰，农药有效成分因受热而气化，在空气中冷却又凝聚成固体微粒，逐渐沉降到植物上，起到触杀和胃毒作用，同时空气中的微粒还可通过害虫的呼吸道进入而起致毒作用。烟剂施用时受自然环境尤其是气流的影响较大，所以一般用于植物覆盖度大或空间密闭的场所中防治病虫。

农药的剂型除以上常用的外，还有超低容量喷雾剂、可溶性片剂、水悬剂、微乳剂、可分散粒剂、悬浮剂和可溶性浓剂等。

四、农药的使用

（一）农药的使用方法

1. 作物处理

直接将农药施用于农作物地上部位或有害生物上。施用方法主要有喷雾、喷粉和熏蒸等。

（1）喷雾法。将农药加水稀释到一定浓度，用喷雾器械喷洒。雾滴直径应控制在200 μm左右，雾滴大，覆盖度小，农药易流失。目前推广的低容量喷雾，要求雾滴10 μm左右；用弥雾机喷雾，为超低容量喷雾，雾滴在5 ~ 75 μm，雾滴数比一般喷雾大15倍。喷雾的优点是用药量少、药效持久、防治效果好。适用于可湿性粉剂、水剂、乳剂等农药。

（2）喷粉法。喷粉法是粉剂农药使用方法，一般用喷粉器喷施，适用于缺乏水源的地区。优点是工效高，不需水；缺点是用药量大，漂移流失严重，污染环境严重。

（3）熏蒸法。使药剂挥发而防治病虫害的施用方法。适用于温室、大棚、苗床、土壤及仓库等的病虫害防治。具有工效高、作用快和不需水等优点，但使用技术及安全防护要求高。

2. 种苗处理

对果实、种子、苗木及其他繁殖材料用农药处理。处理方法有浸种、拌种、闷种、喷雾、熏蒸、包扎和涂刷等。其处理浓度、时间和方法主要根据防治对象而定。

3. 土壤处理

将农药施用于土壤或农作物地下的根部区域，方法有喷洒、浇灌、毒土、穴施和注射等，用于苗床、根围等处的土壤病虫害防治。

（二）农药的合理使用

合理使用农药是解决化学防治中3R问题的关键所在，合理用药包括多方面内容，主要有以下几个方面。

1. 农药的合理选择

目前，化学农药的研制已由广谱性向选择性方向发展，生产高效、低毒、低残留农药，以免伤害天敌及保护环境质量，因此，根据防治对象选择合适的农药品种就显得更为重要。有害生物间或个体间不同的发育阶段，因其生物学特性、生活习性、对药剂的毒力反应各不相同，如昆虫的不同虫态间，以卵、蛹对药剂抵抗力强，毒力的差别可高达几百倍；有些内吸性杀虫剂对咀嚼式害虫几乎无效。

2. 农药的混合及轮换使用

将两种或两种以上农药混合使用或轮换使用可延缓有害生物的抗性产生，同时可起到速效、增效的作用，如鱼藤酮与石油制剂混用及轮换使用防治对有机磷农药产生抗性的果树害螨十分有效。但农药混用不当，反而会降效并造成药害。例如，很多农药如乐果、敌敌畏等不能与石硫合剂、波尔多液碱性农药混用，否则会分解失效；可湿性粉剂混用不当会产生沉淀等。

3. 农药的安全使用

（1）农药的毒性。农药作为毒剂，其含义是使用很少剂量就会造成生物体的死亡。农药对有害生物毒性程度的大小常用毒力测定方法来测定。毒力是指药剂本身对不同生物直接作用的性质和程度，农药对人、畜的急性毒性常用致死中量作指标（LD50），是指在实验室条件下实验动物小白鼠被毒死50%的个体所需要的剂量。根据LD50的大小将农药的毒性区分为：剧毒（1 ~ 50 mg/kg）、高毒（50 ~ 100 mg/kg）、中毒（100 ~ 500 mg/kg）和低毒（500 ~ 5000 mg/kg）等。农药的慢性毒性是指农药性质稳定、不易分解，污染了环境和食物，被人畜少量长期摄食而在体内积累产生隐性中毒。而对有害生物的毒力常以防治对象为测试目标，用生物测定的方法来测定。因此，农药对防治对象的毒力与对人、畜的毒力不能混为一谈。农药的安全使用就是要防止农药造成人、畜中毒，可通过严禁剧毒农药在一些经济作物上的使用，严格规定农药在农产品上的允许残留量，农药使用后到农产品收获的安全间隔期等来进行。

（2）农药的药害。药害产生的原因：一是不同作物及作物不同品种间，甚至同一品种不同生育期对农药耐受力的差别；二是用药浓度过高；三是气温、光照等气候条件的影响。因此必须了解作物对农药的反应，针对不同的作物品种，选择适当的用药种类、浓度和时期来合理使用，才能避免药害。

（3）对天敌的伤害。解决农药对天敌的伤害问题，实际是一个协调化学防治与生物防治矛盾的问题，最好的方法是组建防治对象的自然种群生命表，了解主要天敌的控害作用及消长规律，从而指导安全用药。目前大多采用调查田间有害生物与天敌的数量比，当天敌控制不住有害生物时采用化学防治，同时，选择适当剂型及施用方法也是协调防治的主要途径。

4. 农药的施用技术

（1）用药时间。讲究施药技术应掌握用药适期，如害虫防治应掌握在孵化后至幼虫3龄前，病害防治应掌握在病原菌侵入寄主植物之前。过早，药剂的残效已过，失去毒杀作用；过晚，病虫害对农药的敏感期已过，也不易毒杀。另外，还必须掌握病虫害的发生量达高峰期用药才可以发挥农药最大效力。

（2）用药剂量。讲究施药技术应掌握有害生物的有效剂量和有效浓度用药。用药量过多、浓度增高、用药次数增多，药效不一定提高，相反会产生抗性，会造成农药在田间的大量流失，既不经济又不安全。目前，植保部门已规定了很多农药品种在不同作物上的用药剂量，各地可参照使用。

（3）用药质量。施药的方法有多种，但最终目的是要提高防治效果，关键是提高药剂的利用率和靶标（防治对象）的命中率。喷雾是常用的施药方法，雾滴的细度、雾化的性能、喷射的角度和力度都影响药剂效果的发挥。重视施药机具的质量，选用优质机具喷雾，如选用手动吹雾器的低容量喷雾或弥雾机的超低容量喷雾，都能提高药剂的分布均匀度，减少药剂的流失。总之，提高用药质量是合理用药的重要一环。

第五章　园艺植物主要病害

第一节　园艺植物主要菌物病害

一、霜霉病

霜霉病发生相当普遍，尤其在长江流域及沿海湿润地区以大白菜、青菜、黄瓜等受害较重。十字花科蔬菜大白菜受害最重，流行年减产50%～60%；葫芦科蔬菜黄瓜，在流行年份减产可达30%～50%。本病除危害十字花科蔬菜、黄瓜外，还危害莴苣、南瓜等蔬菜。

1. 症状

（1）十字花科蔬菜霜霉病。其共同特点是发病叶上多产生黄绿色至褐色小斑点，后呈现多角枯斑；花梗及花器形成肥肿畸形，病部均匀产生白色霜状霉层。

大白菜从苗期到包心期或种株开花到结荚期均易发病，危害子叶、真叶、花及种荚。叶面出现淡绿色斑点，逐渐扩大为黄褐色，枯死后变为褐色，病斑受叶脉限制呈不整形或多角形，直径5～12 mm不等。叶背的病部在湿度大或有露水时长出白霉。

普通白菜的苗期、成株期均可发生，叶片初现边缘不清晰的褪绿斑点，扩大后受叶脉限制则现黄褐色多角形斑，病斑背面覆有疏密不等的白霉，即孢子囊梗和孢囊孢子。采种株的茎顶及花梗染病，多肥肿、畸形，菜农称其为"龙头拐"。种荚染病也会不同程度变形，结实不良。甘蓝主要发生在叶片。病斑初现为淡绿色，逐渐变为黄色至黄褐色，或暗黑色至紫褐色，中央略带黄褐色稍凹陷的紫褐色或灰黑色不规则病斑，潮湿时叶背也可见稀疏的白霉。

（2）黄瓜霜霉病。主要危害叶片，偶尔也能危害茎、卷须和花梗等。刚出土的幼苗子叶很容易感病，受侵染后正面显现不均匀的褪绿、黄化，逐渐产生不规则的枯黄斑，潮湿条件下叶背可产生黑色霉层，随后，子叶很快变黄干枯。成株发病多在植株进入开花结瓜后。发病初期，叶上出现水渍状浅绿色斑点，扩大后受叶脉限制呈多角形，其色泽变为黄绿、黄色，最后变为褐色，但病斑边缘仍呈黄绿色，病部与健部交界处不明显。潮湿环境下叶背部病斑上长出紫黑色的霉层。在抗病的品种上病斑小且叶背的斑上很少长霉状物。

（3）葡萄霜霉病主要危害叶片，也危害新梢、花蕾和幼果等幼嫩部位。叶片正面出现不规则淡黄色半透明油浸状小斑点，逐渐扩大呈黄色，边缘界限不明显，多为数个小斑连成一个不规则或多角形的大病斑，并在叶背面产生黄白色的霜状霉层，病斑后期变成淡褐色，干裂枯焦而卷曲，严重时叶片脱落。嫩梢同样出现油（或水）渍状病斑，表面有黄白色霉状物，但较叶片稀少。病斑纵向扩展较快，颜色逐渐变褐，稍凹陷，严重时新梢停止生长而扭曲枯死。幼果感病初期，病部变成淡绿色，后期病斑变深褐色下陷，产生一层霜样白霉，果实变硬萎缩。果实半大时受害，病部变褐凹陷，皱缩软腐易脱落，但不产生霉层，也有少数病果干缩在树上。一般从着色到成熟期果实不发病。

2. 病原

（1）十字花科蔬菜霜霉病病原。为鞭毛菌亚门霜霉属的寄生霜霉。菌丝体无隔、无色，蔓延于寄主细胞间，并产生吸器伸入寄主细胞内吸取营养。无性繁殖产生孢子囊，着生于孢囊梗上。孢囊梗作重复的二分叉状，顶端小梗尖锐。每端着生孢子囊一个。孢子囊无色、单胞，长圆形至卵圆形，萌发时直接产生芽管。在染病的叶、茎和荚果组织内部都可形成卵孢子。卵孢子黄色至黄褐色，圆形，厚壁，表面光滑或有皱纹，直径27.9～45.3 μm，萌发时直接产生芽管。

（2）黄瓜霜霉病病原。为鞭毛菌亚门假霜霉属真菌。菌丝体无隔、无色，在寄主细胞间生长发育，以吸器伸入寄主细胞内吸收养分。无性繁殖产生孢子囊，孢子囊着生于孢囊梗上，基部稍膨大，梗为单轴分支，先端锐角分支3～5次，末端着生孢子囊。孢子囊卵状或椭圆形，顶端有乳头状突起，淡紫褐色，单胞。孢子囊在水中游动片刻后收缩，变成圆形的休止孢子，休止孢子萌发产生芽管。

（3）葡萄霜霉病病原，为鞭毛菌亚门霜霉类的葡萄霜霉病菌，是专性寄生菌。孢子囊梗单轴分支，分支3～6次，分支处近直角，顶端小梗着生孢子囊，孢子囊无色，倒卵形至椭圆形，大小（12.6～2 5.2）μm×（11.2～16.8）μm，破裂后产生1～10个游动孢子，游动孢子肾形，侧生两根鞭毛，大小（7.5～9.0）μm×（6～7）μm。卵孢子褐色，球形，厚壁。

3. 发生规律

霜霉病主要发生在春、秋两季。冬季田间种植十字花科蔬菜和黄瓜的地区，病菌直接在寄主体内越冬，而以卵孢子在病残体、土壤和种子表面越夏，以后侵染秋菜。我国南部周年种植多种十字花科蔬菜和黄瓜的地区，本病菌整年都可在各种寄主作物上辗转传播危害，北方冬季没有十字花科蔬菜和黄瓜的地区，病菌主要以卵孢子在病残体上和土壤中越冬，次年萌发侵染青菜、萝卜和油菜等。发病后，在病斑上产生孢子囊进行再侵染。病菌也能以菌丝体在采种株上越冬，直接从采种株上长出孢子囊进行侵染。此外，病菌还能以卵孢子附着在种子表面或随病残体混杂在种子中越冬，次年又随种子播入田间侵染幼苗。春菜发病中后期，叶片上的病组织内、采种株、被害花梗以及种荚等组织内，均可形成大量的卵孢子。卵孢子在10℃～15℃，空气相对湿度70%～75 %条件下易形成。卵孢子只需经1～2个月的休眠，环境条件适合即可萌发成为当年秋菜田间发病的侵染源。孢子囊靠气流传播，环境条件适宜时潜育期只有3～4 d。

温度、湿度对霜霉病的发生与流行影响很大。病菌孢子囊的产生与萌发以7℃～13℃较低温度最为适宜，侵入寄主的适温为16℃，侵入以后菌丝体在寄主体内生长则要求20℃～24℃的较高温度。因此，平均气温16℃，相对湿度高于70%，有连续5 d以上阴雨天气易发生流行。

高湿和水滴有利于孢子囊的形成、萌发和侵入，多雨条件下往往病重。只要田间处于高湿，虽然无雨病情也会发展。一般在白菜的莲座期至包心期，若气温偏高、雨水多或田间温度高、日夜温差大、多露多雾，病害很易流行。采种株在开花期遇阴雨也易发病。

秋白菜播种早，特别是气温偏高、雨量偏多的年份，一般发病较重，此外，通风不良、连作、底肥不足、间苗过晚、密度过大以及包心期缺肥等发病都重。

4. 防治方法

（1）农业防治。

①抗病品种：十字花科蔬菜可选择既抗病毒病也抗霜霉病的品种，例如上海青、乌塌菜等。黄瓜不同品种的抗病性差异很大，一般早熟品种抗病性比晚熟品种差，多数品质好的品种抗病性也较差。

②种子处理：无病株留种，或播种前用种子重量0.3%的25%甲霜灵可湿性粉剂拌种。

③栽培技术：十字花科蔬菜种植要施行2年以上轮作，前茬收获后清除病叶及时深埋。南方提倡深沟窄厢高畦栽培，一般畦沟深18 cm，腰沟深24 ~ 30 cm，围沟36 cm有利于排水防旱。防止土表温度过高或干燥，以避免灼伤幼根。此外，采用滴灌或地膜覆盖浇暗水技术，以减少棚内结露持续时间。在生长季节和秋季修剪时都要彻底清除病枝、病叶、病果，集中烧毁。生长期间及时剪除多余的副梢枝叶，创造通风透光条件。雨季注意排水，降低湿度，同时注意减少土壤越冬孢子被雨溅到叶片上的机会。此外，多施磷钾肥，酸性土壤多施生石灰，均可提高树体的抗病力。

④生态防病：大棚黄瓜控制温湿度，可采用生态防治，具体方法是：上午，日出后使棚温迅速达到25℃ ~ 30℃，相对湿度降低至75%左右，有条件的早晨可排湿0.5 h，实现温湿度双限制，抑制发病。下午，温度降至20℃ ~ 25℃，相对湿度降至70%左右，实现湿度单因子控制病害。夜间，温湿度交替限制控制病害。前半夜相对湿度小于80%，温度控制在15℃ ~ 20℃，利用低温限制病害。夜间气温达到10℃以上，日落后采用“破堂”通风加底风，通风面积为大棚面积的10%左右，通风时间1 ~ 2 h；当夜间气温高于12℃时，即可整夜通风。早晨浇水后要注意把棚温提高到30℃，维持1.5 h左右，再放风降温排湿，然后再提温，避免湿度升高，利于控制病害。

（2）物理防治。黄瓜棚室发病初期提倡采用温室病害臭氧防治器（3BC-660型），具体方法为臭氧浓度控制在0.08 mg/kg处理20 min以内，黄瓜霜霉病防效可达90% ~ 100%。此方法十分有效，但必须严格控制浓度和作用时间，否则会造成毁秧。

（3）化学防治。在发病前或发病初期可喷下列药剂以防病害蔓延。喷药应以病株及其周围的植株为重点，特别是老叶也应喷到。喷药后天气干燥且病情缓慢，可不必再喷药。

在发病前每10 d左右喷波尔多液进行保护。发病后立刻喷50%克菌丹5000倍液，或25%甲霜灵800 ~ 1000倍液。

二、炭疽病

炭疽病分布很广，各地都有发生，但以长江流域各省危害较重。本病寄主广泛，包括十字花科、葫芦科、豆科等蔬菜作物上均有此病害发生。炭疽病的症状特点是：具有褐色、中央灰白的圆形或椭圆形斑，病健交界处明显而色深，略隆起。后期病斑上有许多近轮状排列的黑色小点粒，即病原菌的分生孢子盘。在潮湿条件下有粉红色的孢子团出现。

1. 症状

（1）白菜炭疽病。主要发生在叶上，叶片、叶脉和叶柄都有病斑发生。叶片上病斑小，圆形，一般直径为1～2 mm，最大的不超过4 mm，灰褐色，稍凹陷，最后病斑中央褪为灰白色至白色，极薄，半透明，易穿孔。叶脉、茎上病斑多为褐色、凹陷较深的菱形条斑。叶片被害严重时，一片叶上的病斑数可达百余个，互相连合成大而不规则的斑块，引起叶片早枯。在潮湿情况下，病部能产生淡红色黏状物，即病菌的分生孢子。

（2）瓜类炭疽病。西瓜幼苗发病，子叶边缘出现褐色半圆形或圆形病斑；茎基部受害，患部缢缩，变色，幼苗猝倒。成株期叶片、茎蔓和瓜果都可受害，叶片为黑色圆形病斑，外围有紫黑色晕圈，有时出现同心轮纹，后为黑色小点，即病菌的分生孢子盘，潮湿条件下叶正面病斑产生粉红色孢子团。西瓜果实受害，先显暗绿色水渍状小斑点，后扩大为圆形、凹陷的暗褐色至黑褐色病斑，凹陷处常龟裂。黄瓜、甜瓜被害，症状基本上与西瓜相似。

（3）甜椒、辣椒炭疽病。主要危害果实。果实染病，初现水渍状黄褐色圆斑，边缘褐色，中央呈灰褐色，斑部有隆起的同心轮纹，往往由许多小点集成，小点有时为黑色，有时呈橙红色。潮湿时，病斑表面溢出红色黏稠物，被害果内组织半软腐，易干缩，导致病部呈膜状，有的破裂。

（4）菜豆炭疽病。从幼苗期到收获期都可以发生，叶、茎及荚均能受害，除危害菜豆外，还能危害蚕豆、豌豆、豇豆和扁豆。幼苗子叶上产生近圆形、红褐色、凹陷病斑，严重时萎蔫死亡。叶上病斑多发生在叶背的叶脉上，沿叶脉扩展呈角状小斑点或小条斑，初呈红褐色，后变为黑色或黑褐色。茎上病斑褐色，稍凹陷。荚上最初为黑褐色小斑，边缘红色，病斑扩大后呈圆形或椭圆形，中央凹陷，外缘生黑褐色轮纹，当气候潮湿时，茎、荚上的病斑出现微红色的黏稠物，即病菌的分生孢子。

（5）桃炭疽病。该病危害果实和新梢。幼果染病后呈暗褐色，发育停滞，萎缩硬化。稍大的果实染病时，起初果面发生暗绿色水渍状斑点，扩大凹陷呈深褐色，以后病部产生红色黏质粒点，呈同心纹排列，即分生孢子盘及分生孢子。被害果绝大多数在5月间脱落，病重可达80%以上。果实在近成熟期染病时，果面发生淡褐色小斑，扩大成圆斑或椭圆凹陷病斑，其上产生粉红色孢子盘，并继续向外扩展，以致后期病斑几被粉红色黏质物覆盖。病果腐烂，终至脱落或干缩成僵果挂在树上。枝梢发病初期，发生绿褐色水渍状病斑，后渐变褐色，边缘带赤褐色，表面涌出粉红色孢子团。由于染病枝条两侧生长不均匀，病枝梢向一边弯曲，当发病严重时病梢枯死。病枝梢上叶片，特别是病枝梢先端的叶片，多以主脉为轴向正面卷曲，甚至卷成管状。

2. 病原

病原无性态均属半知菌亚门的炭疽菌属，有性态为子囊菌亚门的小丛壳属。

（1）白菜炭疽病。病原无性态为炭疽菌属的希金斯炭疽菌。分生孢子盘散生，小，大部分埋生于寄主表皮下；刚毛散生于分生孢子盘中，暗褐色，数量较少；分生孢子梗倒钻形；分生孢子长卵圆形，无色，单胞，大小为（13～18）μm×(3～4.5)μm。

（2）瓜类炭疽病。病原无性态为炭疽菌属的葫芦科刺盘孢。分生孢子盘成熟后，突出寄主表皮，刚毛有2～3个隔膜；分生孢子梗圆筒状；分生孢子大小为（14～20)μm×(5.0～6.0)μm，堆积呈粉红色。有性态为小丛壳属的瓜炭疽菌，自然情况下少见。

（3）辣椒炭疽病。病原无性态为炭疽菌属的丛刺盘孢菌。分生孢子梗短圆柱形；分生孢子长椭圆形或新月形，大小为（23.7～26)μm×(2.5～5)μm。有性态为围小丛壳。

（4）豆类炭疽病。病原无性态为炭疽菌属的豆刺盘菌。分生孢子梗短杆状；分生孢子椭圆形或卵圆形，有时稍弯曲，大小为（3.5～5.5)μm×(13～22)μm。有性态为菜豆小丛壳，已知本菌有4个生理小种。

（5）桃炭疽病。病原为盘长孢状刺盘孢，异名为悦色盘长孢，属半知菌亚门黑盘孢菌类的炭疽菌属。分生孢子梗单胞，无色，线状，顶端着生分生孢子。分生孢子椭圆形，无色，单胞，内含2个油珠，大小为（16～23)μm×(6～9)μm，周围有黏状胶质物。

3. 发生规律

病菌以菌丝体或分生孢子在病残体和种子上越冬，通过风、雨传播，引起发病，发病后期病斑上产生新的分生孢子盘，通过风雨进行再次侵染。

本病发生与温湿度有密切关系，一般温暖多湿有利于炭疽病的发生和发展。炭疽病菌的发育温度为12℃～33℃，最适温度为27℃，相对湿度为95%左右，相对湿度低于70%不适于发病。品种间存在抗病性差异，如辣椒品种中，甜椒最易感病，辣椒较抗病；菜豆品种间也存在抗病差异，蔓生种比矮生种抗病性强，东北种及朝鲜种比欧洲种抗病性强。此外，地势低洼、种植过密、土壤黏重都能增加发病，连作地发病较重。桃园管理粗放、留枝过密、土壤黏重、排水不良及树势衰弱的果园发病重。

4. 防治方法

（1）农业防治。

①选用无病种子和种子处理：选用无病种子是防治本病的重要措施，最好从无病田里采种，或从无病荚上采种，播种前再挑选一次。种子处理可用福尔马林200倍液浸种30 min，然后洗净晾干，或50℃～51℃水浸种20 min。冬季结合修剪清除病梢、病果，减少初侵染源。

②栽培技术：病田实行2～3年轮作，或进行深耕。对苗床应选用无病土或进行苗床土壤消毒，减少初侵染源。采用地膜覆盖可减少病菌传播机会，减轻危害，增施磷钾肥以提高植株抗病力。在棚室进行生态防治，即进行通风排湿，使棚内相对湿度保持在70%以下，减少叶面结露或吐水。田间操作，除病灭虫、绑蔓、采收均应在露水落干后进行，减少人为传播蔓延。果实套袋可以防止果实受侵染，套袋可在5月内晴天进行，以免袋内湿度过高。注意果园排水，适当施肥防止徒长。

（2）化学防治。

①棚室或露地田间发现病株时应及时喷药：选用25%使百克乳油1000倍液，或50%施保功可湿性粉剂1000倍液，或25%炭特灵可湿性粉剂500倍液，或70%代森锰锌可湿性粉剂500倍液，或2%武夷菌素（BO-10）水剂200倍液等，每隔7～10 d喷药1次，连

续防治2～3次。

②塑料棚或温室采用烟雾法或粉尘法：烟雾法，每667 m²用250 g剂量的45%百菌清烟剂，每隔9～11 d熏1次，连续或交替使用。粉尘法，可于傍晚喷6.5%甲霜灵超细粉剂，或45%百菌清粉尘剂，或8%炭疽粉尘剂，剂量为每667 m²用1 kg。

三、灰霉病

灰霉病是一种普遍发生的蔬菜病害，主要危害叶片、幼茎和幼果。病菌多从开败的花侵入，使花瓣和脐部呈水渍状腐烂，并生有灰霉；腐烂物溅到茎叶上，引起茎叶发病，严重时使下部茎节腐烂折断，植株枯死。

1. 症状

（1）瓜类灰霉病。主要危害幼瓜、叶、茎。病菌多从开败的雌花侵入，致花瓣腐烂，并长出淡灰褐色的霉层，进而向幼瓜扩展，致脐部呈水渍状，幼瓜迅速变软、萎缩、腐烂，表面密生霉层。叶片发病，形成直径为20～50 mm的大型病斑，近圆形或不规则形状，边缘明显，表面着生少量灰霉。能引起茎部的腐烂，严重时下部的节腐烂致蔓折断，植株枯死。

（2）茄科灰霉病。为温室中的主要病害之一，叶、茎、枝、花器均可染灰霉病，主要危害幼苗。发病初期子叶先端变黄，后扩展到子叶的幼茎。茎部产生褐色或暗褐色不规则病斑。幼苗常自病部折断而死亡。在潮湿环境条件下病部长出灰色的霉状物，即病菌分生孢子梗及分生孢子。

（3）十字花科灰霉病。大白菜和普通白菜主要以叶片及花序受害，病部变淡褐色，稍软化，逐渐腐烂，潮湿时病部长出灰色霉状物，不能食用。贮藏期主要侵害菜帮，病部由外向内扩展，初呈水渍状稍软化的椭圆形斑，后形成大块不整形斑，湿度大时病部长出灰霉，即病菌子实体。腐烂易与软腐病混淆，但本病不臭，有别于细菌引起的软腐病。

（4）葱灰霉病。主要危害叶片，发病初期叶片上出现椭圆形白斑，多从叶尖向下发展，病斑逐渐连片，叶尖卷曲枯死。湿度高时，在枯叶上产生黑灰色霉层。

2. 病原

灰霉病的无性态病原均属半知菌亚门丛梗孢类的葡萄孢属，主要是危害瓜、茄的灰葡萄孢（*Botrytis cinerea* Pers.）和葱葡萄孢（*Botrytis allii* Munn.）。灰葡萄孢的分生孢子梗细长，有分支，通常带灰色，顶端细胞膨大成球形，上面有许多小梗，小梗上着生分生孢子，分生孢子聚生成葡萄穗状；分生孢子卵圆形，单细胞，无色或灰色，大小为(5.5～16)μm×(5.0～9.25)μm，聚集成堆，呈灰色。往往可以形成菌核，黑色，形状不规则。有性态为子囊菌亚门盘菌类葡萄核盘菌属的富氏葡萄核盘菌。

3. 发生规律

病菌以菌核形式在土壤里，或以菌丝及分生孢子形式在病株残体内越冬，成为第二年的初侵染源。病株上产生的分生孢子借助气流、灌溉水或雨水传播，由寄主伤口和衰败的器官处侵入，进行再侵染。

低温高湿是发病的必要条件，其中湿度为发病的主导因素。病菌发育最适温度为

18℃～23℃，相对湿度持续90%以上，病害加重。植株过密、生长过旺、连日阴雨、温度较低以及保护地内湿度过高等因素均有利于发病。

4. 防治方法

（1）农业防治。

①控制温湿度：大棚或温室上午日出后，温度开始升高时及时通风，排出湿气，避免叶面长时间结露，通风后闭棚，直至中午再放风。下午适当延长放风时间，降低棚内湿度。有条件者，夜间特别是后半夜适当增温，避免植株叶面结露。还可用保持棚室内气温36℃～38℃闷棚2 h的方法抑制病情发生发展。

②减少侵染源：及时摘除病叶、病果和病枝，带出菜田，集中深埋，切不可乱丢乱放。

（2）物理防治。种植棚室发病初期提倡采用温室病害臭氧防治器（3BC-660型），具体方法参见霜霉病的防治。

（3）化学防治。

①定植前对幼苗喷洒50%多菌灵可湿性粉剂500倍液。花期蘸花作业（防落花落果）时，在配好的2,4-D溶液中按药液重量0.1%加入50%多菌灵或50%速克灵可湿性粉剂，可预防病菌从开败的花处感染果实，效果很好。

②发病初期可喷洒多氧清水剂600～900倍液，或0.5%OS-施特灵水剂300倍液，或40%灰菌核净悬浮剂1200倍液，或50%多菌灵可湿性粉剂500倍液，或75%百菌清可湿性粉剂600倍液，或50%灰霉宁500倍液，或50%异菌脲（扑海因）可湿性粉剂1000～1500倍液，或50%福美双600倍液等药剂，每隔7 d左右喷1次，连喷3～4次。

③保护地可用3%特克多烟雾剂熏烟，用量为每100 m^3用50 g；或用45%百菌清烟雾剂、10%速克灵烟雾剂，以每667 m^2 250 g熏烟。也可每667m^2用1 kg剂量的5%百菌清粉尘剂或10%速克灵粉尘剂喷粉。无论是熏烟还是喷粉，都要在傍晚施药后，密闭棚室一夜。各种药剂轮换使用。定植前每100 m^3空间用硫黄0.25 kg与锯末0.5 kg混合后分几堆点燃，熏蒸一夜。

四、疫病

主要危害葫芦科蔬菜和豆科蔬菜，其中黄瓜疫病和豇豆疫病发生较普遍，常造成作物的大面积死亡，危害严重，已成为棚室中多种瓜类、豆类蔬菜的重要病害。

1. 症状

（1）黄瓜疫病。苗期至成株期均可染病，保护地栽培主要危害茎基部、叶及果实。幼苗染病多始于嫩尖，初呈暗绿色水渍状萎蔫，逐渐干枯呈秃尖状，不倒伏。成株发病，主要在茎基部或嫩茎节部出现暗绿色水渍状斑，后变软，显著缢缩，病部以上叶片萎蔫或全株枯死；同株上往往有几处节部受害，维管束不变色。叶片染病产生圆形或不规则的水渍状大病斑，直径可达25 mm，边缘不明显，扩展迅速，干燥时呈青白色，易破裂，病斑扩展到叶柄时，叶片下垂。瓜条或其他任何部位染病，初为水渍状暗绿色，逐渐缢缩凹陷，潮湿时表面长出稀疏白霉，迅速腐烂，发出腥臭气味。

（2）豇豆疫病。主要危害茎蔓、叶片或豆荚。茎蔓染病，多发生在节部或节附近，尤以近地面处居多，初期病部呈水渍状不规则暗色斑，后绕茎蔓呈暗褐色缢缩，病部以上茎叶萎蔫枯死，湿度大时，皮层腐烂，表面产生白霉；叶片染病初生暗绿色水渍状斑，周缘不明显，扩大后现近圆形或不整形淡褐色斑，表面亦生稀疏白霉，即病菌的孢子囊梗和孢子囊；荚染病多腐烂。

（3）番茄晚疫病。可发生于叶、叶柄、茎和果实上。叶部病斑多从叶尖或叶缘开始发生，初为褪绿的水渍状小斑，逐渐扩大呈圆形或半圆形暗绿色或暗褐色大斑，边缘不明显；在空气湿度大时，病菌迅速扩大，可扩及叶的大半以至全叶，并可沿叶脉侵入叶柄及茎部，形成褐色条斑，使叶片萎蔫下垂，最后整个植株变为焦黑，呈湿腐状；在病斑边缘有一圈白霉，湿度大时，叶正面也能产生。茎部病斑为长短不一的褐色条斑，稍微下陷。果实有时有不规则的云纹，最初为暗绿色油渍状，后变为暗褐色至棕褐色，边缘明显，微凹陷；果实质地坚硬，不变软；在潮湿条件下，果面病部腐烂，着生霉层。

2. 病原

（1）黄瓜疫病。病原为鞭毛菌亚门疫霉属中的德氏疫霉和辣椒疫霉，德氏疫霉和辣椒疫霉还引起番茄及辣椒疫病。德氏疫霉菌丝无隔，易产生瘤状或节状突起，常很多集结成束状或葡萄状。病菌产生孢子囊梗和孢子囊。孢子囊梗细长，顶生孢子囊，孢子囊无色，卵圆形至长圆形，顶端无乳突或有较扁平的乳头突起，萌发时形成许多游动孢子，游动孢子无色，单胞，球形或卵形，具两根鞭毛，孢子囊亦能直接萌发长出芽管，雄器在藏卵器底部着生，受精后在藏卵器内形成卵孢子，卵孢子球形，淡黄色，表面平滑。

（2）豇豆疫病。病菌为豇豆疫霉。

（3）病原为鞭毛菌亚门疫霉属的致病疫霉。病菌的寄主范围比较窄，栽培植物中只能侵染马铃薯和番茄，马铃薯和番茄上的病原菌有交互侵染的能力。菌丝无隔，孢子囊梗单根或2～3根成丛从气孔长出，具3～4个分支，无限生长。孢子囊单胞，无色，卵圆形，顶端有乳状突起。孢子囊直接萌发或产生游动孢子，经一定时期游动后变为圆形休止孢子，再萌发侵入寄主。目前，国内有7个生理小种，以4号小种为常见。

3. 发生规律

病菌经菌丝体、卵孢子随病残组织遗留在土壤中越冬，第二年菌丝体接触到感病寄主或卵孢子通过雨水、灌溉水传播到寄主上，卵孢子萌发产生芽管，直接穿过表皮进入寄主体内，植株发病后，于潮湿的气候条件下在病斑上产生孢子囊，孢子囊或所萌发的游动孢子又借风、雨传播，进行重复侵染。种子也能带菌，播种带菌的种子亦可引起田间发病。病菌发育的温度范围为5℃～37℃，菌丝生长最适温度20℃～23℃，孢子囊形成的最适温度为18℃～22℃，最适相对湿度为95%以上。孢子囊产生游动孢子的适温为10℃～13℃，游动孢子最易在叶面有水膜时侵染。黄瓜疫病最适温度为28℃～30℃，豇豆疫病最适温度为25℃～28℃。因此，高湿低温，特别是温度波动较大，有利于病害流行。在适宜于发病的温度范围内，雨季的长短、降雨量的多少是病害流行的决定因素。田间排水好坏与疫病的发生有密切关系，沟浅和平畦或畦面高低不平、雨后易积水的田块疫病发生较严重；高畦深沟、排水良好的田块发病较轻。连年栽种瓜类作物的田块发病重，合理轮作则发病轻。黄瓜地用未经腐熟的垃圾作基肥，常引起疫病的严重发生；

而施用河泥作基肥则发病较轻。

4. 防治方法

（1）农业防治。

①高畦深沟，加强防涝。应选择地势高、排水良好的田块种植黄瓜。地要开深沟、筑高畦，以利于田间排水，平畦每次大雨后要通沟一次，做到明水能排、暗水能滤。进入雨季后要敞开畦口，使水随流随排，达到畦面不积水。

②合理轮作，增施有机肥。由于病菌在土壤里越冬，连年种植病害会逐年加重，因此，黄瓜应与非瓜类作物、豆类应与非豆类作物实行3年轮作制，以减轻发病。黄瓜地增施有机肥料，其肥效期长，且能改善土壤结构，有利于黄瓜根系生长发育，提高植株抗病力。

③选用抗病品种。种子应从无病的植株上选留。

（2）化学防治。

①喷药：及时喷药保护是控制疫病发生蔓延的有效措施，发病前喷药保护，雨季前先喷1次预防。雨后发现中心病株及时拔除后，立即喷或浇灌70%乙膦·锰锌可湿性粉剂700倍液，或72.2%普力克水剂600～700倍液，或75%百菌清可湿性粉剂600倍液，或50%瑞毒霉1000倍液，或72%杜邦克露（霜脲锰锌、霜霸）可湿性粉剂700倍液，或50%甲霜铜可湿性粉剂600倍液等，每隔7～10 d喷药1次，严重时可缩短至5 d，连喷3～4次，喷药除喷洒植株外，还要喷地面，以消灭土壤中的病菌。

②灌根：可用25%甲霜灵可湿性粉剂800倍液加40%福美双可湿性粉剂灌根，每隔7～10 d进行1次，连续防治3～4次。

③浸种：种子处理可用100倍甲醛溶液浸种30 min，或用25%瑞毒霉可湿性粉剂1000倍液浸种24 h，洗净晾干后播种。

五、白粉病

白粉病在我国发生普遍，浙江、江苏、上海、北京、山东、河南、湖北、湖南、四川、云南、贵州、福建、广东及台湾等地均有分布。白粉病危害桃的叶、果，特别是苗圃地发病重；危害紫薇使其叶片枯黄、脱落，影响树势和观赏。

1. 症状

（1）桃白粉病。多发生在嫩芽、嫩叶、枝条、嫩梢、花蕾、花芽及花柄等部位。发病初期受害部位出现褪绿斑点，以后逐渐变成白色粉斑，如覆盖着一层白色粉状霉层，即病菌无性态的分生孢子。后期白色粉状霉层变为浅灰色，受害病叶或枝条上有黑色小粒点产生，即病菌有性态的闭囊壳。被害植株矮小，不繁茂，叶子凸凹不平或卷曲，枝条发育畸形，不能开花或开畸形花。严重时，花少而小，叶片萎缩、干枯死，甚至整株枯死。

（2）紫薇白粉病。在植株的叶片、嫩梢和花朵均可发生，嫩叶比老叶易感病。发病初期，叶片上出现白色小粉斑，以后迅速扩展，病斑轮廓不整齐，大小不等，严重的连成一片，并在嫩梢和叶片上覆盖白色粉层，此即病原的分生孢子和分生孢子梗。嫩叶易发生扭曲皱缩，并枯黄早落。嫩梢、花蕾感病，则导致新梢畸形，花蕾不能开放，严重感病的花瓣呈萎蔫状，并早落。广东尚未发现病原菌的有性世代。

2. 病原

（1）桃白粉病。病原为桃叉丝单囊壳，属子囊菌亚门白粉菌类的叉丝单囊壳属真菌。闭囊壳直径为84～98 μm，附属丝顶生，2～5根，二叉分枝4～6次，内含1个子囊，子囊椭圆形，大小为（60～71）μm×（54～58）μm，子囊孢子椭圆至长椭圆形，单胞，无色，大小为（19～26）μm×（12～14）μm。

（2）紫薇白粉病。病原为南方小钩丝壳菌，属子囊菌亚门白粉菌类的小钩丝壳属，闭囊壳聚生或散生，暗褐色，球形至扁球形，直径为90～125 μm；附属丝有长、短两种，长附属丝直或弯曲，长度为闭囊壳的1～2倍，顶端钩状或卷曲1～2周；子囊3～5个，卵形、近球形，大小为（48.3～58.4）μm ×（30.5～40.6）μm，子囊孢子5～7个，卵形，大小为（17.8～22.9）μm ×（10.2～15.2）μm。

两菌的无性世代均为半知菌亚门丛梗孢类粉孢属的白粉菌（*Oidium* sp.）。病菌的分生孢子顶生，第一个孢子成熟后第二个孢子才开始发生。孢子长椭圆形，大小为（25.5～32.4）μm×（13.5～16.7）μm。

3. 发生规律

（1）桃白粉病。病菌以菌丝体或分生孢子在病残体及病芽上越冬。早春，分生孢子借助风、雨传播，侵染叶片和新梢。生长季节可发生多次重复侵染，以4～6月、9～10月发病较重。高温干燥、施氮肥偏多、过度密植、阳光不足或通风不良有利病害发生。品种间抗性有差异。

（2）紫薇白粉病。病菌以菌丝在植株的休眠芽和枝梢上越冬。次年3月下旬至4月上旬，随着休眠芽的萌动、展叶，芽鳞中的越冬菌丝也开始活动，在幼芽上出现白色菌丝层并产生分生孢子。分生孢子借风传播，反复进行多次侵染。病菌在5℃～30℃都能生长发育，但以19℃～25℃为最适。因此，5—6月为发病高峰期。7—9月天气炎热，病情趋缓或停止。秋末冬初病害又可再度出现，这时以下部新生的枝叶感病较重。有的地区秋季病菌在病部白粉层上产生黑色小点状的闭囊壳。病菌也可危害南紫薇，但大叶紫薇未见发病。该病在雨季或相对湿度较高的条件下发生严重。植株栽植过密、通风透光不良、场地湿冷、气候闷热的环境病害严重。

4. 防治方法

（1）农业防治。桃树早春精细修剪，剪除病枝、病叶，及时烧毁。增施磷钾肥，控制氮肥。紫薇植株栽植不宜过密，适当修剪，以利于通风透光。紫薇萌生力强，重病的成株可于冬季剪除所有当年生的枝条，清除病叶、病梢，以减少侵染源；病害轻的地区，秋季清除病枝、病落叶；生长期及时摘除病叶、病梢及病芽。家庭盆栽紫薇应及时摘除病梢、叶，并将盆花放置通风透光处，勤喷洒清水或洗刷叶表病原菌，可减轻病情。

（2）化学防治。发病初期可喷50%多菌灵可湿性粉剂800～1000倍液，或15%粉锈灵可湿性粉剂1000倍液，发芽前喷3～4波美度的石硫合剂，或波尔多液1∶2∶100～200，或40%多硫悬浮剂600倍液，每隔7～10 d喷1次。发病重的地区，冬季喷1～3波美度石硫合剂，消灭越冬菌源。

六、锈病

梨锈病又名赤星病，也叫梨桧锈病，在我国分布很广，从东北到西南各省均有发生，是梨树的重要病害之一。除主要危害梨树外，还危害木瓜、山楂、海棠和贴梗海棠等植物。

1. 症状

叶片受害，起初在叶正面发生橙黄色、有光泽的小斑点，后逐渐扩大为近圆形的病斑，病斑中部橙黄色，边缘淡黄色，最外面有一层黄绿色的晕，直径为4～5 mm，大的可达7～8 mm，表面密生橙黄色针头大的小粒点。天气潮湿时，其上溢出淡黄色黏液。黏液干燥后，小粒点变为黑色。病斑组织逐渐变肥厚，叶片正面微凹陷，背面隆起，在隆起部位长出灰黄色的多条毛状物，毛状物即病菌的锈孢子器。后来先端破裂，散出黄褐色粉末。病斑以后逐渐变黑，叶片往往早期脱落。

幼果受害，初期病斑大体与叶片上的相似。病部稍凹陷，病斑上密生初橙黄色后变黑色的小粒点。后期在同一病斑的表面产生灰黄色毛状物。病果生长停滞，往往畸形早落。新梢、果梗与叶柄被害，病部呈橙黄色并膨大呈纺锤形，初期病斑上密生初橙黄色后变黑色的小粒点，后期在同一病斑的表面产生灰黄色毛状物，最后病部变黑发生龟裂。叶柄、果梗受害引起落叶、落果。新梢被害后病部以上常枯死，并易在刮风时折断。

转主寄主桧柏染病，起初在针叶、叶腋或小枝上出现淡黄色斑点，后稍隆起。在被害后的翌年3月间，渐次突破表皮露出红褐色或咖啡色的圆锥形角状物，单生或数个聚生，此为病菌的冬孢子角，膨肿较显著，甚至在数年生的老枝上，有时也出现红褐色或咖啡色的圆锥形角状物，该部位膨肿更为显著。春雨后，病部吸水膨胀，成为橙黄色舌状胶质块，干燥时缩成表面有皱纹的污胶物。

2. 病原

该病病原为担子菌亚门锈菌类胶锈菌属的梨胶锈菌，该菌是转主寄生菌，需要在两种不同的寄主上完成其生活史。性孢子器和锈孢子器产生在梨树上，冬孢子和担孢子则产生在桧柏上。梨叶正面针头状的小黑点就是性孢子器。性孢子器扁球形，半埋在梨叶表皮下，孔口外露，大小为（120～170）μm×（90～120）μm，性孢子无色，纺锤形，大小为（8～12）μm×（3～3.5）μm，细长的受精丝由性孢子器内伸出。锈孢子器细圆筒形，长5～6 mm，直径为0.2～0.5 mm，锈孢子近球形，大小为（18～20）μm×（19～24）μm。冬孢子角咖啡色，圆锥形，直径为2～5 mm，冬孢子萌生时长出担子，担子4个细胞，外生4个卵形担孢子，大小为（10～15）μm×（8～9）μm。

3. 发生规律

病菌以多年生菌丝体在桧柏病部组织中越冬，春季形成冬孢子角，冬孢子在适温与潮湿条件下迅速萌发，冬孢子萌发的温度范围为5℃～30℃，最适温度为17℃～20℃，低于14℃或高于30℃均不能萌发。担孢子发芽的适宜温度为15℃～33℃，锈孢子萌发最适温度为27℃。所产生的担孢子，从梨树展叶期至幼果期，侵染梨树的嫩叶、新梢、幼果。6～10 d后在梨叶上产生病斑，生出性孢子器和混有黏液的性孢子，由昆虫传带至异性性孢子器的受精丝上，进行有性结合，生成双核菌丝体，再形成锈孢子腔和锈孢子。

由于缺夏孢子阶段，不发生重复侵染。一年中只有一个短期产生担孢子侵染梨树。

该病菌只有在既有梨又有桧柏的地方才能完成其生活史，才能造成病害。所以梨园周围有没有桧柏，就成为该病能否发生的决定条件。病菌的传播距离一般是2.5 km，最远也不超过5 km。所以桧柏距果园的远近也决定该病能否发生。

锈病流行与春季气候条件关系密切，春季多雨潮湿，尤其是梨树芽萌发后30~40 d内多雨潮湿，即3—4月降雨次数多、雨量大，相对湿度90%以上时，容易引起该病的流行，最适温度为17℃~20℃。一般在梨树萌芽、梨叶初展开时开始侵染发病，4月上中旬就表现出"羊胡子"状。温度低于5℃或高于30℃的温度条件下，该病不易发生。

4. 防治方法

（1）农业防治。消灭病菌的侵染来源，在不必要栽培桧柏的地方，彻底砍掉果园四周5 km以内的桧柏，该病就不会发生。同时，在梨的重点产区进行绿化时，不要使用桧柏，在已有桧柏而又不能砍除的风景区或城市绿化区，在春雨前彻底剪除桧柏上的带菌枝条。

（2）化学防治。在春雨前喷1~2波美度石硫合剂，或五氯酚钠350倍液加1波美度石硫合剂，或1:（1~2）:（100~160）的波尔多液。一般年份可在梨树发芽期喷第一次药，隔10~15 d再喷一次即可。春季多雨的年份，应在花前喷一次，花后喷1~2次，每次间隔10~15 d；一般在4月中下旬喷15%粉锈宁乳油1000~1500倍液即可控制危害。

七、菌核病

1. 症状

蔬菜菌核病，亦称菌核性软腐病，是十字花科蔬菜上的重要病害之一，能侵染31个科71种植物。该病分布广，在长江流域和南方沿海各省发生普遍，危害严重。主要发生在甘蓝生长中后期、白菜贮藏期和其他十字花科蔬菜的采种株上。

采种株多在终花期发生，以茎部受害最重。一般先从植株近地面的衰老叶片边缘或叶柄开始，初呈水渍状浅褐色病斑，在多雨、高湿条件下病斑上可以长出白色棉毛状的菌丝，并从叶柄向茎部蔓延，引起茎部发病。茎部病斑亦呈水渍状，后稍凹陷，由浅褐色变为白色，高湿条件下长出白色棉毛状的菌丝，最后茎秆组织腐朽呈纤维状，茎内中空，生有黑色鼠粪状的菌核。种荚受害，病斑也呈白色，荚内有黑色小粒状菌核，结实不良或不能结实。

甘蓝、白菜成株受害，多在近地表的茎、叶柄或叶片上出现水渍状淡褐色的病斑，导致叶球或茎基部软腐，但无臭味，病部也可长出白色棉毛状菌丝和黑色鼠粪状的菌核。

幼苗受害，会在近地面的茎基部出现水渍状病斑，很快腐烂或猝倒。

2. 病原

病原为子囊菌亚门核盘属的核盘菌。菌核表面黑色，内部白色，鼠粪状。种荚内的菌核都较小。菌核萌发产生子囊盘，子囊盘直径为2~18 mm，柄的长短因菌核离土面的距离而有差异。每菌核上可萌发产生1至数个子囊盘，多的可达18个左右，子囊盘由淡褐色变为暗褐色。子囊盘表面为子实层，由无数子囊和侧丝所组成。子囊棍棒状，无色，内有8个子囊孢子。子囊孢子单胞，无色，椭圆形，大小为（9~14）μm×（3~6）μm，在子囊内排成一列。

3. 发生规律

病菌主要以菌核遗留在土壤或混杂在种子中越冬或越夏。菌丝生长发育和菌核形成的温度为10℃～35℃，最适温度20℃，相对湿度85%以上，菌核要在5℃～15℃及较高的土壤湿度条件下才萌发。菌核随种子带入田间，萌发产生子囊盘和子囊孢子，长江流域菌核萌发有两个时期，第一次在2—4月，第二次在11—12月。子囊盘开放后子囊孢子成熟，稍受振动，肉眼可见有如烟雾喷出，进行初侵染。子囊孢子易侵染衰老的叶部和已落或未落的花瓣。在侵染这些组织后，病菌才能侵染更为健壮的叶和茎，田间的再侵染主要是通过植株的病健部接触，由菌丝体传染。发病后期在病部形成菌核越冬。

多雨的早春和晚秋常引起菌核病流行。此外，大风有利于子囊孢子的散布和传染，也有利于田间病健植株的接触传染，加快病害的蔓延。连作蔬菜地容易加重发病。排水不良、偏施氮肥、植株枝叶徒长、田间通风不良等条件，往往也会发病严重。

4. 防治方法

（1）农业防治。

①采种选种：从无病株上采种，或在播种前用10%的盐水选种，汰除上浮的菌核和杂质，选得的种子必须经清水洗几次后才能播撒，以免影响发芽。

②轮作耕作：与水稻或禾本科作物实行隔年轮作。在前作收获后进行一次深耕，将菌核埋入土下，使其不能抽生子囊盘，已抽生的子囊盘不能出土。在菌核抽生子囊盘的盛期进行中耕，以破坏子囊盘的产生或埋入土中以减少子囊孢子的传播。

③摘除黄叶：彻底清除植株下部的黄叶，不仅能防止病菌以衰退黄叶为桥梁传染健部，并且能改善田间通风透光、降低湿度，对病害发生有一定的抑制作用。可在初花期和终花期摘除一次，摘除的黄叶应深埋做堆肥。

④合理施肥：避免偏施氮肥，增施磷钾肥，可以提高植株抗病力。在留种菜地上浇施河泥作肥料，使其遍布畦面，这样能抑制菌核产生子囊盘，并阻隔田间菌丝体接触植株茎基及黄叶。

（2）化学防治。发病初期立即喷药，药剂有25%咪鲜胺乳油1000倍液，或70%甲基托布津可湿性粉剂1000～1500倍液，或50%速克灵可湿性粉剂2000倍液，或50%扑海因可湿性粉剂1500倍液，或50%氯硝胺可湿性粉剂1000倍液，或25%多菌灵可湿性粉剂250倍液，以及40%菌核净可湿性粉剂1000～1500倍液等。药液应重点洒在植株茎基部、老叶和地面上。此外，司用菜丰宁100 g对水15～20 L，把白菜类根在药水中浸蘸一下后定植。

八、其他菌物病害

（一）叶部病害

1. 白菜黑斑病

（1）症状。本病发生在叶片、叶柄、茎、花梗和果实等部位，对于十字花科蔬菜，叶片是主要的发病部位，多从外叶开始，病斑圆形，直径2～6 mm，初为灰褐色或灰白色，有同心轮纹，以后病斑上产生黑色霉状物，在潮湿的环境下黑霉明显。病斑以在近叶缘处为多，叶上病斑发生很多时，则容易变黄干枯。甘蓝和花椰菜上的病斑较大并很少有环纹。叶柄和茎上的病斑为长条形，其上也生有黑色霉状物。荚上病斑近圆形，有或无轮纹，种荚瘦小，籽粒不饱满。

（2）病原。为半知菌亚门链格孢属的芸薹链格孢和甘蓝链格孢。两种链格孢菌的分生孢子梗褐色，直立，丛生，短或长，一般不分支，上面单生或串生分生孢子；分生孢子淡褐色或深褐色，形状不一，分生孢子形态倒棍棒形或纺锤形，棕褐色，有纵横分隔；顶端有一喙状细胞，大小为（16 ~ 28）μm×（125 ~ 225）μm。

（3）发生规律。病菌以菌丝体及分生孢子在病残体及采种株上和以分生孢子黏附在种子表面越冬，成为发病的初侵染源。分生孢子借风雨传播，萌发后从寄主的气孔或表皮直接侵入，条件合适时，病斑上能产生大量分生孢子，进行重复侵染，使病害扩大蔓延。

在高湿条件下黑斑病发生较重。白菜黑斑病菌要求较低的温度，发病适温为17℃ ~ 20℃；而甘蓝黑斑病要求较高的温度，发病适温为25℃ ~ 31℃。

（4）防治方法。

①农业防治。

种子消毒：温汤浸种，在50℃温水中浸种20min，立即移入冷水中冷却，晾干后播种；也可用0.4%的福美双拌种。

加强栽培管理：隔年与非十字花科蔬菜轮作，深耕，清洁田园，施足有机肥或有机活性肥，增施磷钾肥，有条件的可采用配方施肥，提高菜株抗病力。

②化学防治。发病初期开始喷药，可喷3%多氧清水剂700 ~ 800倍液，或50%福异菌（灭霉灵）可湿性粉剂700倍液，或10%苯醚甲环唑（世高）水分散粒剂1000倍液，或65%代森锌可湿性粉剂600倍液，或20%代森锰锌粉剂200倍液，或用速克灵等防治，每10 d左右喷1次，共2 ~ 3次。在黑斑病与霜霉病混发时，可选用70%锰锌·乙铝可湿性粉剂500倍液，或58%甲霜灵·锰锌可湿性粉剂500倍液，用液量每667 m^2 用60 ~ 70 L，每隔7 d左右喷药1次，连续防治3 ~ 4次。

2. 番茄早疫病、叶霉病

（1）症状。

①早疫病：病菌侵害叶、茎和果实。叶片被害，初呈深褐色或黑色圆形至椭圆形的小斑点，逐渐扩大达1 ~ 2 cm，边缘有黄色晕环。天气潮湿时病斑上长有黑色霉。病害常从植株下部叶片开始，渐次向上蔓延。发病严重时植株下部叶片完全枯死。茎部病斑多数在分枝处发生，灰褐色，椭圆形，稍凹陷，有同心轮纹。果实上病斑多发生在蒂部附近和有裂缝的地方，圆形或近圆形，褐色或黑褐色，稍凹陷，也有同心轮纹，其上生有黑色霉，病果常提早脱落。

②叶霉病：叶、茎、花和果实均受害，叶为主，初在叶背为褪绿斑，后长黑褐色霉层，叶面淡黄色。

（2）病原。

①早疫病：病原为半知菌亚门链格孢属的茄链格孢。分生孢子梗单生或簇生，圆筒

形，有1～7个隔膜，暗褐色；分生孢子长棍棒状，顶端有细长的嘴胞，黄褐色，具纵横隔膜，大小为（120～296）μm×（12～20）μm。

②叶霉病：病原为半知菌亚门褐孢霉属的褐孢霉，异名黄枝孢菌。分生孢子梗束生，褐色，稍有分支，有1～10个分隔；分生孢子长椭圆形，褐色，初为单胞，后为双胞，大小为（14～38）μm×（5～9）μm。

（3）发生规律。早疫病菌主要以菌丝体及分生孢子随病残组织遗留在田间越冬，种子外附带的分生孢子也可以越冬。第二年残体上产生新的分生孢子，通过气流和雨水传播。分生孢子在室温下可存活17个月，病菌一般从气孔或伤口侵入，也能从表皮直接侵入。在适宜的环境条件下，病菌侵入寄主组织后只需2～3 d就可以形成病斑，再经过3～4 d在病部就产生分生孢子，进行多次再侵染。

温度高、湿度大有利于发病。分生孢子在16℃～34℃下的水滴中经过1～2 h即萌发，而在适温28℃～30℃下只需35～45 min就可萌发。天气多雨雾时，分生孢子可以大量形成迅速萌发，常引起病害流行。此病多发生在结果初期或块茎膨大期，结果盛期发病较重；老叶一般先发病，幼嫩叶片衰老后才发病。植物生长衰弱，田间排水不畅，则发病重。

叶霉菌以菌丝或菌丝块在病残体内越冬，或以分生孢子在种子表面及以菌丝潜伏种皮越冬，第二年产生分生孢子，通过气流传播，引起初侵染。菌丝发育适温为20℃～25℃，高温高湿（相对湿度95%以上）产生大量分生孢子，造成再侵染，病害的流行仅需半个月。

（4）防治方法。

①农业防治。

选择抗病品种：可以选栽小鸡心、荷兰5号等抗早疫病品种。也可利用杂交一代种，如苏抗4号、苏抗5号、浙杂5号等。

轮作：要选择连续两年没有种过茄科作物的土地作苗床，如苗床沿用旧址，则床土要换用无病土。避免与其他茄科作物连作，应实行番茄与非茄科作物3年轮作制。

种子处理：从无病植株上采收种子，如种子带菌，可用52℃温汤浸种30 min或55℃～60℃温水浸10 min，取出后摊开冷却，然后催芽播种。

加强管理：苗床要注意通风，每次洒水后一定要通风，叶面干后关窗。降低床内空气湿度，控制病害的发展。高畦种植，做好开沟排水工作，以降低田间湿度。早期发现病叶或病株应及时摘除，加以深埋。番茄生长期间应增施磷钾肥，钾肥可促使植株生长健壮，提高对病菌的抗性。

②化学防治。在发病初期可喷洒1∶1∶200的波尔多液，或50%速克灵可湿性粉剂700倍液，或3%多氧清水剂600～900倍液，或86.2%氧化亚铜（铜大师）可湿性粉剂1000倍液，以及70%丙森锌（安泰生）可湿性粉剂600倍液等。苗期波尔多液浓度一般以1∶1∶500为宜，一次喷药后，每隔7～10 d喷一次，连续喷3～5次。上述药剂对早疫病的防治效果关键在于用药的迟早，凡掌握在发病前未见病斑即开始喷药的，防效达70%以上。因此，强调在发病前开始防治，压低前期菌源，控制病情。

番茄茎部发病还可用50%扑海因可湿性粉剂配成180～200倍液，涂抹病部。采用粉尘法于发病初喷5%百菌清粉尘剂，每667m^{2}用药剂量为1 kg/次，每隔9d喷1次，连续防治3～4次。施用45%百菌清烟剂或10%腐霉利烟剂，每667 m^{2}用药剂量为200～250 g/次。

3. 豇豆煤霉病

（1）症状。主要危害叶片。发病初期仅叶两面生赤色或紫褐色小点，扩大后呈近圆形淡褐色或褐色病斑，直径为0.5～2 cm，且病健界限不明显，潮湿时病斑背面生出灰黑色霉菌，即病菌的分生孢子梗和分生孢子；严重时致早期落叶或蔓上残留数片嫩叶，病叶变小，病株结荚大减。

（2）病原。病原是半知菌亚门假尾孢属的菜豆假尾孢，异名豆类煤污尾孢。分生孢子梗从气孔伸出，丛生；分生孢子鞭状，下部稍粗大，上部尖小，淡青褐色，有3～17个分隔，大小为（27～127)μm ×(2.5～6.2)μm。

（3）发生规律。病菌以菌丝块在地表的病叶上越冬，第二年环境条件适宜时，在菌丝块上产生分生孢子，借风雨传播侵染，引起发病，又产生分生孢子，通过风雨传播进行再侵染。南部温暖地区，周年都种豇豆，无明显越冬现象，温度25℃～30℃、相对湿度85%以上的高温高湿天气有利于发病，连作地病重，春播豇豆比夏播的病重，其中尤以春播较晚的豇豆发病更重。

（4）防治方法。

①农业防治：选用抗病品种，如湘豇1号、湘豇2号。加强田间管理，适当密植，使田间通风透光，防止湿度过大。增施磷钾肥，提高植株抗病力。注重清洁田园，收获后及时清除病残体，集中烧毁或深埋，发病初期及时摘除病叶，可减轻病害蔓延。

②化学防治：发病初期及时喷药，常用药剂有1：1：200波尔多液，或50%多菌灵可湿性粉剂1000倍液，或65%代森锌可湿性粉剂500倍液，或70%甲基硫菌灵800倍液，或50%速可灵800倍液，或65%甲霉灵（万霉灵1号），或50%多霉灵（万霉灵2号）1000倍液，或50%腐霉利可湿性粉剂1500倍液以及77%可杀得500倍液等，剂量为每667 m^{2}用50～60 L药液，每隔10 d左右喷1次，连喷2～3次。

4. 枯萎病

枯萎病是引起萎蔫病害的一种，包括危害番茄的番茄枯萎病，危害辣椒的辣椒枯萎病，危害黄瓜、冬瓜等的瓜类枯萎病，以及危害蚕豆、豇豆的豆科枯萎病。该类病害一般发生比较普遍，往往由于引起维管束坏死而造成整株死亡，是影响蔬菜生产的重要病害。

（1）症状。

番茄枯萎病。发病初期，植株中、下部叶片在中午前后萎蔫，早、晚尚可恢复，以后萎蔫症状逐渐加重，叶片自下而上逐渐变黄，最后枯死，一般不脱落。发病重者全株枯死，有时仅在植株一侧发病，另一侧的茎叶生长正常。茎基部接近地面处呈水渍状，高湿时产生粉红色、白色或蓝绿色霉状物。拔出病株，切开病茎基部，可见维管束变褐色。该病的病程进展较慢，一般15～30 d才枯萎死亡，无乳白色黏液流出，有别于青枯病。

黄瓜枯萎病。典型症状是萎蔫，一般在植株开花结瓜前后即在田间陆续出现。发病初期病株表现为叶片枯萎下垂，不再恢复常态。病茎基部软化缢缩，早晚尚能恢复，数日逐渐干枯，有的病株被害部溢出琥珀色胶粒。如将病茎纵切，其维管束呈褐色，主蔓基部纵裂。在潮湿环境下，病部表面常产生白色或粉红色的霉层。病株根部褐色腐烂，易拔起。幼苗发病，子叶萎蔫或全株枯萎，茎基部变褐缢缩，多呈猝倒状。

（2）病原。

病原为半知菌亚门镰孢属的尖镰孢菌，引起多种瓜、豆类及番茄枯萎病。其中，瓜类作物上有8个专化型，如黄瓜专化型；在豆科作物上有4个专化型，如豇豆专化型，而番茄上为番茄专化型。尖镰孢菌的特点是：分生孢子梗聚集成垫状的分生孢子座。黄瓜专化型分生孢子有两种：大型分生孢子镰刀形，两端稍尖，略弯曲，无色，多细胞，1～5个分隔，大小（15.0～47.5）μm×（3.5～4.0）μm；小型分生孢子单细胞，卵圆形或椭圆形，大小（5.0～12.5）μm×（2.5～4.0）μm。菌丝中间或顶端可形成厚垣孢子，厚垣孢子圆形或卵圆形，直径5～13 μm，表面光滑或有齿状突起，大多黄色，单生或串生，抗病力强，能抵抗不良环境条件。

（3）发生规律。

病菌的菌丝体和分生孢子在病株残体中营腐生生活，厚垣孢子可以在土壤中长期存活5～6年。在田间随灌溉水、雨水及昆虫活动等传播蔓延，种子也能带菌。病菌可从根毛和幼根及伤口侵入。病菌侵入后，先在寄主表皮及皮下组织内扩展，然后进入维管束，在维管束内发育，阻塞导管，分泌毒素，随输导组织在体内扩散，干扰植株的代谢活动，引起叶片变黄和植株萎蔫。

土温为28℃时最适于本病的发生，在33℃以上或21℃以下时则不利于病害的发生。土壤含水量过大或过小，均不适于植株的生长，而有利于病害的发生。

春番茄播种早的发病轻，播种晚的发病重。显然，播种期不同所引起的发病轻重差异是受温度影响所致，因为病菌发育最适温度为27℃～28℃，早播的番茄植株多在生长中后期才感病，故受害程度较轻，而晚播的番茄多在幼苗期即被感染，对植株的生长发育影响很大，造成严重减产或整株枯死。

表土层厚、土壤疏松、透水性强的田块，有利于作物根系的发育，植株生长健壮，抗病力强，故发病轻。而表土层浅、底土层板结、透水性差的田块，番茄根系不能深入土中，根系发育差，抗病力弱，故发病重。

由于枯萎病菌是一种土壤习居菌，土壤中的线虫危害番茄根部所造成的伤口，有利于枯萎病菌的侵入，所以，有根部线虫危害的田块，枯萎病发生加重。

（4）防治方法。

①农业防治。品种间抗病性有明显的差异，可选栽较抗病的品种。番茄与其他蔬菜进行3～4年的轮作，最好与葱蒜类蔬菜轮作，选择3年以上没有种植过番茄的田块作苗床。豆科与禾本科作物3年以上轮作。黄瓜可用云南黑籽南瓜或南砧2号为砧木、西瓜用葫芦为砧木进行嫁接，防病效果较好。瓜基肥要施用充分腐熟的有机肥料，撒施均匀，以免烧根造成伤口。要从无病植株上选留种子。

②化学防治。

种子消毒：一般可用55℃温水浸种15 min，也可用种子量0.3%～0.5%的50%克菌丹可湿性粉剂拌种或0.1%硫酸铜溶液浸种5 min，洗净后催芽，播种。

苗床土壤消毒：每平方米床面用50%多菌灵可湿性粉剂8～10 g，加堰土4～5 kg，先将1/3药土撒在畦面上，然后播种，再把其余药土覆在种子上。

药液灌根：在田间初见病株时，用50%多菌灵磺酸盐（溶菌灵）可湿性粉剂800倍液，或3%恶霉·甲霜（广枯灵）水剂800倍液，或50%甲基硫菌灵可湿性粉剂200倍液，或10%双效灵水剂200倍液，或12.5%增效多菌灵可溶剂200倍液灌根，每株灌药液100 mL，每隔10 d左右灌1次，连续灌3～4次。

5. 葡萄褐斑病

葡萄褐斑病又名斑点病、褐点病、叶斑病和角斑病。分布普遍，庭院葡萄发病重。主要有大、小褐斑病两种。

（1）症状。

①大褐斑病。病斑直径为3～10 mm，叶片受害出现不规则或角状斑点，初期暗褐色，后变赤褐色。病重时许多病斑融合在一起，叶正面的病斑周缘清楚，反面的病斑模糊。病叶最初在植株下部荫蔽处出现，随后病组织变黑而脆，叶背出现深褐色霉层。

②小褐斑病。叶表面产生黄绿色小斑点，逐渐扩大呈圆形，直径为2～3 mm。斑点边缘色泽较深，暗褐色，中央部位则为茶褐色至灰褐色，病斑部位叶背出现灰褐色霉层，有明显的粉状物。

（2）病原。

①大褐斑病。病原是半知菌亚门丛梗孢菌类假尾孢属的葡萄假尾孢菌，病斑上的霉状物为病菌的孢子梗束和分生孢子。分生孢子梗细长，常在叶背出现灰黑色霉层，30根集结成束，梗大小为（92～225)μm×(2.8～4.0)μm，有隔膜1～5个，暗褐色，顶端有着生孢子的疤痕1～2个。分生孢子棍棒状，暗褐色，稍弯曲，基部膨大，上部渐狭小，有隔膜7～11个，大小为（23～84)/μm×(7～10)μm。

②小褐斑病。病菌是半知菌亚门丛梗孢菌类尾孢属的座束梗尾孢，分生孢子梗淡褐色，较短，每丛仅数根，不集成束状，大小为（158～221）μm×4.0μm。分生孢子棕褐色，长柱形，直或稍弯曲，有隔膜3～5个，大小为（26～78)μm×(6～9)μm。

（3）发生规律。

病菌以菌丝体或分生孢子在落叶上越冬，翌年晚春初夏产生新的分生孢子梗与分生孢子，然后新旧分生孢子经风雨传播，并多由叶背气孔侵入，此时病害潜育期为20 d左右，通常是接近地面的下部叶片首先发病，然后经过多次再侵染，逐渐向上蔓延危害。高温高湿的气候条件，果园管理粗放，不注意清园易发病；树势衰弱易发病；果园地势低洼、潮湿、通风不良易发病；挂果负荷过大发病重。

（4）防治方法。

①农业防治。适当施基肥，使树势生长健壮，提高植株抗性，既可减轻病害的发生，又可提高葡萄的产量与质量。冬季结合清园，清除病枝残体，集中烧毁。

②化学防治。由于病菌从叶背气孔侵入，故喷药时要重点喷到叶背面。春季萌芽后可用53.8%可杀得2000型悬浮剂1000～1200倍液。

6. 桃缩叶病

（1）症状。叶面凹凸不平，受侵染部位的叶肉增厚变脆，呈红褐色。春末夏初在病部表面长出一层银灰色粉末状物，为病原菌的子囊层。最后病叶变褐，枯焦脱落。病叶脱落后，腋芽再抽出的新叶不再受害。新梢受害呈灰绿色，节间缩短，略肿，叶片丛生，严重的使新梢枯死。花瓣受害肥大变长，果实变畸形，果面龟裂，早落。

（2）病原。

桃缩叶病病原为畸形外囊菌，属子囊菌亚门外囊菌类的外囊菌属。病叶表面的银灰色粉状物为它的子囊层，子囊裸露排列成层，圆筒形，内有4～8个子囊孢子，子囊基部有无色圆筒形的脚细胞，子囊孢子椭圆形，单胞无色，子囊孢子可以芽殖产生许多芽孢，因此，在一个子囊内往往可见10多个孢子。芽孢子卵圆形，可分厚壁和薄壁两种，前者能抵抗干燥及严寒等不良环境，用以休眠；后者能直接芽殖，相当于分生孢子。

（3）发生规律。

桃缩叶病菌以子囊孢子或芽孢子在桃芽鳞片上或潜入鳞片缝内越冬。次年春季桃树萌芽时，越冬孢子也萌发长出芽管侵染嫩芽幼叶，引起发病。初侵染发病后产生新的子囊孢子和芽孢子，通过风雨传播到桃芽鳞片上并潜伏在内进行越冬，当年一般不发生再侵染。桃缩叶病的发生与春季桃树萌芽展叶期的天气有密切关系，低温、多雨和潮湿的天气延续时间长，不但有利于越冬孢子的萌发，而且还延长了桃树萌芽展叶的时间，即延长了侵染时期，因而发病就重，若早春温暖、干旱，发病就轻。一般早熟品种较中、迟熟品种发病重。

（4）防治方法。

①农业防治。摘除病梢，加强管理。当初见病叶而尚未出现银灰色粉状物前摘除销毁，可减少来年的越冬菌量。对发病树应加强管理，追施肥料，使树势得到恢复，增强抗性。

②化学防治。因桃缩叶病只在早春侵染一次而没有再侵染，所以，在关键时机喷一次药便可收到很好的防治效果。喷药时间应掌握在桃树花芽露红而未展开前，喷1次1～1.5波美度石硫合剂，或50%退菌特可湿性粉剂600倍液，或5万单位井冈霉素500倍液以及1%波尔多液等。

（二）果实病害

1. 葡萄黑痘病

葡萄黑痘病是我国南方种植葡萄发生最普遍、危害最严重的病害之一，葡萄生长全过程都有发生。

（1）症状。

叶片、嫩梢、果实、卷须均可受害。新抽的幼叶最感病，开始出现红褐色小斑点，周围有一褪绿晕圈，后逐渐扩大成近圆形或不规则形病斑，中间部位稍凹陷，灰白色，边缘暗紫色。后期常自病斑中间呈星状开裂穿孔。病斑多发生在叶脉或近叶脉处，严重时常引致叶片扭曲畸形，甚至叶片尚未展开便皱缩枯干。嫩梢受侵染后不久，便出现椭圆形或不规则形的黑褐色短条斑，边缘为紫褐色，中间凹陷并开裂。严重时，新梢满布密密麻麻斑点，嫩梢停止生长，卷曲，萎缩甚至枯死。果实以幼果期最感病，受侵染后果面先出现圆形、深褐色小斑点，扩大后病斑圆形中间略凹陷，灰白色，外有紫褐色晕圈，病斑不向果肉层发展，后期表皮木栓化龟裂，果实不能正常长大，品质变劣，无任何商品价值。卷须亦是易受黑痘病菌侵染，症状与嫩梢受害状相似。受侵染病部，在潮湿情况下，其表面长出灰白色至乳白色的黏稠状物，这是病菌的分生孢子团。

（2）病原。

葡萄黑痘病病原的无性世代为葡萄痂圆孢，属半知菌亚门球壳孢菌类的痂圆孢属。其分生孢子梗短细，无色，单胞，大小为（6.6～13.2）μm×（1.3～2.0）μm。分生孢子小，椭圆形或卵形，稍弯曲，单胞，无色，大小为（4.8～11.6）μm×（2.3～3.7）μm。有性态为子囊菌亚门痂囊腔菌属的葡萄痂囊腔菌，但极少见。

（3）发生规律。

在南方，黑痘病菌主要以菌丝体或分生孢子盘在病枝梢、病叶及病果上越冬，在寄主组织中可存活3～5年。翌年春季葡萄开始萌芽展叶时，遇雨水，越冬病菌就可以产生分生孢子，随风雨传播。菌丝最适生长温度为30℃，分生孢子的形成适温为25℃。一个生长季节，特别是在幼嫩组织、器官的形成期，病菌的分生孢子在湿度大时不断产生，可以发生多次再侵染，引致病害流行。江苏、浙江在6月上中旬的梅雨季节为发病盛期。葡萄黑痘病菌寄主较少，病害的远距离传播主要通过带菌苗木的调运。

果园地势低洼、排水不良、偏施氮肥、营养生长过旺，发病都较重。葡萄不同品种对黑痘病的抗性有明显差异。在广东引进的品种中，抗性最强的有康拜尔、玫瑰露等；中等抗病品种有巨峰、吉丰14号、白香蕉等；感病品种有金玫瑰、爱迪、吉香等。

（4）防治方法。

①农业防治。

苗木检疫消毒：新建果园，必须从无病果园中买苗木、选插条，杜绝苗木带菌传染；对苗木、插条进行消毒，以减少田间菌源，可选用35%硫酸铜液，或10%～15%硫酸铵溶液，或硫酸亚铁硫酸液（10%硫酸亚铁加1%粗硫酸）等。

园艺管理措施：搞好冬季清园是防治黑痘病的一项关键性措施。冬季应彻底剪除病枝，清扫园内病叶、病果集中烧毁，以清除越冬菌源；选用抗病品种并加强管理，以保持品种的抗性，应特别加强肥水管理，使树势常年保持壮旺，定植前和采果后施足有机肥；搞好雨后排水，防止果园积水；及时锄草、摘梢、绑蔓，使其通风透光，降低田间湿度。

②化学防治。春季幼嫩组织生长期即应开始喷药保护，初期可喷1：0.7：250～300的波尔多液，或53.8%可杀得2000型悬浮剂1000～1200倍液；花前花后可用10%世高水分散粒剂3000～5000倍液，或75%达科宁粉剂500～800倍液，或50%多菌灵可湿性粉剂600倍液以及75%百菌清可湿性粉剂500～600倍液等，隔10～20 d喷1次。果实采收前15～20 d应停止喷药。

2. 葡萄白腐病

葡萄白腐病又名腐烂病、水烂病、穗烂病。全国葡萄产区均有分布，北方产区发生重，流行年份损失率可达60%以上。

（1）症状。

一般是接近地面的果穗尖端先发病。首先在小果梗或穗轴上发生浅褐色、水渍状、不规则病斑，逐渐蔓延至整个果粒。果粒发病，先在基部变淡褐色软腐，迅速使果变褐、腐烂，果面密布灰白色小粒点（即病菌的分生孢子器）。严重发病时常全穗腐烂，果梗及轴干枯缢缩，受震动时，病果甚至病穗极易脱落。有时病果常失水干缩或成棱角的僵果，悬挂树上，长久不落。新梢往往出现在受损伤部位。病斑初呈水渍状，淡褐色不规则，并具有深褐色边缘的腐烂斑。病斑纵横扩展，以纵向扩展较快，逐渐发展成暗褐色凹陷的不规则形大斑，表面密生灰白色小粒点。病斑环绕枝蔓一周时，其上部枝、叶由黄变褐，逐渐枯死。病斑发展后期，病枝皮呈丝状纵裂与木质部分离，如乱麻状。

叶片多从叶尖、叶缘开始，初呈水渍状，褐色近圆形或不规则斑点，逐渐扩大成具有环纹的大斑，上面也着生灰白色小粒点，但以叶背、叶脉两边为多。病斑发展末期常常干枯破裂。

（2）病原。

病原为白腐盾壳霉，属半知菌亚门球壳孢菌类的盾壳霉属。分生孢子器散生于寄主表皮组织下，呈灰白色或灰褐色，球形或扁球形，直径100～150 μm。孢子梗发生于孢子器的底部，单胞、不分支，淡褐色，长12～22 μm。分生孢子单胞，褐色至暗褐色，椭圆形至卵形，内含1～2个油球，大小为（6～16）μm×（5～7）μm。

（3）发生规律。

白腐病是一种兼性寄生菌，主要以孢子器和孢子在病果和病枝梢上越冬。病菌在土壤中越冬时，一般以地面或表土20 cm以内为多。病果落地后不易腐烂，附于其上的病菌，有的可存活4～5年之久。翌年初夏，天气暖和的雨天之后，以孢子对近地面的果穗及其他部位侵染果实，还可以从蜜腺入侵。病菌发病的最适温度为28℃～30℃。在正常条件下，病害的潜伏期只有3～4 d。

高温、高湿条件，温度26℃～30℃，相对湿度95%以上，最适宜其发生发展。肥水供应不足，管理粗放，病虫及机械损伤多的果园病重；地势低洼，土质黏重，排水不良，通风透光性能差的果园易发病；离地面近的果穗易发病。

（4）防治方法。

①农业防治。冬季结合修剪，清除园中枯枝、落叶、病果、病枝及病老树皮，集中烧毁；加强栽培管理，合理施肥及精细管理；套袋保护，果实膨大后至转色之前喷药套袋，以防分生孢子传染。

②化学防治。由于此病主要危害果穗，因而有果穗后即行施药，以预防为主，几种药剂交替使用，间隔5～7 d施1次药。可选用25%敌力脱乳油3000～5000倍液，或40%达科宁悬浮剂800～1000倍液，或25%使百克乳油800～1000倍液等。

3. 桃褐腐病

桃褐腐病在我国南北桃区均有发生，以长江流域和浙江、山东沿海地区发病最重。除桃外，尚侵害李、杏、樱桃等，造成落果、烂果，损失很大。

（1）症状。

初期果面产生褐色圆形病斑，病部果肉腐烂，继而在病斑上出现质地紧密而隆起的黄白色或灰色球状物，形成同心轮纹状，很快布满全果，腐烂后的果实因失水干缩而成褐色，挂在树上经久不落而成僵果。花瓣和柱头受害，发生褐色斑点，逐渐蔓延至花萼及花柄，天气潮湿时呈软腐状，表面丛生灰色霉状物。枝条受害，形成长圆形、灰褐色、边缘为紫褐色的溃疡斑，中间稍凹陷，当病斑环绕枝条1周时，枝条即枯死。

（2）病原。

病原无性态为仁果丛梗孢，属半知菌亚门丛梗孢类的丛梗孢属。有性态为子囊菌亚门盘菌类链核盘菌属的果生链核盘菌。病部出现的灰色霉层即分生孢子座，其上丛生大量的分生孢子梗及分生孢子。分生孢子无色，单胞，柠檬形或卵形，串生于分生孢子梗上，平均大小为11.0 ~ 14.1 μm。子囊盘直径为36 mm，具长柄，子囊圆筒形，内生8个子囊孢子，单列，有侧丝。子囊孢子无色，单胞，椭圆形，大小为（7 ~ 19）μm×(4.5 ~ 8.5)μm。但有性态国内尚未见报道。

（3）发生规律。

该病菌主要以菌丝体在树上或地面的僵果中和枝条溃疡部越冬。翌年春天产生大量分生孢子，借助风、雨传播，可经气孔、皮孔侵入果实，但主要经虫伤侵入。发育最适温度为25℃左右，多雨、多雾有利于发病。开花到果实成熟期都能发病。桃虎、桃蛀螟等害虫为害常造成病菌侵入的机会。

（4）防治方法。

①农业防治。抓好冬季清园，减少病源；结合修剪，剪除病枝，清除地面僵果及修剪大的枝条，集中烧毁或深埋，减少来年病源基数。

②化学防治。常年发病的田块，开花5%、谢花后、套袋前喷药保护，可用25%使百克乳油600倍液，或50%多菌灵可湿性粉剂500倍液。5月上中旬套袋，保护果实。

4. 梨黑星病

梨黑星病又名疮痂病，俗称黑霉病、雾病、乌码、荞麦皮。我国梨产区均有发生，以辽宁、河北、山东、河南、山西及陕西等北方产区发病重；近年来，江苏、安徽、浙江、云南及四川等南方产区发病有逐渐加重的趋势。梨黑星病引起梨树早期大量落叶，幼果畸形，不能正常膨大，同时病树第二年结果减少。

（1）症状。

黑星病能侵染梨树所有的绿色幼嫩组织，如果实、果梗、叶片、叶柄、新梢、芽、花序及一年生枝等，以叶片和果实受害最重。

果实从刚落花的幼果到采收期的成熟果均可受害，感病程度与果实成熟度成正相关，近成熟期果实最易受害。果实发病初期产生淡黄色圆形斑点，逐渐扩大，病斑稍凹陷，上长黑霉，后期病斑木栓化，坚硬、凹陷并龟裂。幼果生长受阻碍，变成畸形；果实成长期受害，则在果面生有大小不等的圆形黑色病斑，病斑变硬，表面粗糙，果实不畸形。果梗受害，出现黑色椭圆形的凹陷斑，长有黑霉。

叶片以刚展开的幼叶最易感病，展叶后1个月的老叶抗病性很强。叶片受害，刚开始在叶背主、支脉之间出现圆形、椭圆形或不定形的淡黄色斑，不久病斑上沿主脉边缘长出黑色的霉。危害严重时，许多病斑互相愈合，整个叶片的背面布满黑色霉层。叶脉受害，常在中脉上形成长条状的黑色霉斑。叶柄上症状与果梗相似。由于叶柄受害影响水分及养料运输，往往引起早期落叶。

新梢受害，从基部开始逐渐向上产生一层浓密的墨绿色至黑色霉状物，霉状物可以向上一直扩展到叶柄甚至叶片基部，病梢上的叶片先变红，再变黄，最后干枯脱落，只留下一个“黑橛”。

芽受害，鳞片变黑并产生黑色霉状物，重病芽枯死，不能萌发，周围形成一个黑斑；轻病芽第二年萌发形成病梢，或在鳞片基部形成黑斑。

花序受害，在花萼和花梗基部形成黑色病斑，产生黑色霉层，病斑逐渐向叶簇基部发展，导致花序和叶簇萎蔫枯死。

（2）病原。

病原无性态为梨黑星孢菌，属半知菌亚门丛梗孢菌类的黑星孢属。病斑上长出的黑霉是该病菌的分生孢子梗及分生孢子。分生孢子梗暗褐色，散生或丛生，直立或稍弯曲。分生孢子着生于孢子梗的顶端或中部，脱落后留有瘤状的痕迹。分生孢子梗大小为(8.0 ~ 32.0)μm×(3.2 ~ 6.4)μm。分生孢子淡褐色或橄榄色，纺锤形、椭圆形或卵圆形，单细胞，但少数孢子在萌发前可产生一个隔膜，分生孢子大小为（8.0 ~ 24.0)μm×(4.8 ~ 8.0)μm。

有性态为纳雪黑星菌，属子囊菌亚门腔菌类的黑星菌属，假囊壳埋藏在落叶的叶肉组织中，成熟后有喙部突出于叶表，看上去像小黑点。假囊壳在落叶的正反两面均可形成，但以反面居多，并有成堆聚生的习性。假囊壳圆球形或扁圆球形，颈部较肥短，黑褐色，平均大小为118.6 μm×87.1 μm。子囊棍棒状，聚生于假囊壳的底部，无色透明，大小为（37.1 ~ 61.8)μm×(6.2 ~ 6.9)μm。每个子囊内含8个子囊孢子，子囊孢子淡黄绿色或淡黄褐色，像鞋底，双胞，上面的细胞小，大小为（11.1 ~ 13.6)μm×(3.7 ~ 5.2)μm。

（3）发生规律。

病菌主要以分生孢子或菌丝体在腋芽的鳞片内越冬，也能以菌丝体在枝梢病部越冬，或以分生孢子、菌丝体及未成熟的子囊壳在落叶上越冬。在自然条件下，残叶上的分生孢子可存活4 ~ 7个月。春季一般从新梢基部最先发病，产生大量分生孢子并成为初侵染源，子囊孢子也可为初次侵染源，而且子囊孢子的侵染力相对较强。通过风雨传播，病菌侵入的最适流行温度是11℃ ~ 20℃。黑星病菌菌丝以22℃ ~ 23℃最为适宜。分生孢子形成的最适温度为20℃，萌发的温度范围为2℃ ~ 30℃，21℃ ~ 23℃最适宜。分生孢子萌发所需的相对湿度为70%以上，低于50%则不萌发。孢子从萌发到侵入梨组织只需5 ~ 48 h，经过14 ~ 25 d的潜育期后表现出症状，并陆续造成再次侵染。假囊壳多形成于老病斑的边缘，在湿润的条件下产生大量假囊壳，冬季干旱就不易形成假囊壳。

降雨量和降雨持续天数是影响病害发展的重要条件。如阴雨连绵，气温较低，病害发展迅速，雨季早而持续期长，尤其是5—7月雨量大，容易引起病害的流行。由于我国各地气候条件不同，所以梨黑星病在各地发生时期亦不一样。如辽宁、吉林等省，一般在5月中下旬开始发病，8月为盛发期；河北省在4月下旬至5月上旬开始发病，7—8月雨季为盛发期；浙江省一般在4月中下旬开始发病，梅雨季节为盛发期。

梨黑星病在田间的发生主要有两个时期，一个是落花后至麦收期，病梢出现，病菌由病梢向幼叶、幼果转移，引起幼叶、幼果发病，并在幼叶、幼果积累菌量的时期；另一个时期是采收前1 ~ 1.5个月，果实接近成熟，是果实对病菌较为敏感的时期。

不同品种抗病性有差异，一般以中国梨最感病，日本梨次之，西洋梨较抗病。发病重的品种有鸭梨、秋白梨、京白梨、黄梨等；其次为砀山白酥梨、莱阳茌梨、红梨及严州雪梨等；而玻梨、蜜梨、香水梨、西洋梨（如巴梨）等有较强的抗病性。地势低洼、树冠茂密、通风不良、湿度较大的梨园以及树势衰弱的梨树，都易发生黑星病。

（4）防治方法。

①农业防治。秋末冬初清扫落叶和落果，早春梨树发芽前结合修剪清除病梢、叶片及果实，集中烧毁以减少初侵染源。在发病初期摘除病梢或病花丛，在东北5月上中旬摘除病梢，黄河故道产区从4月上中旬起，要经常查看果园，发现病花丛和病梢及早摘除。加强果园管理，梨树生长衰弱，易被病菌侵染，因此，要通过增施有机肥料、控制结果量、合理修剪等措施来增强树势，提高抗病力。

②化学防治。喷药要抓住麦收前后和采收前两个关键时期。一般年份麦收前要喷3次药，即5月初、5月下旬和6月初；春季多雨年份和地区喷4次药，即4月下旬、5月上旬、5月下旬和6月上旬；春季干旱年份喷2次药，即5月中旬和6月上旬。麦收后（6月下旬）即将进入雨季，为了提高防效，应再喷雾1次。采收前，一般年份应喷药3次，即8月上旬、8月下旬和9月上中旬；后期多雨年份喷药4次，即7月下旬、8月中旬、8月下旬和9月上中旬；后期干旱年份喷药2次，即8月中下旬和9月上中旬。采收前半个月必须喷药1次，否则前功尽弃。在我国南方梨产区，由于黑星病发生较早，应在梨树接近开花前和落花70%左右各喷1次药，以保护花序、嫩梢和新叶。以后根据降雨情况，每隔15～20 d喷药1次，先后共喷4次。常用药剂为1：（2～3）：（200～240）波尔多液和12.5 %烯唑醇可湿性一粉剂2000倍液。雪梨对铜制剂敏感，尽量少用铜制剂或加大稀释倍数。

5. 梨轮纹病

梨轮纹病又称瘤皮病、粗皮病。病害遍及全国各产梨区。病菌侵染枝干、果实、叶片。在果实上一般是在近成熟期发病，病果很快腐烂。潜伏侵染的果实在贮存期发病腐烂，发病严重可造成烂库，经济损失巨大，其发生和危害呈逐年上升趋势。

（1）症状。

在枝干上通常以皮孔为中心形成深褐色病斑，单个病斑圆形，直径为5～15 mm，初期病斑略隆起。后边缘下陷，从病健交界处裂开。常常是多病斑连在一起，形成不规则大斑，春天在病斑上形成的许多黑色小点为病菌分生孢子器。在果实上一般在近成熟期发病，首先表现为以皮孔为中心，水渍状褐色圆形斑点，后病斑逐渐扩大呈深褐色，并表现明显的同心轮纹，病果很快腐烂。由轮纹病菌、炭疽病菌、干腐病菌和腐烂病菌引起的果实腐烂在症状上非常相似，应注意区别。梨轮纹病在枝干上的症状十分隐蔽，除几个洋梨品种外，鸭梨和雪花梨上极少见到枝干症状。但轮纹烂果非常普遍。在叶上表现为不规则形褐色病斑，后从中心起逐渐变成灰白色，叶片上有多个病斑时，能造成叶片干枯和脱落。

（2）病原。

病原有性态为贝伦格葡萄球腔菌梨生专化型，异名为梨生囊壳孢，属子囊菌亚门腔菌类的葡萄座腔菌属。假囊壳在枝梢上形成，黑褐色球形或扁球形，有孔口，内有多数子囊及侧丝。子囊棒状，无色透明，内有子囊孢子8个，无色，椭圆形，单胞，大小为

(24.5～26)μm×(9.5～10.5)μm。梨轮纹病病原无性态为半知菌亚门球壳孢菌类大茎点菌属的轮纹大茎点菌，分生孢子器圆形或椭圆形，有乳头状孔口，内壁密生分生孢子梗，其先端产生分生孢子，分生孢子长椭圆形，无色，单胞，大小为（24～30)μm×(6～8)μm。我国梨区以无性态常见。

（3）发生规律。

枝干病斑中的菌丝和分生孢子器是最主要的侵染源。越冬的分生孢子器，翌年春天从2月底开始形成和释放分生孢子。分生孢子借雨水传播造成枝干、果实和叶片的侵染。枝干当年形成的病斑上不形成分生孢子，从病斑形成第二年开始的2～3年是形成分生孢子的最主要时期。梨轮纹病在枝干和果实上有潜伏侵染的特性，尤其在果实上很多都是早期侵染，成熟期发病，其潜育期的长短主要受果实发育和温度的影响。一般管理粗放、树体生长势弱的梨树发病重。在不同的品种中，以沙梨系品种和白梨系中的鸭梨、雪花梨发病严重，西洋梨和秋子梨系的品种较抗病。

（4）防治方法。

①农业防治。果实套袋，保护果实；加强栽培管理，增强树势，提高抗病能力；铲除初侵染源，从梨树萌芽之初开始，刮除树干上的病斑，并带出园外集中烧毁。

②化学防治。

使用铲除剂：刮除病斑后及时涂抹50倍402抗生素，或1∶2∶20的波尔多液，或40倍35%轮纹铲除剂。病重果园可以在梨树休眠初期和萌芽前各喷1次200倍35%轮纹铲除剂。

及时喷药、保护果实：从4月下旬至8月，结合降雨情况和其他病害的防治，每间隔10～15 d喷1次杀菌剂，以保护果实。药剂可选用50%多菌灵或甲基托布津可湿性粉剂800～1000倍液，50%退菌特可湿性粉剂600倍液，1∶2∶240的波尔多液和80%敌菌丹水分散粒剂1000倍液等。要注意药剂的交替使用。

（三）枝干病害

1. 杨树腐烂病

杨树腐烂病又名烂皮病，分布于河北蔚县、香河、“三北”地区以及山东、江苏、安徽等地。危害各种杨树、旱柳、榆树、板栗、槭树、樱花、桑树、接骨木、木槿和花楸等，表现为干腐和枯梢。

（1）症状。

干腐型主要发生在主干、大枝及树干分叉处。初期为暗褐色水肿状斑，皮层腐烂变软，后失水干缩下陷，有时龟裂，病斑有明显的黑褐色边缘。当病斑绕树干一周时，病斑以上部分死亡。皮层腐烂后，纤维分离如麻状，易剥离，木质部边材亦变色。以后病斑上生出针头状小黑点，即病原的分生孢子器。潮湿或雨后，自小黑点内挤出橘黄色、黄色或橙黄色胶质卷丝状物或胶质的堆状物，即为病原的分生孢子角。在前一年死枝的病部，常形成一些小黑点，为病原菌的子囊壳。枯梢型是小枝发病，迅速枯死，无明显溃疡症状。

（2）病原。

病原有性态为子囊菌亚门球壳菌类黑腐皮壳属的污黑腐皮壳（*Valsa sordida* Nit.），无性态为半知菌亚门球壳孢类壳囊孢属的金黄壳囊孢。子囊壳多个埋生于子座内，烧瓶状，一长颈，直径为350～6 80μm。子囊棍棒状，中部略膨大，无色，大小为（37.5～61.9）μm×（7.0～10.0）μm。子囊孢子单胞无色，香蕉形，略向一方弯曲，双行排列，大小为（10.0～19.5）μm×（2.5～3.5）μm。分生孢子器黑褐色，不规则形，多室，埋生于子座内，有一共同的孔口伸出子座外，并突出寄主表皮外露。分生孢子形状与子囊孢子相似，无色，单胞，大小为（3.7～6.8）μm×（0.7～1.4）μm。

（3）发生规律。

病菌以子囊壳、分生孢子器、菌丝体在寄主病部越冬。分生孢子器4～9月均能形成，以5～6月产生最多。分生孢子角5月中旬大量产生，雨后或潮湿天气更多。分生孢子借风雨、昆虫传播，自伤口或死组织部位侵入。有性世代在前一年的死枝上常见，在河北病枝上子囊壳成熟期在5月以后，子囊孢子在雨后大量散放，靠风力传播，伤口侵入，过冬后显症状。病菌在4℃～35℃内均可生长，但以25℃生长最适宜。菌丝生长最适宜的酸碱度pH值为4，分生孢子与子囊孢子萌发的适温均为25℃～30℃。该病只侵害生长衰弱的树木，行道树、防护林、人工林发生严重。其发生与树种、树龄、密度、方位等有密切关系。银白杨、胡杨最抗病，箭杆杨、小叶杨、加拿大杨、钻天杨较抗病，北京杨、唐柳、小青杨易感病。移植后返苗慢的受害重，郁闭及受冻害、干旱、风沙、冰雹等危害而生长势弱的树木易发病。

（4）防治方法。

①农业防治。增强树势是根本措施。注意选栽抗病、抗寒、耐旱品系，不在坡梁沙地、盐碱地栽杨树。栽后及时浇水，防止干旱。修枝做到勤、弱、合理、适时，剪口平滑。及时清除生长弱的树木及重病株，修下的树枝要清理运走。营造半透风式林带，在迎风面行外栽小灌木保护。

②化学防治。用刀划破病斑喷涂10%双效灵水剂10倍液，或10%碱水（碳酸钠），或843康复剂3倍液，或50%琥珀酸铜可湿性粉剂10倍液，或10%蒽油乳剂，或5波美度石硫合剂等。

2. 栗疫病

栗疫病又名干枯病、胴枯病、溃疡病。世界各栗产区均有分布，我国广泛分布于栗产区，局部地区严重发生，常引起树皮腐烂，成片栗树枯死。

（1）症状。

板栗苗木和结果树均受害，主要危害主干，亦危害侧枝及枝条，结果树的主枝基部及丫杈处易发病。当年新枝感病，初期在病部表皮出现水渍状、边缘不规则、淡褐色至褐色病斑，略隆起，后逐渐扩展，向上下蔓延，直到包围树干。病部组织早期呈湿腐状，有酒糟味，失水后树皮干缩纵裂。枝连年被害后，病部周围产生愈伤组织，病部变粗，树皮纵裂更趋明显。病皮下常产生黑色小粒点，即病菌的分生孢子器突破表皮后外露。雨后或湿度大时，常涌出扭曲的丝状、堆积状橙黄色的分生孢子角。苗木、幼树感病多始于干基部，致上部枯死。

（2）病原。

病原有性态为子囊菌亚门球壳菌类内座壳属的寄生内座壳（栗疫菌）。子囊壳瓶状，颈部色黑，下部色淡，直径为150～600 μm，一个子座内有几个至几十个子囊壳。子囊棒状，大小为（33～40）μm×（6～7）μm，内生8个子囊孢子。子囊孢子双胞，无色，椭圆形，大小为（5.5～6.0）μm×（3.0～3.5）μm。分生孢子器圆形或不规则形，多腔室。分生孢子圆柱形，单胞，无色，大小为（3～4）μm×（1.5～2.0）μm。

（3）发生规律。

病菌以菌丝体和子座在病皮内越冬，翌年3～4月树体萌发前后产生分生孢子，靠风雨传播，有时昆虫和鸟类为传播媒介，自日灼、冻伤、嫁接口、锯剪口及其他机械损伤口侵入。病菌的生长温度为7℃～39℃，适温为25℃～30℃。土壤瘠薄、根系浅、生长弱的树发病重。砧木中大叶栎、茅栗、锥栗等抗病性较强。板栗品种间的抗病性差异显著，明栗、长安栗、油光栗、板栗子等抗病，新沂油栗、红栗、二露栗、领口大栗和虎爪栗等较抗病，薄皮栗、米花栗、兰溪锥栗、大底青和新杭迟栗等则感病。

（4）防治方法。

①植物检疫。加强检疫，防止带病苗木或接穗进入无病区。在萌芽前喷3～5波美度石硫合剂，或1：1：160波尔多液，或其他杀菌剂；或用0.5%福尔马林浸30 min，或5%氯酸钠浸5 min后再栽植。

②农业防治。加强栗园管理，刨树盘，增施有机肥，合理修剪，防治其他病虫害。育苗选用抗病砧木，嫁接抗病品种。减少和保护伤口，在晴天嫁接和修剪，伤口涂波尔多液等保护。冬、夏季在树干涂白，尽量避免机械伤口。生长季节在园内经常检查，小枝上发现病斑将枝剪除烧掉，主干、大枝上发现病斑应刮除，栗林中嫁接栗疫病菌的弱毒株系，抑制强毒株系的侵染。

③化学防治。病斑治疗保护方法参见苹果腐烂病。

（四）苗期病害

1. 猝倒病

（1）症状。

幼苗发病时，茎基部有水渍状病斑，逐渐变为黄褐色，并逐渐干枯，缢缩成线状，使幼苗突然贴地倒伏（这时叶片尚未凋萎，故称猝倒病）。开始时只见个别幼苗发病，最后引致成片幼苗猝倒。当湿度大时，会呈腐烂状，并有白絮状菌丝。除引起茄、瓜类蔬菜死苗外，还能侵染果实引致绵腐病：初现水渍状斑点，后迅速扩大呈黄褐色水渍状大病斑，与健部分界明显，最后整个果实腐烂，且在病瓜外面长出一层白色茂密棉絮状菌丝。

（2）病原。

病原为鞭毛菌亚门腐霉属的瓜果腐霉。孢子囊着生于菌丝的先端或中间，呈不规则形或手指状分支。孢子囊萌发，产生一排孢管，在其顶端形成球形大泡囊，在泡囊内形成游动孢子。游动孢子肾形，大小为（14～17）μm ×（5～6）μm，具2根鞭毛，游动孢子游动30 min后，即休止形成休止孢子，再萌发侵入寄主。

（3）发生规律。

病菌的腐生性很强，可在土壤中长期存活，以含有机质的土壤中存活较多。病菌以卵孢子在土壤中越冬和度过不良环境，在适宜的条件下萌发产生游动孢子，或直接长出芽管侵害寄主。病菌也能以菌丝体在土壤或病残组织中营腐生生活，并产生孢子囊，游动孢子直接侵害幼苗，引起猝倒。病菌借雨水或土壤中水分的流动而传播，堆肥、农具等也能传播病害。病菌侵入后，在皮层的薄壁细胞中很快发展、蔓延，在病组织上产生孢子囊，进行重复侵染，后期又在病组织内形成卵孢子越冬。

苗床管理不当，如播种过密、间苗不及时、浇水量过多，造成苗床过于闷湿或地下水位过高，土壤黏重，致使土温不易升高，易发病。床窗启盖方法不当，使床温变化幅度太大，不利于幼苗生长，苗床保温不好，造成床内土壤冷湿，发病亦常严重。因为病菌生长、孢子萌芽和侵入都要求较高的湿度，如果床土的含水量过高，阻碍幼苗根系的生长和发育，降低抗病力，有利于病害的发生和蔓延。

茄科蔬菜适宜生长的气温为20℃～25℃，土温为15℃～20℃。在此条件下，幼苗生长良好，抗病力强；反之，易发病。一般晴天有光照，苗床内较易达到适宜于幼苗生长的温度。若苗床内温度过低，如长期在15℃以下不利于幼苗生长，容易诱发猝倒病；而在苗床温度较高，幼苗徒长的情况下，易诱发立枯病。

（4）防治方法。

①农业防治。主要是加强苗床管理。苗床应设在地势较高、排水良好的地方，要选用无病新土或风化的河泥。如沿用旧床，床土应进行消毒处理，肥料要充分腐熟。播种要均匀，不宜过密。如播种后盖土不要太厚，以利出苗。苗床要做好保温工作，避免幼苗受冻。寒冷天气要迟揭早盖。白天在幼苗不受冻的前提下尽量多通风换气，可提供幼苗必需的二氧化碳，及时排出一些有害气体，有利于幼苗生长，控制病害发生。苗床洒水应视土壤湿度和天气而定，每次量不宜过多。夜晚要覆盖严密，风大一侧要加厚覆盖，防止床温降低。

②化学防治。

床土处理：在播种前2～3周将床土耙松，每平方米床土用40%甲醛450 mL加水18～36 L（加水量视土壤干湿度而定）浇于床土上，然后用尼龙布或麻袋覆盖4～5 d，再除去覆盖物，并将处理过的床土耙松，经2周左右，待药液充分挥发后才可播种。70%五氯硝基苯粉剂和50%福美双可湿性粉剂等量混合均匀，床土用药量为8～10 g/m^2；也可单用50%多菌灵可湿性粉剂、50%托布津可湿性粉剂、40%拌种双可湿性粉剂等，用药量同前；或25%甲霜灵可湿性粉剂9 g加上70%代森锰锌可湿性粉剂1 g，上述药剂拌细土10～15 kg，施药前先把苗床底水打好，且一次浇透，一般深为17～20 cm，水渗下后，取1/3充分拌匀的药土撒在畦面上，播种后再把其余2/3药土覆盖在种子上面，即上覆下垫。如覆土不够可补撒堰土使其达到适宜厚度，这样种子夹在药土中间，覆土完毕后，土壤表面应酌量洒水，使表土保持湿润，以后在管理上也应注意不让土壤过于干燥，以免发生药害。

喷雾防治：如苗床已发现少数病苗，用25%瑞毒霉可湿性粉剂800～900倍液，或15%恶霉灵水剂（土菌消）450倍液，或75 %百菌清可湿性粉剂1000倍液，或72.2%普力克水剂400倍液喷洒，喷淋药液2～3 L/m^2。苗床在喷洒药液后往往造成床内湿度过大，可以撒施草木灰或干细土以降低湿度。

2. 立枯病

（1）症状。

本病寄主范围较广，除危害茄果类外，还可侵染黄瓜、豆类、白菜等。刚出土幼苗及大苗均可发病，多在床温较高或育苗后期发生，主要危害幼苗茎基部或地下根部，初在茎部出现椭圆形或不整形暗褐色病斑，逐渐向里凹陷，边缘较明显，扩展后绕茎一周，致茎部萎缩干枯，后苗死亡，但不折倒。根部染病多在近地表根颈处，皮层变褐色或腐烂。在苗床内，开始时仅个别幼苗白天萎蔫，夜间恢复，经数日反复后，病株萎蔫枯死，早期与猝倒病不易区别，但病情扩展后，病株不猝倒，病部具轮纹或不十分明显的淡褐色蛛丝状霉，即病菌的菌丝体或菌核，且病情进展慢，有别于猝倒病。

（2）病原。

病原无性态为半知菌亚门丝核属的立枯丝核菌，有性态为担子菌亚门亡革菌属的瓜亡革菌。丝核菌的菌丝有隔，直径为8～12 μm，初期无色，老熟时浅褐色至黄褐色，分支处往往成直角，分支基部缢缩。老菌丝常呈一串筒形细胞，菌核即由筒形细胞菌丝交织而成。菌丝无一定形状，浅褐色或黑褐色，质地疏松，表面粗糙。病菌偶尔能形成有性孢子。担子无色，单细胞，圆筒形或长椭圆形，顶生2～4个小梗，每个小梗上着生1个担孢子。担孢子椭圆形，无色，单胞，大小为（6～9）μm×（5～7）μm。

（3）发生规律。

病菌主要以菌丝体或菌核在土壤中或病残体上越冬。腐生性较强，一般在土壤中可存活2～3年。在适宜的环境条件下，直接侵入寄主。病菌通过雨水、流水、农具转移及使用带菌堆肥等传播蔓延。病菌发育适温24℃，最高为40℃～42℃，最低为13℃～15℃。播种过密、间苗不及时、温度过高，易诱发本病。

（4）防治方法。

①农业防治。加强苗床管理，注意科学放风，防止苗床或育苗盘高温高湿条件出现。苗期喷洒增抗剂——植宝素（1000 mg/kg）7500～9000倍液，或0.1%～0.2%磷酸二氢钾，可增强抗病力。

②化学防治。

种子、土壤处理：用种子重量0.2%的40%拌种双粉剂，也可用40%五氯硝基苯粉剂与50%福美双可湿性粉剂等量混合，8 g/m^{2}床土处理。药土处理同猝倒病。

发病初期喷淋20%甲基立枯磷乳油（利克菌）1200倍液，或15%恶霉灵水剂（绿亨1号），或36%甲基硫菌灵悬浮剂500倍液，或用5%井冈霉素水剂1500倍液，或15%恶霉灵水剂450倍液；猝倒病与立枯病混合发生时，可用72.2%普力克水剂800倍液加50%福美双可湿性粉剂800倍液，2～3 L/m^{2}喷淋，视病情隔7～10 d喷1次，连续防治2～3次。

（五）根部病害

1. 根肿病

（1）症状。

此病在国内主要发生于长江流域以南各省，仅危害十字花科蔬菜作物，感病蔬菜苗期即可受害，严重时甚至死亡。成株期受害后，根部肿大呈瘤状，随后很快腐烂，全株枯萎死亡。白菜、甘蓝、油菜、芥菜等的肿瘤发生在主根及侧根上。瘤大的如鸡蛋或更大些，小的只有米粒大小。萝卜及芜菁等根菜类则在侧根上生肿瘤。根瘤初期表面光滑，后期常发生龟裂，变得十分粗糙，常因杂菌的侵染而腐烂。病株的地上部表现为生长缓慢，植株矮小，如缺水症状。发病后期萎蔫低垂更甚，而且叶片发黄，严重的可以引起植株死亡。

（2）病原。

病原为鞭毛菌亚门根肿菌属的芸薹根肿菌。病菌在寄主根部的细胞内形成休眠孢子囊，散生，密集呈鱼卵块状。休眠孢子囊球形，单胞，无色或略带灰色，细胞壁光滑，直径1.6～4.3 μm。孢子囊的抗逆性很强，能在土壤中休眠存活多年。环境条件合适时，孢子囊萌发产生游动孢子。游动孢子的顶端具有两根长短不等的鞭毛，能在水中做短距离游动，随后鞭毛消失，静止片刻后侵入寄主。本菌属于专性寄生菌，能侵染十字花科100多个种和变种的栽培和野生植物。

（3）发生规律。

病菌主要以休眠孢子囊随病残体遗留在土壤中越冬或越夏。病根含有的休眠孢子囊随病组织腐烂散落到土壤里，在土壤里可保存生命力达6～7年之久。土壤、病残体和未腐熟的厩肥等都能带菌，成为田间发病的初侵染源。

休眠孢子囊萌发产生游动孢子，从根毛或幼根侵入表皮细胞内，并发育为无一定形状、没有细胞壁的变形体，变形体能穿过根部各个组织，扩展蔓延到皮层组织或形成层，刺激根部细胞，使其分裂加速，体积倍增，造成根部畸形肿大。病菌使维管束输导系统受阻，导致植株地上部生长缓慢和叶片萎蔫等症状。病菌从根毛侵入后一般经10 d就开始形成肿瘤。植株受侵染越早，受害越重。病菌的远距离传播，主要靠病菜根或带菌泥土而进行。田间传播则由雨水、灌溉水、昆虫和农具等传带。

病菌适于在偏酸性土壤中生活，当土壤pH为5.4～6.5时发病很重，pH为7.2以上则发病较轻。土壤含水量在50%～98%时都能发病。适于发病的土温为19℃～25℃，低于9℃或高于30℃都不发病。在适宜的温湿度条件下，病菌经18～24 h就可以完成萌发和侵入。低洼潮湿及水改旱的菜地发病都较重。就甘蓝而言，最适于发病的是黏重土壤，休眠孢子囊含量为2万个/立方厘米即可发病；在富有腐殖质的土壤中，则必须含有20万个以上才能发病。一般在连作地土壤中的含菌量较大，所以发病较重。施用石灰的地块发病轻，施石灰的目的在于降低土壤的酸度。据广东经验，凡晴天定植或定植后有半个月左右的晴天，根肿病就较少发生；反之，如果雨天定植或定植后不久就下雨，发病率常较高。

（4）防治方法。

①植物检疫。就全国而言，还有一些地区没有发现根肿病，有些省、市也只在局部小范围内发生。所以，应当实施检疫，严禁从病区调运种苗和蔬菜至无病区。

②农业防治。

轮作：与非十字花科蔬菜轮作4～5年，可有效减轻病害。

增施石灰：在雨水较多或灌溉方便的地区，适当增施石灰。调节土壤酸碱度，使变成微碱性，可减轻发病。一般每公顷施1125～1500 kg石灰。可在定植前7～11 d将消石灰均匀撒施在土壤表面，然后整地作畦，也可在定植时穴施。

加强栽培管理：注意田园清洁，收菜时最好连根拔起，将病根集中后深埋，或收菜后及时挖根，集中处理。病根应埋入土下50～170 cm以上，并在上面撒石灰后再填土。病残体不可作厩肥或堆肥。施用有机肥必须充分腐熟。定植应选在晴天进行，如果定植后下雨，可在畦面撒2%石灰水，并注意雨后及时排水。选用无病苗床、无病地育苗，在移栽时注意淘汰病苗。

③化学防治。

苗床消毒：可用福尔马林消毒，用药量和使用方法可参照猝倒病的床土消毒方法。

灌根沟施：可用10%氰霜唑悬浮剂50～100 mg/L，或50%氯溴异氰尿酸可湿性粉剂1200倍液灌根，剂量为0.4～10.5 L/株；或每667 m^2用50%氯溴异氰尿酸可溶性粉剂2～13 kg拌40～150 kg细土，开沟施于定植穴后再定植白菜类蔬菜。

2. 林木根朽病

林木根朽病是世界性的一种根部病害。危害的针阔叶树种达200多种，樱花、红松、落叶松、白桦、蒙古栎、椴树、赤杨、柳树、桑树和梨树等林果植物及牡丹、芍药、杜鹃、香石竹等花卉植物均可被害。该病导致根系和根颈部的腐朽，直至全株枯萎死亡。

（1）症状。

该病发生在根部和根颈部，引起皮层和木质部腐朽。针叶树被害后，在根颈处发生大量流脂现象，皮层和木质部间具有白色扇形的菌膜。在病根皮层内、病根表面及病根附近土壤内，可见深褐色或黑色扁圆形的根状菌索。秋季，在濒死或已经死亡的病株茎干和周围地面，常出现成丛蜜环菌的子实体。杜鹃病害的初期症状，常呈现皮层和树皮的湿腐，具浓重的蘑菇味，黑色菌索包裹着根部并进入树皮，在紧靠土表的松散树皮下有白色菌扇，也形成蘑菇。根系及根颈部腐烂，最终整株枯死。

（2）病原。

病原为小蜜环菌，属担子菌亚门层菌类的小蜜环菌属。子实体伞状，多丛生，菌体高5～10 cm，菌盖淡蜜黄色，上表面具有淡褐色毛状小鳞片，菌柄位于菌盖中央，实心，黄褐色，上部有菌环，菌褶直生或延生。担孢子卵圆形，无色。

（3）发生规律。

蜜环菌腐生性强，可以广泛地存留在土壤或树木残桩上。成熟的担孢子可随气流传播侵染伐桩及带伤的衰弱木。菌索可在表土内扩展延伸，当接触到健根时，可以通过机械和化学的方法直接侵入根内，或通过根部表面的伤口侵入。植株生长衰弱，在有伤害的情况下，以及土壤黏重、排水不良等因素都有利于病害的发生。在良好的栽培条件下，植株很少受侵害。

（4）防治方法。

①农业防治。通过合理的养护管理，促进花木生长健壮，抵抗蜜环菌的侵染。发现病株及时拔除并烧毁，将病土移去，换上无病新土，栽植健康植株。在幼林内，根朽病从发病中心扩展蔓延时，挖沟隔离中心病株或中心病区，并将病区内的所有林木加以清除，病土经热力或化学处理后，方可栽植。

②化学防治。经济林区或果园内发现病株，可将病根切除并烧毁，伤口先经消毒，

再用防水涂剂加以保护。病株周围土壤可用二硫化碳浇灌处理，既对土壤消毒又促进绿色木霉菌的大量繁殖，以抑制蜜环菌的滋生。

3. **苗木紫纹羽病**

紫纹羽病又称紫色根腐病，是多种林木果树上常见的根病。我国东北、河北、河南、安徽、江苏、浙江、广东、四川和云南等地区均有发生。除果树外，林木主要危害柏、松、杉、刺槐、柳、杨、栎、漆树及橡胶等植物。苗木及严重感病的大树因根颈部腐烂而死亡。

（1）症状。

根部被害后，在病根表面缠绕紫红色的丝网状物，此为病菌的根状菌索。也可见紫红色绒布状菌丝膜。在菌丝体上还可产生细小紫红色的菌核。病根皮层腐烂，极易剥离，木质部初呈黄褐色湿壁，要期变为蹩警色二病毒扩展到根颈后，菌丝体继续向上延伸，包围干基，6—7月，菌丝体上产生微薄白粉状的子实层。病株上部症状表现为顶梢不抽芽，叶形短小、发黄、皱缩卷曲，枝条干枯，最后全株枯萎死亡。

（2）病原。

病原为紫卷担子菌，属担子菌亚门层菌类的卷担子菌属。子实体膜质，紫色或紫红色，子实层向上、光滑；担子卷曲；担孢子单胞，肾形，无色。

（3）发生规律。

该病菌利用它在病根上的菌丝体和菌核潜伏在土壤内。菌核有抵抗不良环境条件的能力，能在土内长期存活，待环境条件适宜时，萌发产生菌丝体。菌丝集结成菌丝束能在土内或土表延伸，接触到健康林木的根部后就直接侵入。病害还可通过林木根部的相互接触而传染蔓延。担孢子在病害传播中不起重要作用。低洼潮湿、排水不良的地区，有利于病原菌的滋生，发病较重。

（4）防治方法。

①农业防治。栽植无病苗木。做好圃地排水工作，增施有机肥，加强树势。发现病株及时清除，对病穴用石灰粉消毒。

②化学防治。对可疑苗木用1%波尔多液浸根1 h，或用1%硫酸铜浸根3 h，清水冲洗后栽植。

第二节　园艺植物主要细菌病害

一、青枯病

青枯病又名细菌性枯萎病，是我国长江流域以南的茄科蔬菜重要病害之一，一般以番茄受害最严重，马铃薯、茄子次之，辣椒受害较轻。青枯病菌的寄主范围很广，有33科100多种的植株都能被害，除上述茄科蔬菜外，烟草、芝麻、花生、大豆、萝卜等，以及若干野生的其他茄科植物也能被害。

1. 症状

（1）番茄青枯病。一般番茄植株长到30 cm左右以后才开始发病。首先是顶部叶片萎垂，以后下部叶片凋萎，而中部叶片凋萎最迟。病株最初白天萎垂，傍晚以后可恢复，如果土壤干燥、气温高，两三天后病株即不再恢复而死亡，叶色稍淡，但仍保持绿色，故称青枯病。病茎下端往往表皮粗糙不平，常生出长短不一的不定根。天气潮湿时病株可出现1～2 cm大小、初呈水渍状后变为褐色的斑块。病茎木质部褐色，用手挤压有乳白色的黏液渗出是本病的病征。

（2）茄青枯病。茄子受害初期，个别分枝的叶片或一张叶片的局部呈现萎垂，后逐渐扩展到整株分枝上，初呈淡紫色，后变为褐色，病叶脱落或残留在茎上。病株茎面没有症状，但将茎部皮层剥开，木质部呈褐色。这种变色从颈部起可以一直延伸到上部茎的木质部。茎内的髓部大多腐烂，用手挤压病茎的横切面，也有乳白色的黏液渗出。

（3）马铃薯青枯病。马铃薯受害后，其症状与番茄病株相同。

2. 病原

病原为劳尔氏菌属（原假单胞杆菌属）的茄劳尔氏菌。细菌短杆两端圆，大小为（0.9～2）μm×（0.5～0.8）μm，极生鞭毛1～3根。在琼脂培养基上形成污白色、暗褐色至黄褐色的圆形或不整形菌落，平滑，有光泽。革兰氏染色阴性反应。

3. 发生规律

病原细菌主要以病株残余遗留在土中越冬。它能在病残体上营腐生生活，也能在土壤中存活14个月乃至更长的时间。病菌从寄主的根部或茎基部的伤口侵入，侵入后就在维管束的螺纹导管内繁殖，并沿导管向上蔓延，以致将导管阻塞或穿过导管侵入邻近的薄壁细胞组织，使之变褐色腐烂。此菌经长期人工培养后易失去致病力。整个输导器官被破坏后，茎叶因得不到水分的供应而萎蔫。

田间病害的传播，主要通过雨水和灌溉水将病害带到无病的田块或健康的植株上，此外，农具、家畜等也能传播。带病的马铃薯块茎也是主要的传病来源。

高温和高湿的环境适于青枯病的发生，病菌生长温度为10℃～41℃，最适温度为30℃～37℃，致死温度为52℃，对pH的适应范围为6.0～8.0，以pH值6.6为最适应，故在我国南方发病重。以土壤温度与发病的关系最为密切，一般在土温20℃左右时病菌开始活动，田间出现少量病株，土温达25℃左右时病菌活动最盛，田间出现发病高峰。雨水的流动不但可以传播病菌，而且下雨后土壤湿度大，特别是土壤含水量达25%以上时根部容易产生伤口并腐烂，有利于病菌的侵入，故在久雨或大雨后转晴，气温急剧上升会造成病害的严重发生。

一般低畦发病重，高畦发病轻。番茄定植时，如穴中间土松，四周土紧，雨后造成局部积水，也易引起病害发生。连作、微酸性土壤青枯病发生重，若将土壤pH值从5.2调到7.2～7.6，可以减少病害的发生。施硝酸钙或多施钾肥可以减轻病害的发生。

4. 防治方法

（1）农业防治。

①轮作：一般发病地实行3年、重病地实行4～5年与瓜类作物的轮作。有条件的地区与禾本科作物特别是水稻轮作效果好。

②调节酸碱度：结合整地施用适量的生石灰，使土壤呈微碱性，可抑制病菌生长，减少病害的发生。石灰施用量根据土壤的酸碱度情况而定，一般石灰用量为750～1500 kg/hm^2。

③育苗技术：选干燥无病菌的土地作为苗床，适期播种。培育壮苗，幼苗在移栽时宜多带土，少伤根。地势低洼或地下水位高的地方需作高畦深沟，以利排水。番茄提倡早育苗，早移栽，避开夏季高温，在发病盛期前已进入结果中后期，可减少发病损失。

④中耕施肥：番茄生长早期中耕可以深些，以后宜浅，生长旺盛后要停止中耕，避免践踏畦面，以防伤根系。在施肥技术上，注意氮、磷、钾肥的合理配施，适当增施氮肥和钾肥。喷洒10 μg/mL硼酸作根外追肥，能促进寄主维管束的生长，提高抗病力。

（2）化学防治。田间发现病株应立即拔除销毁。病穴可灌注甲醛50倍液或20%石灰水消毒，也可于病穴撒施石灰粉。在发病初期喷施100～200 μg/mL的农用链霉素，或抗生素“401”500倍液，每隔7～10 d喷1次，连续喷3～4次，也可用25%叶枯宁可湿性粉剂1000倍液灌根，或25%络氨铜水剂500倍液，或50%百菌清可湿性粉剂400倍液灌根，每株灌药液250～500 g，每隔10～15 d灌1次，连续灌2～3次，均有一定的防病效果。

二、桃穿孔病

桃穿孔病是桃树常见的一类病害。各桃区都有发生，尤其沿海滨湖地区在多雨年份发生较多，常引起大量叶片穿孔、早落，削弱树势，影响产量。桃穿孔病可分为细菌性穿孔病、霉斑穿孔病和褐斑穿孔病。它们除危害桃树外，还危害李、梅、杏、樱桃等。

1. 症状

（1）细菌性穿孔病。分布最广，主要危害叶片，也能危害枝梢及果实。受害叶片先出现油渍状小点，扩大后成圆形或不规则形病斑，褐色至紫褐色，病斑周围有一圈黄绿色晕环，天气潮湿时，病部溢出黏性菌脓，不久病部干枯并脱落穿孔。枝梢受害会造成溃疡：一种为春季溃疡，在春季展叶时，枝条上出现暗褐色小疮痂，多发生在上年夏季抽出且受侵染的枝条上，病斑可向枝条纵横扩展，严重时可使枝条干枯；另一种为夏季溃疡，多发生于当年抽出的新梢上，以寄主皮孔为中心，出现油渍状褐色至紫褐色圆形或椭圆形、稍凹陷的病斑，但病斑的扩展有限，侵染性不大。

（2）霉斑穿孔病。叶片受害后出现褐色、圆形或不定形病斑，潮湿时病斑背面长出灰黑色霉层，最后病部脱落穿孔。枝梢受害出现长椭圆形黑褐色病斑，边缘紫褐色，龟裂和流胶。果实受害出现褐色斑点，边缘红色，中间略凹陷。

（3）褐斑穿孔病。叶片的病斑圆形或近圆形，褐色，边缘红褐色略带环纹，潮湿时两面都生有灰褐色霉层，最后病部干枯脱落穿孔，穿孔的边缘整齐。新梢和果实上的病斑与叶斑相似，潮湿时亦长出霉层。

2. 病原

（1）细菌性穿孔病。病原为黄单胞杆菌属的甘蓝黑腐黄单胞杆菌桃李致病变种，异名为核果黄单胞杆菌。菌体短杆状，一端有1～6根鞭毛。

（2）霉斑穿孔病。病原为嗜果刀孢霉，属半知菌亚门丛梗孢菌类的刀孢属。分生孢子梗有分隔，暗色。分生孢子长卵形至长梭形，有4～6个分隔，淡褐色，大小为（16～

28.5)μm×(9～10.5)μm。

（3）褐斑穿孔病。病原为核果假尾孢，异名核果尾孢，属半知菌亚门丛梗孢菌类的假尾孢属。分生孢子梗10～16根成束生长，不分支，橄榄色，大小为（12～32)μm×(3～4)μm。分生孢子倒棍棒形，棕褐色，有3～12个分隔，大小为（24～120)μm×(3～4)μm。

3. 发生规律

（1）细菌性穿孔病。病原细菌主要在春季溃疡病斑的组织内越冬，可存活1年以上。发育最适温度为24℃～28℃。次年在桃树开花前后，溢出菌脓，通过风雨和昆虫传播进行侵染。在树势较弱的情况下，潜育期只需4～5 d，若树势强壮，则可长达30～40 d。温暖、多雨及多雾露有利于病害发生。

（2）霉斑穿孔病。以菌丝体和分生孢子在病梢或芽鳞内越冬。次年春暖、潮湿时长出分生孢子，通过风雨传播进行侵染。低温（平均温度20℃左右）、多雨及潮湿天气适于此病发生。

（3）褐斑穿孔病。以菌丝体在病残组织或潜伏在病枝梢组织内越冬。次年春季，气温回升，遇雨便长出分生孢子，靠风雨进行传播侵染。

4. 防治方法

（1）农业防治。结合冬季清园，彻底清除枯枝、落叶及落果。加强肥水管理，增施有机肥和磷钾肥，保持适度结果量，以保持树势旺盛，增强抗病力。

（2）化学防治。在春季发芽前喷一次1～2波美度石硫合剂，可大量减少越冬菌源。在病害发生初期，喷施65%代森锌可湿性粉剂500倍液2～3次，可兼治多种穿孔病。

三、十字花科蔬菜软腐病

1. 症状

全国各地都有发生，以大白菜受害最重。无论在田间、窖内、运输途中或市场上都能发生。严重时，田间成片无收或引起全窖腐烂，损失极大。柔嫩多汁的组织开始受害，呈湿润半透明状，后变褐色，随即变为黏滑状。比较坚实少汁的组织受侵染后，也先呈水渍状，逐渐腐烂，但最后患部水分蒸发，组织干缩。

大白菜、甘蓝在田间发病，多从包心期开始。菜株腐烂有的从根髓或叶柄基部向上发展蔓延，引起全株或心髓组织完全腐烂，充满灰黄色黏稠物，臭气四溢，叶球用脚易踢落，俗称基腐型，青菜发病多为此类型；有的从外叶边缘或心叶顶端开始向下发展，或从叶片虫伤处向四周蔓延，最后造成整个菜头腐烂，俗称烧心型；还有的腐烂病叶在晴暖、干燥的环境下可以失水干枯变成薄纸状，称为烧边型。

萝卜受害多从根尖受虫伤或切伤处开始，初呈水渍状褐色软腐，病健分界明显，并常有汁液渗出。留种植株往往有老根外观完好，而心髓已完全腐烂，仅存空壳的现象。

2. 病原

病原为欧文氏菌属海芋欧氏菌和果胶杆菌属（原属黄单胞杆菌属）的胡萝卜软腐果胶杆菌胡萝卜亚种两种，我国以第一种为主。菌体短杆状，周围有鞭毛2～8根，大小为(0.5～1.0)μm×(2.2～3.0)μm，无荚膜，不产生芽孢，革兰氏染色阴性反应。培养基上菌落为灰白色或不定形，稍带荧光性，边缘明晰。

3. 发生规律

软腐病菌主要在病株和病残组织中越冬。田间病株、带病的采种株、堆肥及菜窖附近的病残体都存有大量病菌，是重要的侵染源。病菌主要通过昆虫、雨水和灌溉水传播，从伤口侵入寄主。由于病菌的寄主范围广，所以能从春到秋在田间各种蔬菜上传染繁殖，不断扩散，最后传到白菜、甘蓝、萝卜等秋菜上危害。该细菌在4℃～36℃都能生长发育，最适温度为27℃～30℃，在缺氧条件下能生长发育，pH为5.3～9.3都能生长，但pH为7.2最好。致死温度为50℃，不耐干燥和日光。病菌脱离寄主单独存在于土壤中，只能存活15 d左右，病菌通过猪的消化道以后能全部死亡。

软腐病多发生在白菜包心期以后，原因之一是白菜不同生育期的愈伤能力不同。试验证明，白菜幼苗期受伤，伤口3 h即开始木栓化，经24 h木栓化即可达到病菌不易侵入的程度。而莲座期以后，受伤12 h才开始木栓化，需经72 h木栓化才能达到细菌不能侵染的程度。植株生育后期的伤口有自然裂口，其次为虫伤。自然裂口又以纵裂为主，多发生在久旱降雨以后，病菌从裂口侵入后发展迅速，损失最大。多数则以虫伤侵入为主。

白菜包心以后多雨往往发病严重。因为多雨使叶片基部处于浸水和缺氧的状态，伤口不易愈合，又有利于病菌的繁殖和传播蔓延，多雨也常使气温偏低，不利于伤口愈合，同时促使害虫向内钻藏，软腐病菌随害虫进入而引起发病。此外，温度对幼苗期的愈伤能力很敏感，26℃～32℃经6 h伤口即开始木栓化，15℃～20℃时则需12 h，7℃时需24～48 h才能达到同等程度。平畦地易积水，土中氧气缺乏，不利于寄主根系或叶柄部愈伤组织的形成，故发病较重；与麦类、豆类轮作或与葱蒜间作发病轻；播种期早，包心早，则感病早，一般发病重，但与当年雨水多少有关。

4. 防治方法

（1）农业防治。

①轮作：尽可能选择前茬大麦、水稻、小麦、豆科植物的田块种植白菜，避免与茄科、瓜类及其他十字花科蔬菜连作。

②耕翻：及早腾地、翻地，促进病残体腐烂分解。

③高畦：仔细平整土地，非干旱地区采用高畦直播，南方深沟高厢种植。

④灌溉：整治排灌系统，实行沟灌或喷灌，严防大水漫灌。

⑤品种：选用青帮类型抗软腐病品种及疏心直筒品种。抗病毒病和霜霉病的品种也抗软腐病。

⑥播种：迟播使包心期后延，可避开雨季，有利于抗病。

⑦防伤：害虫为害后，能造成大量伤口，有利病害侵入。因此，要及时防治地下害虫、食叶害虫、跳甲和蚜虫等，减少虫伤，控制侵染。大力推广带状种植，避免施肥、打药等农事操作造成人为伤口。

（2）化学防治。发病前或发病初期，可喷施200 μg/mL农用链霉素，或50%灭菌成可湿性粉剂700倍液，注意喷在地面的叶柄和茎基部，可减轻发病程度。

四、十字花科蔬菜黑腐病

1. 症状

国内各地都有发生，以大白菜、甘蓝危害较为普遍。此病的症状特点是引起维管束坏死变黑。幼苗被害时，子叶呈现水浸状，渐渐枯死或蔓延至真叶，使真叶的叶脉上出现小黑点或黑色细条纹。成株发病多从叶缘开始，自叶缘向内延伸成“V”字形不规则的黄褐色病斑，病斑内的叶脉坏死变黑，严重时呈黑色网状，病叶最后变黄干枯。病菌能沿叶脉、叶柄发展，蔓延到茎部和根部，致死茎部、根部的维管束变黑，植株叶片枯死。萝卜的肉质根受害后外观症状不明显，但切开后可见维管束坏死变黑，严重时内部组织干腐，变为空心。

2. 病原

病原是黄单胞杆菌属的十字花科蔬菜黑腐病菌，又称野油菜黄单胞菌致病变种，菌体为短杆状，极生1根鞭毛。无芽孢，有荚膜，可链生。革兰氏染色阴性反应，不抗酸，好气性，在牛肉琼脂培养基上菌落淡黄色，并随菌龄增加而加深，无黏性，圆形或稍不规则，表面湿润有光泽。在马铃薯培养基上菌落呈浓厚的黄色黏稠状。

3. 发生规律

病菌在种子、病残体以及田间种株上越冬。种子带菌是发病的主要来源。病菌生长发育的温度范围为25℃～38℃，最高39℃，最低5℃，最适温度为27℃～30℃，pH为6.1～6.8较适宜。病菌能耐干燥，在土壤中的病残体上可存活1年以上，病残体腐烂分解后，病菌即随之死亡。

播种带菌的种子，病菌能从幼苗子叶叶缘的气孔侵入，引起发病。成株发病时，病菌多从叶缘水孔或虫伤口侵入，侵入后病菌先在薄壁细胞间繁殖，然后进入维管束组织，并向上、下扩展，造成系统性侵染。带病的种株栽植后，病菌可从果柄维管束进入种荚而使种子带菌。带菌种子是病害远距离传播的主要途径，田间传播主要靠雨水、灌溉水、昆虫和肥料等，病健株的接触亦能传染病害。当环境条件合适时，病菌大量繁殖，再侵染频繁，易造成流行。

高温、高湿有利于发病。早播，苗期多雨，地势低洼，浇水过多，与十字花科蔬菜连作，中耕施肥时伤根以及虫害严重的地块，发病都较重。暴风雨有利于病菌的传播，并使叶片因碰撞而产生伤口，故能加重发病。贮藏期高温，能使病害加剧发展。

4. 防治方法

（1）农业防治。

①种子处理：为确保种子不带菌，应做到无病地留种、选留无病种株及在无病株上采种。可用温汤浸种法进行种子处理，在50℃温水中浸种20 min，立即在冷水中冷却，捞出晾干后播种。但此法对质量较差的种子（不饱满、成熟度差）、1年以上的陈种子以及花椰菜种子等的发芽率有影响，应慎用。

②耕作施肥：与非十字花科作物实行2年轮作，可解决土壤带菌问题。或进行深翻地，加速病残体的分解和病菌的死亡。有机肥应充分腐熟后施用，以保证肥料不带菌和防止肥料烧根。

③无病土育苗：甘蓝、白菜育苗时选用1年内未种过十字花科作物的地块做苗床。

④防治害虫，减少传病媒介。

（2）化学防治。

①药剂浸种：可用50%代森铵水剂200倍液浸种15 min，然后洗净晾干播种；或用50%琥胶肥酸铜可湿性粉剂按种子重量的0.4%拌种，也可预防苗期黑腐病的发生。此外也可用农抗751杀菌剂100倍液15 mL浸拌200 g种子，吸附后阴干；或每千克种子用漂白粉10～20 g（有效成分）加少量水，将种子拌匀，后放入容器内封存16 h。

②药剂保护：在发病初期喷以下药剂有一定的防治效果，用链霉素或新植霉素200 μg/g，或50%氯溴异氰尿酸可溶性粉剂1200倍液，或12%松脂酸铜乳油600倍液，或金霉素500 μg/g，或50%代森铵水剂1800倍液，或70%敌点松原粉500～1000倍液。

五、黄瓜细菌性角斑病

黄瓜细菌性角斑病在全国各地都有发生，是露地黄瓜中、后期和温室、大棚黄瓜前期常见的病害。危害叶片和果实，严重时叶片干枯，果实腐烂，造成严重减产。

1. 症状

主要发生在叶片上，有时也侵染叶柄、卷须和果实。苗期至成株期均可受害。最初在叶上出现水渍状小斑点，后扩大，因受叶脉限制形成多角形黄褐色的病斑。潮湿时，叶背端斑处有白色菌脓，最后病斑容易开裂或穿孔。果实及茎上病斑初期呈水渍状，表面有白色菌脓。果实上病斑可向内扩展，沿维管束的果肉逐渐变色，并可蔓延到种子。幼苗发病时，子叶上初生水渍状圆斑，稍凹陷，后变褐色干枯。

2. 病原

病原是假单胞杆菌属的丁香假单胞菌角斑致病变种。菌体短杆状，一端具有1～5根鞭毛，大小为0.8 μm×(1.0～1.2)μm。

3. 发生规律

病菌在种子内或随病残体遗留在土壤中越冬。种子上的病菌能存活2年以上。病菌发育适温为25℃～28℃，致死温度为49℃～50℃，10 min即可致死。最适酸碱度pH为6.8。病菌越冬后，当环境条件适宜时，病菌被雨水溅至茎、叶上引起初侵染。接近地面的叶片和果实容易发病。天气潮湿时病斑上产生乳白色菌脓，通过雨水、昆虫和农事操作等途径传播，进行再侵染。病菌从气孔、水孔及伤口侵入。如播种带菌种子，在种子萌发时病菌侵害子叶，可引起幼苗发病。

温暖、多雨、地势低洼、昼夜温差大、重茬的环境条件下发病较重。

4. 防治方法

（1）农业防治。选用无病瓜留种及无病土育苗。进行2年以上的轮作。绑蔓在晴天或上午9：00以后进行，以免人为传播。生长期中及收获后及时清除病残体。露地避雨栽培，收获后及时清园和深翻。

（2）化学防治。

①种子消毒：可用福尔马林150倍液浸种1.5 h，或100万单位硫酸链霉素500倍液浸种2 h，冲洗干净后催芽播种。或用50℃温水浸种20 min。

②于发病初期或蔓延开始之时，喷2%春雷霉素（加收米）液剂26～54 mg/L，或47%细菌快克可湿性粉剂600倍液，或50%氯溴异氰尿酸可溶性粉剂1200倍液，或60%琥铜·乙铝·锌可湿性粉剂500倍液，或53.8%可杀得悬浮剂1000倍液，连防3～4次。此外也可选用硫酸链霉素或72%农用链霉素可溶性粉剂4000倍液，或1∶4∶600铜皂液，或1∶2∶300～400波尔多液，或125 mg的青霉素钾盐对水稀释成5000倍液，隔7 d喷药1次，连续防治3～4次。

六、菜豆叶烧病

叶烧病又称细菌性疫病、火烧病，是菜豆最常见的病害之一，全国各地均有发生。除危害菜豆外，还危害豇豆、扁豆、绿豆等。

1. 症状

叶、茎、荚、种子等部位均可发病。叶片上最初在叶的两面产生水渍状小斑点，扩大后呈不规则形，深褐色，边缘有黄色晕圈，干燥时似羊皮纸，半透明，质脆易破裂，最后全叶干枯，严重时似火烧状。茎上病斑红褐色，凹陷，近圆形或不规则形。种子受害后种皮皱缩，有淡褐色凹陷的小斑。潮湿时叶、茎、荚的病斑上常有黄色黏状物出现。

2. 病原

病原是黄单胞杆菌属的野油菜黄单胞菌菜豆致病亚种。菌体短杆状，极生单鞭毛，大小为（0.3～0.8)/μm ×(0.5～3.0)μm，革兰氏染色阴性反应，在琼脂培养基上生长的菌落为黄色、圆形。

3. 发生规律

病菌在种子内和土表病残体上越冬。在种子内的病菌可存活2年以上，土表的病残体如果被翻入土中，则其上的病菌随病残体的分解而死亡。带菌种子发芽时，细菌便侵入子叶而发病。病菌发育最适温度为30℃，最高38℃，致死温度为50℃，10 min便可致死。酸碱适宜pH为5.7～8.4，最适pH为7.3。病菌由雨水、虫传播，从水孔、皮孔及伤口侵入。病菌喜高温高湿，在有水滴的前提下，24℃～32℃的温度范围内均可发病，在高温条件下，潜育期一般为2～5 d，短的只有1 d左右，故高温多雨有利于发病。

暴风雨对发病最有利，因为不仅有助于细菌的传播，而且由于植株的摩擦造成大量伤口，从而有助于侵入，所以，夏季暴风雨后3～5 d，常出现全株叶片干枯脱落现象。高温多湿还能影响植株生长，降低抗病力。另外，凡虫害严重、肥力不足、杂草丛生和通风不良的豆地，发病较重。

4. 防治方法

（1）农业防治。选用无病种子或从无病株采种。可用50℃温水浸种10 min进行种子处理。选用抗病品种，一般蔓生种较矮生种抗病。重病地实行2～3年轮作，注意清洁田园并深翻土地。

（2）化学防治。

①种子消毒：50%福美双可湿性粉剂或敌克松原粉拌种，用药量均为种子重的0.3%。

②初发病时喷洒1∶1∶200的波尔多液，或86.2%氧化亚铜可湿性粉剂1000倍液，或78%科博可湿性粉剂500倍液，或40%细菌快克可湿性粉剂600倍液，或40%农用硫酸链

霉素可溶性粉剂2000倍液，或新植霉素4000倍液和抗菌剂“401”800～1000倍液等，每隔7～10 d喷1次，连喷2～3次。

七、枣疯病及泡桐丛枝病

丛枝病表现为枝叶丛生，是由原核生物的类菌原体侵染所致。主要有两种：一是枣疯病，俗称公枣树、枣树扫帚病，分布于河南、河北、陕西、山东、山西、江苏、安徽、浙江、四川、湖北、贵州、云南、广西、辽宁和湖南等地区，是枣树的重要病害之一；另一种是泡桐丛枝病，又名凤凰窝，为害泡桐，在枝、叶、干、花和根部均可表现畸形，分布于河北正定、山东、河南、陕西、安徽、湖南、湖北、江苏、浙江及江西等地区。

1. 症状

（1）枣疯病。染病植株地上和地下部分都可发病。地上部分主要表现为枝叶丛生和花器返祖等畸形变化。染病后一年生枝上的正芽、多年生枝上的隐芽大部分萌发成发育枝，其余的芽大部分萌发成小枝，逐渐形成丛生枝。病枝纤细，所生的叶片小而淡黄，入秋后干枯，不易脱落，呈现小叶型。另有花叶型，但发生较少，常在新梢顶端的叶片上产生，病叶比正常叶小一半左右，叶色黄绿相间，有时明脉，叶缘卷曲，叶面呈凸凹不平的花叶，质地硬而脆，容易焦枯。病株花器退化为营养器官者，花梗变大，呈明显的小分枝，萼片、花瓣、雄蕊皆可变为小叶，有时雌蕊变为小枝，柱头顶端变成两片小叶，使结果枝变成细小密集的丛生枝。根部受害，由于主根大量不定芽萌发，形成一丛短疯枝，一枝侧根可出现若干丛病根蘖。

（2）泡桐丛枝病。隐芽大量萌发，侧枝丛生，纤细，呈扫帚状。叶小，黄化，有时皱缩。幼苗病后矮化。花瓣变叶状，花柄或柱头生出小枝，花萼变薄，花托多裂，花蕾变形。病苗翌春发芽早，顶梢多枯死。根系丛生状。该病发生在侧枝上对树木生长影响较小，如发生在主干则大大降低树木的高生长和粗生长。苗木被害后可于当年枯死。

2. 病原

两病均由类菌原体（MLO）引起。电镜下为圆形或椭圆形，其中枣疯病病原直径大小为90～260 nm，泡桐丛枝病病原直径大小为200～820 nm，无细胞壁，但具有界线明显的3层单位膜，内部具有核糖核蛋白颗粒和脱氧核糖核酸的核质样纤维。近年，有人将其归入植原体属。该病原必须依靠介体昆虫传播。

3. 发生规律

（1）枣疯病。植株初发病时，多半是从一个或几个大枝及根蘖先发病，也有全株同时发病的。症状往往由局部到全体。发病后，小树1～2年、大树3～4年即可死亡，个别可维持到5年左右。此病可通过嫁接、分根传播，也可通过中国拟菱纹叶蝉传播。潜育期最短为25～31 d，最长达1年以上。苗木比大树发病快，病原物侵入后，首先运行到根部，然后由根部传导至全株。病原在寄主体内运行的方向与树体养料运行方向一致。栽培品种中，抗病力有差异，一般金丝小枣、圆铃枣最易感病，大红枣比较抗病，交城酸枣和朱红枣免疫。

（2）泡桐丛枝病。山地土壤干旱瘠薄，管理粗放，树势弱者发病重；嫁接苗3～4年后发病重；根蘖苗进入结果后发病重。盐碱地可增加枣树的抗病性。

可借嫁接传播，烟草盲蝽、茶翅蝽和南方菟丝子能传毒。不同地理条件及生态环境对该病的发生蔓延关系密切，发病有一定的地域性，高海拔地区往往较轻。种子育苗未见发病。实生苗、根育苗的代数越多，发病越重。留根育苗和平茬育苗的时期越久，病越重。品种间发病率差异大，一般白花泡桐、川泡桐、台湾泡桐较抗病，楸叶泡桐、绒毛泡桐、兰考泡桐发病率较高。同一树种不同种源的发病率也有差异。

4. 防治方法

（1）农业防治。

①枣疯病：清除病株，砍除病枝，消灭病原，连续2～3年可基本上控制当地病害。在无枣疯病的枣园中采接穗、接芽或分根进行繁殖，以培育无病苗木。苗圃中一旦发现病苗，应立即拔掉。挖根蘖苗时，应严格选择。实行枣粮间作，加强枣园肥水管理，增强树势，提高抗病力，阻止病害传播。抗病育种，选用抗病品种，如酸枣和大红枣等做砧木。

②泡桐丛枝病：实行种子育苗。选用无病母树供采种和采根用。注意从实生苗根部采根。培育一年生苗木，不用留根苗和平茬苗。采根后用40℃～50℃温水浸根30 min，然后晾根2 d再育苗。及时检查苗圃和幼林地，发现病株刨除烧毁。

（2）化学防治。春季在树液主流回升之前于病枝基部环剥树皮，但不要修除；秋季在当年发病停止后树液回流之前修除病枝，治疗效果可稳定在90%左右。用2%～5%硼酸钠，以树干注射机髓心注射或根吸。不从疫区引种。注意栽混交林。选栽抗病品种。

第三节　园艺植物病毒病害

从引起的病害数量和危害性来看，病毒是仅次于真菌的重要病原物。蔬菜上的许多病毒病都是生产上的突出问题，如大豆花叶病毒、大白菜病毒病、油菜病毒病、黄瓜病毒病、番茄病毒病等。

一、十字花科蔬菜病毒病

1. 症状

此病在我国各地发生普遍，常年田间发病率为10%～30%，重病地可达70%～80%，还严重危害油菜。由于病原病毒种类或株系不同，被害十字花科蔬菜品种及环境条件不同，症状也有较大差异。

（1）白菜病毒病。在田间白菜和青菜幼苗受害，首先心叶出现明脉及沿叶脉失绿，后呈花叶或皱缩，结球内部的叶片上常有许多灰色斑点，品质与耐贮性都较差；重者叶变硬脆，皱缩成团并有许多褐色斑点，叶背叶脉上也有褐色坏死条斑，并出现裂痕，病株严重矮化、畸形，大白菜不能结球。重病株的根系多不发达，须根很少，病根切面呈黄褐色。带病的留种株次年种植后，较轻的花梗弯曲、矮化，花早枯，很少结实，即使结实，籽粒亦不饱满；严重的花梗未抽即死亡。

油菜、芜菁、胡萝卜及榨菜等症状与白菜基本相同。心叶初现明脉，后呈花叶、皱缩。重病株矮化、畸形；轻病株一般正常，但抽薹后多结实不良。

（2）甘蓝病毒病。受害幼苗叶片上产生褪绿圆斑，直径为2～3 mm，对光检视较明显，后期叶片呈现淡绿或黄绿色斑驳或明显的花叶症。老叶背面有黑色的坏死斑。病株较健株发育缓慢，结球迟且疏松。开花期间叶片上斑驳更明显。

2. 病原

根据全国各地对十字花科蔬菜病毒病的病原鉴定，该病原主要由以下3种病毒单独或复合侵染所致。

（1）芜菁花叶病毒（Turnip mosaic virus，TuMV）。又称芸薹病毒2号。病毒粒体线条状，（700～760）nm×（13～15）nm，病毒外壳蛋白分子质量为27 000 u，RNA的分子质量为 3.2×10^6 u。电镜下病组织超薄切片中具有风车状的内含体。病毒的稀释限点为2000～5000倍，失毒温度为55℃～65℃，体外保毒期为24～96 h。其分布普遍，危害性大，是全国各地十字花科蔬菜病毒病的主要病原。除危害十字花科蔬菜外，还能侵染菠菜、茼蒿、荠菜、车前草等杂草。TuMV有多个株系，用十字花科蔬菜组成的寄主谱，根据致病特性分7个株系群，即普通株系（Tu1）、小白菜株系（Tu2）、海洋白菜株系（Tu3）、大陆白菜株系（Tu4）、甘蓝株系（Tu5）、花椰菜株系（Tu6）和芜菁株系（Tu7）等。

（2）黄瓜花叶病毒（Cucumber mosaic virus，CMV）。除危害十字花科蔬菜外，葫芦科、茄科等多种蔬菜亦能被侵染（详见茄科蔬菜病毒病），并可与TuMV复合侵染。

（3）烟草花叶病毒（Tobacco mosaic virus，TMV）。又称烟草花叶病毒1号。只有一小部分十字花科蔬菜病毒病由其所致（详见茄科蔬菜病毒病）。

此外，尚有白菜沿脉坏死病毒（CVNV）、萝卜花叶病毒（RaMV）、烟草环斑病毒（TRV）、花椰菜花叶病毒（CaMV）及车前草花叶病毒（RMV）等引起十字花科蔬菜病毒病。

3. 发生规律

长江流域及华东地区，病毒可以在田间生长的十字花科蔬菜、菠菜上越冬，引起第二年十字花科蔬菜发病。广州地区周年种植小白菜、菜心和西洋菜，是病毒的主要越夏寄主。在华北和东北等地，病毒在贮藏的白菜、甘蓝、萝卜及采种株上越冬，也可在菠菜宿根作物及田边杂草上越冬，春季传到十字花科蔬菜上，再经夏季的甘蓝、白菜等传到秋白菜和秋萝卜上。

TuMV可以由蚜虫传染，CMV由蚜虫和汁液传染。但田间病毒传播主要是蚜虫，如菜缢管蚜又称萝卜蚜以及桃蚜、甘蓝蚜、棉蚜等，以桃蚜和菜缢管蚜传毒为主。蚜虫传毒是属于非持久性的。有翅蚜比无翅蚜活动能力强、范围广，因而传病作用大。病株种子不传病。病毒侵染幼苗的潜育期为9～14 d。潜育期长短视气温和光照而定。一般气温在25℃左右，光照时间长，潜育期短；气温低于15℃，潜育期延长，有时甚至呈隐症现象。

苗期气温高和干旱，病毒病发生较严重。因为高温干旱对蚜虫繁殖和活动有利，且不利于蔬菜生长，抗病性减弱。土温高且土壤湿度低，病毒病发生较重。病害发生与蔬菜的生育期有关，白菜幼苗7叶期以前最易感病，受侵染以后多不能结球，危害最重；后期受侵染发病轻。侵染越早，发病越重。十字花科蔬菜互为邻作，病毒能互相传染，发病重。不同的白菜品种的抗病性有显著差异，青帮品种比白帮品种抗病。

4. 防治方法

（1）农业防治。

①抗病品种：选育和应用抗病品种是防治病毒病的重要途径，利用抗病品种应注意复壮，以保持品种的抗病性。

②栽培技术：秋白菜适期播种，使幼苗期避开高温、干旱，减少蚜虫传毒，但播种不能过晚，否则影响产量。播种适期要根据当年气候、品种特性和不同地区的具体情况来决定。种植地应尽量与前作或邻作的十字花科蔬菜地错开，以便减少毒源。加强苗期管理，早间苗、早定苗和拔除病株。加强肥水管理，降低土温，培育壮苗，增强幼苗抗病力。

③避蚜防病：用银灰色或乳白色反光塑料薄膜或铝光纸保护白菜幼苗，能起到避蚜的作用。

（2）化学防治。

①治蚜：蚜虫是传毒的主要媒介。播种前消灭秋白菜附近的夏甘蓝、黄瓜等毒源植物上的蚜虫，以减少其密度和传毒的机会。在十字花科蔬菜出苗后至7叶期前，每5 ~ 7 d喷药1次，及时消灭幼苗上的蚜虫。常选用的药剂有10%吡虫啉可湿性粉剂1500倍液、25%吡蚜酮可湿性粉剂2000倍液、1.8%阿维菌素乳油2500倍液及40%乐果乳油1000倍液等喷雾，或50%抗蚜威可湿性粉剂每667 m^2用有效成分5 ~ 10 g加水50 ~ 60 kg喷雾。

②治病：发病初期开始喷洒新型生物农药——抗毒丰（0.5%菇类蛋白多糖水剂，原名抗毒剂1号）300倍液，或0.2%宁南霉素水剂300倍液，或1.5%植病灵2号乳剂1000倍液，每隔10 d喷1次，连续防治2 ~ 3次。

二、茄科蔬菜病毒病

1. 症状

全国各地都有发生，以番茄受害最重。茄子受害一般较轻；辣椒发病常造成花叶和顶芽枯死，对产量影响较大；马铃薯植株受害后发育畸形、矮小，特别是长江流域以南地区可使种薯退化，不能自行留种，给生产造成很大困难。

（1）番茄病毒病。染病后常有以下三种病状类型。

①花叶型：受害叶片引起轻微花叶、微显斑驳或明显花叶，新叶变小，叶脉发紫，扭曲畸形，植株矮小，下部多卷叶，可导致大量落花、落蕾，果变小，多呈花脸型。

②条斑型：在植株茎秆上、中部初生暗褐色下陷的短条纹，后变为深褐色下陷的油渍状坏死条斑，逐渐扩大以致病株萎黄枯死。病果畸形，果面散布不规则形褐色下陷的油渍状坏死斑。叶上出现许多小型枯死斑。

③蕨叶型：初期顶芽幼叶细长，病叶展开比健叶慢，或螺旋形下卷，叶片狭小，叶内组织退化，甚至不长叶肉，仅存中脉；病株矮缩，下部叶片边缘上卷成管状，上部叶片细小形成蕨叶；全株腋芽发出的侧枝都生蕨叶状小片，上部复叶呈丛枝状。

（2）茄子病毒病。多在成株期发病，叶片呈淡黄与浓绿相间的花叶，叶面皱缩不平，新叶细小、变形。

（3）辣椒病毒病。以花叶型为主，也有不少条斑型，或顶芽枯死，下部叶腋又抽出新芽。

（4）马铃薯病毒病。表现有皱缩花叶和卷叶的两种症状类型。皱缩花叶型在叶片上出现深浅不匀的病斑，叶片缩小，叶尖向下弯曲、皱缩，全株矮化，呈黑色坏死斑，并使叶、叶柄及茎变脆，严重时全株发生，顶部叶片严重皱缩斑驳。卷叶型为叶缘向上卷曲，病重时呈圆筒状，病叶缩小，色泽较淡，有时叶背呈红色或紫红色，如遇天气干旱，病叶也不萎蔫下垂。病株表现矮化，且有时早死。块茎瘦小，薯块簇生于母薯附近，块茎剖面的韧皮部腐坏，有的呈黑色网状。

2. 病原

（1）烟草花叶病毒（TMV）。本病毒的寄主范围广，可侵染36科200多种植物，是一种抗性最强的植物病毒。在电镜下观察，粒体呈杆状，大小为280 nm×15 nm，在寄主细胞内能形成不定形的内含体。主要由汁液接触传染，土壤亦可传播。失毒温度为90℃～93℃，稀释限点1∶10 000～1 000 000，体外保毒期可数年，有的甚至达30年以上。在指示植物上的反应：普通烟表现系统性花叶，心叶烟和曼陀罗为局部枯斑，不危害黄瓜。

（2）黄瓜花叶病毒（CMV）。本病毒寄主范围很广，约有39科117种植物能被侵染。在电镜下观察粒体呈球状，直径为28～30 nm，由蚜虫媒介、汁液传染。失毒温度为60℃～70℃，稀释限点1∶10 000，体外保毒期3～4 d，不耐干燥。在指示植物上的反应：普通烟、心叶烟、曼陀罗均表现系统花叶；黄瓜呈现花叶；苋色藜、黑籽豇豆和蚕豆表现局部枯斑；在番茄上主要引起蕨叶；茄子和辣椒上引起花叶，为主要毒源。CMV一般可划分为普通系、轻病系、黄斑系、黄色微斑系和豆科系5个系。

（3）马铃薯X病毒（Potato virus X，PVX）。该病毒的粒体呈线条状，大小为520 nm ×（10～12）nm。由汁液接触传染，昆虫媒介不传染。失毒温度为60℃，稀释限点为1∶10 000，体外保毒期为2～3个月。在指示植物千日红上呈现局部枯斑。此病毒仅危害茄科植物，在马铃薯上只发生轻微花叶或斑驳，俗称普通花叶病。

（4）马铃薯Y病毒（Potato virus Y，PVY）。本病毒的粒体呈弯曲长线状，大小为730 nm × 10.5 nm。失毒温度为52℃，稀释限点为1∶1000，体外保毒期为24～36 h。传播方式有汁液接触传染和蚜虫媒介传染。病毒在指示植物上的反应：枸杞、野生马铃薯和洋酸浆上产生局部枯斑，千日红和曼陀罗对其是免疫的。除危害茄科植物外，还危害三叶草、豌豆等作物。PVY在马铃薯植株上表现花叶，以后再形成黑色环斑或条斑，称为条斑花叶病。当PVY和PVX复合侵染时，即可发生皱缩花叶症。PVY也可分为不同株系。

此外，尚有马铃薯卷叶病毒（PLRV）和马铃薯轻花叶病毒（PVA）等。复合侵染在自然条件下是很常见的，当TMV和PVA复合侵染番茄时，造成复合条斑症，其主要特点为条斑较小，而且不凹陷；当TMV和CMV复合侵染番茄时，也可造成复合病状，因此，常造成鉴别上的困难。

3. 发生规律

TMV主要通过农事操作传播，番茄种子附着的果肉残屑也带毒。由于病毒的寄主范围很广，因此可以在多年生野生或栽培寄主内越冬。此外，TMV还可在干燥的烟叶、卷烟和病残体中存活相当长的时间，成为病害的初侵染源。CMV主要在多年生宿根植物或杂草上越冬，通过蚜虫传毒。

番茄花叶病适宜发生的温度为20℃，25℃以上趋向隐症。一般在5月下旬大量发生，6月中旬渐趋向隐症。番茄条斑病于5月下旬平均气温20℃左右开始发生，6月上中旬平均气温25℃左右病害流行，病区大部局限于近郊，重病田块多邻近建筑物或低洼地。同时，番茄条斑病又与降水有关，番茄定植后即遇连续阴雨直至5月初，降水量达到50 mm的年份就可能是重病年。蕨叶病和卷叶病由蚜虫传播，特别是桃蚜，因此桃园附近一般发病普遍而严重。与黄瓜地邻近时发病常较重。在高温干旱的气候条件下，有利蚜虫的大量繁殖和有翅蚜的迁移传毒，蕨叶病、卷叶病发生严重。而花叶病和条斑病主要是由汁液接触传染，因农事操作能造成植株的相互摩擦而导致汁液传染，发病常严重。

土壤缺钙、钾等元素，能助长花叶病发生。条斑病在黏重而含腐殖质多的土壤中能较长期的保存毒力。在自然情况下，幼嫩植株发病常由带毒土壤接触摩擦引起，特别当移栽后不久幼苗的嫩叶与带毒土壤接触时易引起传染。土壤排水不良、土层瘠薄、追肥不及时，番茄花叶病常较重，反之发病就轻。

4. 防治方法

控制茄科蔬菜病毒病的发生与流行，应采用以农业防治为主的综合防病措施。其中最重要的是克服一切不利因素，培育植株发达的根系，促进其健壮生长，增强其对晴雨骤变的适应性，并在高温出现之前使植株组织生长达到一定的老健程度，提高对病害的抵抗力。

（1）农业防治。

①无病种株：夏季留种或二季留种，即将马铃薯的播期延迟到夏季，以避开结薯期的高温，用此块薯作种，第二年发病轻；或选用早熟品种，春播马铃薯稍提前收获，然后在同一地块薯种作种，第二年发病轻。此外，马铃薯还可以采用茎尖组织培养来获得无病毒植株。番茄等移苗时要严格挑选无病苗移植，并用10%磷酸三钠溶液洗手消毒；农事操作时，应以肥皂水或磷酸三钠溶液充分洗擦手及使用用具等，应先处理健株，后处理病株。

②抗病品种：目前番茄已选出许多抗病品种或杂交一代，在防病增产中起到了很大的作用，如小鸡心、费洛雷特和荷兰5号等品种比较抗花叶病。辣椒中一般锥形椒抗病，如重庆凤凰椒、九江辣椒和杭州早羊角抗病。马铃薯中马尔草、阿奎拉、渭会4号和抗疫1号等品种抗卷叶病。

③种子处理：番茄和辣椒等的种子在播种前先用清水浸泡3～4 h，再放在10%磷酸三钠溶液中浸泡20～30 min，捞出后用清水洗干净，或用0.1%高锰酸钾浸种30 min后，催芽播种；对种子进行70℃处理3 d或80℃处理1 d发热处理，效果也很好。马铃薯种薯经35℃处理56 d或36.6℃处理39 d，或芽切块后每天变温处理，即40℃处理4 h及16℃～20℃处理20 h，共56 d的变温处理均可除去卷叶病毒。

④深耕轮作：在番茄重茬地上，感染TMV的病毒残体是经土壤感染的主要来源，定植用地要进行3年以上轮作，结合深翻，促使带毒病残体腐烂；有条件的施用石灰，促使

土壤中病残体上的MTV钝化。

⑤培育壮苗：长江中下游地区，春番茄适时播种可在12月上旬至翌年1月间，并在育苗阶段要加强苗期管理，培育壮苗。在定植前7～10 d，可用2500倍矮壮素溶液灌根，每株100 mL，苗期或坐果期还可连续喷50～100 μg/mL增产灵。定植时酌情蹲苗5～6 d，可促使番茄根系发育旺盛，提高抗病力。加强肥水管理，底肥应增施磷钾肥，花叶病在发病初期用1%过磷酸钙或1%硝酸钾做根外追肥，都有一定的控病效果，在坐果初期也应避免缺水、缺肥。

（2）化学防治。

①治蚜：自苗床子叶期至大田定植后，第一层果实膨大期应抓紧灭蚜或避蚜防病工作。马铃薯在留种地及时防蚜，提倡采用防虫网，防止蚜虫传毒，尤其是高温干旱年份要注意及时喷药治蚜，治蚜方法可参照十字花科病毒病的防治。

②防病：用1：200～300的0.2%宁南霉素水剂，在分苗、定植、绑蔓及整枝时喷射，这一钝化剂对防止TMV在操作时的接触传染具有较强的抑制作用；或在定植前后各喷1次24%混脂酸·铜（毒消）水剂700～800倍液，或10%混脂酸水乳剂100倍液（83增抗剂），能诱导番茄耐病又增产。

（3）生物防治。

①应用弱病毒产疫苗N14和卫星病毒S52处理幼苗，提高植株免疫力，兼防烟草花叶病毒和黄瓜花叶病毒。也可将弱毒疫苗稀释100倍，加少量金刚砂，用2～3 kg/m^{2}的压力喷雾。

②应用卫星病毒RNA（S_{52}）防治黄瓜花叶病毒，即人工合成黄瓜花叶病毒卫星核糖核酸的单体和双体基因，再将其转移到番茄细胞核染色体上，获得具有抗病性基因的生物工程植株，防病效果显著。

三、瓜类病毒病

1. 症状

我国各地分布普遍，尤以西葫芦、西瓜发病最重，前者重的年份发病率高达50%～100%，甜瓜、南瓜、丝瓜和黄瓜次之。各种瓜的病毒所表现的症状大同小异。叶片受害呈深浅绿色相间的花叶或黄白色斑驳；严重时叶变小，皱缩畸形。南瓜和西葫芦果面凹凸不平，有深浅绿色斑驳或环斑。

2. 病原

（1）黄瓜花叶病毒（CMV）。在西葫芦、笋瓜和南瓜上引起黄化皱缩，甜瓜上引起黄化，黄瓜上则为系统花叶，不侵染西瓜。黄瓜种子不带毒，而甜瓜种子带毒率高达16%～18%。

（2）甜瓜花叶病毒（Melon mosaic virus，MMV）。病毒稀释限点为1：2500～3000，失毒温度为60℃～62℃，体外保毒期3～10 d。病毒由蚜虫、瓜叶虫媒介及汁液传染，早期受侵染的甜瓜种子带毒率高达36%～70%，其他时期的为10%～20%；黄瓜种子带毒。只侵染葫芦科植物。在甜瓜、白兰瓜、哈密瓜上引致系统花叶；在西葫芦上叶片呈斑驳、鸡爪叶，果实上呈凹凸不平的黄绿色斑驳；西瓜上表现为花叶、小叶或皱叶。

（3）西瓜花叶病毒（Watermelon mosaic virus，WMV）。病毒粒体长为750 nm，稀释限点1∶100 000，失毒温度55℃～60℃，体外保毒期为16～32 d。由汁液及蚜虫媒介传染，种子不带毒。除侵染葫芦科植物外，还可侵染苋色藜产生褪绿斑。

（4）南瓜花叶病毒（Squash mosaic virus，SqMV）。病毒粒体球形，直径为30～33nm，稀释限点1∶100 000，失毒温度70℃，体外保毒期5 d，自然条件下蚜虫不传播，而由甲虫传播。病毒不侵染黄瓜，也很难侵染甜瓜。南瓜和西葫芦受侵染后导致鸡爪叶、畸形、深绿色疤斑等。此外，还有烟草环斑病毒（Tobacco ring spot virus，TRSV）、黄瓜绿斑驳花叶病毒（Cucumber green mottle mosaic virus，CGMMV）和白兰瓜花叶病毒（OPMV）等。

3. 发生规律

CMV、MMV及WMV因在黄瓜种子上不带毒，但前者可以在一些宿根性的杂草根上越冬，如反枝苋、荠菜、刺儿菜等杂草都是CMV的寄主，有的又是蚜虫的越冬场所，另外菠菜、芹菜等也带有CMV，均可作为黄瓜病毒病初侵染的毒源。甜瓜种子可带毒，带毒种子培育的幼苗是田间初侵染的毒源。瓜类作物生长期间除蚜虫、甲虫等传毒外，田间农事操作和汁液接触也可扩大蔓延。CMV和MMV在日平均温度为25.5℃时潜育期最短，CMV为7 d，MMV为7～9 d；日平均温度在18℃以下，两病毒的潜育期约延长为11 d。

通常温度高、日照强和干旱条件下发病重，故多在夏季盛发。因为此时不仅有利于蚜虫的繁殖和有翅蚜的迁飞，而且对病毒增殖、缩短潜育期、增加田间再侵染有关，干旱又降低了植株的抗病性，所以发病重。瓜类播期及生长初、中期，如缺水、缺肥、管理粗放等，则发病较重。西葫芦适期早播、早定植的花叶病发病轻，否则迟播、晚定植发病重。瓜田杂草丛生及瓜地附近有番茄、辣椒和甘蓝、菠菜等作物，由于毒源多，发病也重。

4. 防治方法

（1）农业防治。

①抗病品种：国际上防治黄瓜花叶病基本上采用抗病品种。黄瓜中的原始型品种及亚洲长型黄瓜都有不同程度的耐病性，如宁阳刺瓜、北京大刺瓜均较耐病。凡瓜形长而细、刺多而皮硬、色泽青黑的品种较耐病。西葫芦抗病品种有天津25号、邯郸西葫芦等，西瓜抗病品种有郑杂7号、浙蜜2号、新红宝及新澄1号等。

②种子处理：留种地应远离蔬菜地，且进行一系列综合防病措施，保证获得无毒种子。甜瓜种子可在播种前用60℃～62℃温水浸种10 min或55℃水浸种40 min后，移入冷水中冷却后再播种，或用10%磷酸三钠溶液浸种20 min然后水洗，或干种子在70℃干热处理3 h，对钝化种子上的病毒有一定的效果。

③培育壮苗：合理施肥和用水，使瓜秧健壮，以增强抗病力。在农事操作中应将病、健株分开进行，以免传毒，或在操作过程中用肥皂水洗手，及时防治蚜虫及彻底清除杂草。露地栽培还可用银灰色地膜或悬挂银灰色塑料膜条以驱避蚜虫。

（2）化学防治。

①治蚜：方法可参照十字花科病毒病的防治方法。

②防病：发病初期开始喷洒24%混脂酸·铜（毒消）水剂700～800倍液，或2%宁南霉素水剂500倍液，或0.5%菇类蛋白多糖水剂（原名“抗毒剂1号”）300倍液，或20%吗啉胍·乙酸酮可湿性粉剂500倍液，或0.5%植病灵Ⅱ乳剂1000倍液，或83增抗剂100倍液等进行防治。

四、豆科蔬菜病毒病

1. 症状

植株受害，嫩叶初呈明脉、失绿或皱缩现象，继续长出来的嫩叶呈现花叶，花叶的绿色部分突起或凹下形成袋状，叶片通常向下弯曲，有些品种感病后叶片变为畸形。感病植株矮缩或不矮缩，开花延迟，果荚很少发生病状。菜豆黄花叶病毒所引起的病状一般比较严重，花叶的颜色较黄，叶片向下弯曲也较严重。

2. 病原

（1）菜豆普通花叶病毒（Bean common mosaic virus，BCMV）。病毒粒体线状，长750 nm，致死温度为56℃～58℃，稀释限点1：1000，体外保毒期3～4d。主要靠蚜虫媒介及汁液接触传染，种子带毒率为30%～50%。病毒除侵染菜豆外，还侵染豇豆、蚕豆及扁豆。

（2）菜豆黄色花叶病毒（Bean yellow mosaic virus，BYMV）。病毒粒体线状，大小为750 nm×(13～14)nm，致死温度为56℃～60℃，稀释限点为1：800～1000。主要靠蚜虫媒介及汁液接触传染，种子不带毒。除侵染菜豆外，还侵染豇豆、蚕豆、豌豆及扁豆等。

（3）黄瓜花叶病毒菜豆株系（Cucumber mosaic virus-phaseoli）。除能侵染菜豆引起花叶外，其他特性与普通黄瓜花叶病毒相同。

（4）豇豆花叶病毒（Cowpea mosaic virus，COMV）。病毒粒体棒状，长750 nm，致死温度为60℃～62℃，稀释限点为1：3000～4000，体外保毒期为3～4 d。主要靠蚜虫传播，种子带毒

3. 发生规律

由菜豆普通花叶病毒和豇豆花叶病毒引起的花叶病主要靠种子传毒，此外也可通过桃蚜、菜缢管蚜、棉蚜及豆蚜等传毒；菜豆黄色花叶病毒和黄瓜花叶病毒菜豆株系为初侵染源，主要来自越冬寄主，在田间也可通过桃蚜和棉蚜传播。该病受环境条件影响，26℃以上高温，多表现重型花叶；矮化或卷叶18℃显症轻，只表现轻微花叶；20℃～25℃利于显症；光照时间长或强度大，症状尤为明显。土壤中缺肥、菜株生长期干旱则发病重。

4. 防治方法

（1）农业防治。

①选育抗病品种，如早熟14号、芸丰、优胜者、春丰及早白羊角菜豆等抗病性强。

②建立无病留种田，选用无病种子。

③加强田间管理，培育壮苗，适期早定植，及时铲除田间杂草，采用配方施肥技术，避免偏施氮肥，合理浇水促进生长，提高植株的抗病力。

（2）化学防治。

①治蚜：从苗期开始喷药防蚜。治蚜方法可参照十字花科病毒病的防治方法。

②防病：发病初期喷0.2%宁南霉素水剂200～300倍液，或1：100～150生豆浆，或1.5%植病灵乳剂1000倍液，或83增抗剂100倍液等，可以控制病情的发展。还可选喷病毒快克、病毒KⅡ、病毒A和病毒宁等药剂，每隔5～7 d喷1次，连续2～3次。

第四节　园艺植物线虫病

一、蔬菜根结线虫病

1. 症状

蔬菜根结线虫病在我国各地均有分布，本病寄主范围广，危害瓜类、茄科、十字花科及其他多种蔬菜，其中以棚室黄瓜发病率高，不仅影响蔬菜作物生长，而且还加剧了镰孢枯萎病发生。

该病主要发生于根部，以侧根及支根最易受害，一般地上部分没有明显症状，根部被害后可产生根结。豆类、瓜类蔬菜被害在主、侧根形成较大串珠状的根结，整个根肿大，粗糙，呈不规则状；而茄、十字花科和芹菜等则在新生根尖产生较小根结。在肿大根外常见透明胶质状卵囊。重病株地上部分生长衰弱，夏季中午植株常呈萎蔫状。

2. 病原

本病由根结线虫属的多种线虫侵染所致。该属不同的线虫危害不同蔬菜种类，其中以南方根结线虫为重要，其次爪哇根结线虫和花生根结线虫等为常见的种。

南方根结线虫成虫为雌雄异型，雌虫固定寄生在根内，膨大呈梨形或球形，前端尖，乳白仁。大小为（0.4～0.6）mm×（0.3～0.8）mm。解剖根结则肉眼可见线虫，是诊断根结线虫病的主要依据，每个雌虫可产卵500～1000粒，雌虫的会阴花纹是该属分种的重要依据。雄虫呈线状，无色透明，尾稍钝圆，大小为（1～1.5）mm×（0.03～0.04）mm，主要生活在土中。

龄幼虫为侵染虫态，线状，无色透明，比雄成虫要小得多。3龄和4龄幼虫膨大为囊状，固定寄生于根结内。卵长椭圆形、肾脏形，大小为（0.09～0.1)mm×(0.03～0.04)mm。

3. 发生规律

以2龄幼虫在土中越冬；或雌虫当年产的卵不孵化，于卵囊中随病根留在土中越冬。第二年环境适宜时越冬卵孵化为幼虫，或越冬幼虫伺机侵入寄主的幼根，定居在根内生长发育，引起寄主皮层薄壁细胞过度生长，形成巨型细胞，并引起细胞增生，最后形成根结。幼虫在根结内生活，以土壤温度为25℃～30℃、土壤持水量在40%左右时发育最适宜，一般在10℃以下即停止活动，致死温度为55℃。幼虫经3次蜕皮发育为成虫。雌雄成虫交尾后，雌虫产卵于胶质囊中，卵囊附于阴门外，常裸露于根结外。1龄幼虫在卵内孵化，2龄幼虫破卵而出，离开植物体到土中，进行再次侵染或在土中越冬。

根结线虫是好气性的，凡地势高燥、结构疏松、含盐量低而呈中性反应的沙质土壤，都适宜于根结线虫活动，因而发病重；土壤潮湿、黏质土壤、结构板结等均不利根结线虫活动，故发病较轻。连作地、连作期长危害严重。发病地如长期浸水4个月，可使土中线虫全部死亡。根结线虫的虫瘿多分布在表层下20 cm的土中，特别是在3～9 cm内最多，因线虫的活动力有限，而土层深透气性差，则不适宜线虫生活。如土壤深翻后，大量虫瘿从上层翻到底层，可以消灭一部分越冬的虫源，同时表层土壤疏松而干燥不利于线虫活动，虫源相对减少。

4. 防治方法

（1）农业防治。

①轮作：轮作能使病情减轻，若能进行3年以上轮作，效果更显著，最好与禾本科作物水旱轮作。另外，抗、耐病菜类的种植可减少损失，也可降低土壤中线虫量，减轻下茬受害。

②水淹：有条件地区对地表10 cm或更深土层淤灌几个月，可在多种蔬菜上起到防止根结线虫侵染、繁殖和增长的作用，根结线虫虽然未死，但不能侵染。

③土壤高温灭菌：提倡于7月中旬至8月中旬选用土壤高温灭菌法，先深翻疏松土壤，按栽植蔬菜种类起垄，垄高15 cm，以利提高地温和灌水。每1000 m^2撒1～3 cm厚粉碎稻草或麦秸2000 kg，再把100 kg氰氨化钙均匀撒在土表，然后耕翻土壤，把原料和床土混匀后往土壤里灌水至饱和。土壤上面加盖整块塑料薄膜，四周盖紧盖严，使塑料薄膜与消毒土壤之间保持一定的空间以利提高地温。密封闷棚1个月左右，棚内温度达到60℃以上，闷棚20 d即可。闷棚后通风换气，调节土壤湿度，然后疏松土壤即可定植不带菌的黄瓜苗。

（2）药剂防治。

①土壤消毒：苗床用阿维菌素药剂消毒，1.8%阿维菌素乳油1 mL/m^2，或稀释1000倍喷施，可减少苗床根结线虫的侵染。定植前土壤消毒：每667 m^2用3%米乐尔颗粒剂3～5 kg或10%课线灵颗粒剂1～1.5 kg，定植前沟施入土，然后定植蔬菜苗。上述两种药剂对线虫具有触杀和内吸作用，杀线虫谱广，同时对多种地下害虫有兼治作用。

②沟施灌根：蔬菜根结线虫是较顽固的病害，蔬菜生长季节禁止使用高毒、内吸农药，如涕灭威、克百威、米乐尔和克线灵等。应选用非内吸杀线虫剂，如丙线磷和阿维菌素类。在生长期，每667 m^2用丙线磷颗粒剂2～3 kg，沟施效果较好。或用1.8%阿维菌素乳油1 mL/m^2稀释1000倍液灌根，间隔10～15 d后二次灌根。

二、松材线虫萎蔫病

松材线虫萎蔫病又称松枯萎病，是一种毁灭性病害。此病在日本、韩国、美国、加拿大和墨西哥等国均有发生。我国1982年在南京市汤山及中山陵首次发现，以后相继在安徽、山东、浙江、广东等省的局部地区发生并流行成灾，导致大量松树枯死，已被我国列入对内、对外的检疫对象。

1. 症状

病原线虫侵入树体后，松树的外部症状表现为针叶陆续变色，松脂停止流动，针叶萎蔫，而后整株干枯死亡，枯死的针叶红褐色，当年不脱落。松树从出现症状至死亡需1～1.5个月的时间，发病和死亡过程的时间是该病诊断的重要依据之一。但在寒冷地区，松树当年感染了松材线虫也可能在第二年才枯死。松材线虫侵入树体后不仅使树木蒸腾作用降低，失水，木材变轻，而且还会引起树脂分泌急速减少和停止。当病树已显露出外部症状之前的9～14 d，松脂流量下降，量少或中断，在这段时间内病树不显其他症状，因此泌脂状况还可以作为早期诊断的依据。松材线虫病症状的发展过程可分为四个阶段：首先外观正常，但树脂分泌量减少或停止分泌，蒸腾作用下降；接着针叶开始变色，树脂分泌停止，通常能够观察到天牛或其他甲虫为害和产卵的痕迹；再就是大部分针叶变为淡褐色，萎蔫，可见到甲虫蛀屑；最后针叶全部变为黄褐色或红褐色，病树整株枯死，此时树体一般有多种次生性的害虫栖居。

2. 病原

松材线虫病是由线形动物门、线虫纲、垫刃目、滑刃总科、伞刃属的松材线虫侵染引起的。线虫成虫虫体细长，体长约1 mm。雌虫尾部近圆锥形，末端圆。雄虫尾部似鸟爪，向腹面弯曲。在广东罹病的松树中还分离出拟松材线虫（*B.mucronatus*），它与松材线虫十分相似，主要区别是在雌虫的尾部：拟松材线虫为圆锥形，有明显的指形突，其长度为3.8～5.0 nm，而松材线虫尾部为近圆锥形，末端钝圆，无指形突。

3. 发生规律

松材线虫病多发生在每年7—9月。高温干旱气候适合病害发生和蔓延，低温则能限制病害的发展；土壤含水量低，病害发生严重。在我国，传播松材线虫的主要媒介是松墨天牛（*Monochamus alternatus* Hope），又名松褐天牛。松墨天牛一般5月前后羽化，从罹病树中羽化出来的天牛几乎100%携带松材线虫，天牛体内的松材线虫均为耐久型幼虫，这阶段幼虫抵抗不良环境能力很强，它们主要分布在天牛的气管中，每只天牛都可携带成千上万条线虫，最高可达28万条。当天牛在树上咬食补充营养时，线虫幼虫就从天牛取食造成的伤口进入树脂道，然后蜕皮成为成虫。被松材线虫侵染的松树往往又是松墨天牛的产卵对象。翌年，在罹病松树内寄生的松墨天牛羽化时又会携带大量线虫，并“接种”到健康的树上，导致病害的扩散蔓延。病原线虫近距离由天牛携带传播，远距离则随调运带有松材线虫的苗木、枝丫、木材及松木制品等传播。松材线虫雌雄虫交尾后产卵，每雌虫产卵约100粒。虫卵在温度为25℃下30 h孵化。幼虫共4龄。在温度30℃时，线虫3 d即可完成一个世代。松材线虫生长繁殖的最适温度为20℃，低于10℃时不能发育，28℃以上繁殖会受到抑制，在33℃以上则不能繁殖。

4. 防治方法

（1）植物检疫。严格检疫制度，禁止疫区的苗木、木材、木制品、枝丫和锯片等运往非病区。

（2）农业防治。选种抗病品种。病树丫集成小堆烧毁。原木或加工成2 cm厚的薄板，在水中浸泡100 d以上，防效可达80%。

（3）生物防治。用天牛引诱剂1号诱杀天牛，或养放肿腿蜂（*Scleroderma guani* Xiao et Wu）寄生并诛杀天牛幼虫。

（4）化学防治。将患病害的枯木或濒于枯死的树木，集中成堆，用塑料布密封，以溴甲烷熏蒸5～10 h，药量为69～83 g/m^3，可杀灭天牛成虫及幼虫。预防性喷药，包括树冠喷药和地面喷药，前者在天牛羽化出来取食补充营养时喷药，后者在羽化开始时喷药，喷药一次可持效2.5～3个月。可用0.5%杀螟松乳剂，用量为2～3 kg/株，或25%杀螟松乳剂，用量为3～3.6 kg/hm^2。

第六章 园艺植物主要虫害

第一节 食叶性害虫

一、菜粉蝶

1. 分布与为害

菜粉蝶属鳞翅目，粉蝶科，世界各国均有分布，国内以华东、华中及华北南部为害较重。菜粉蝶的幼虫也称菜青虫，嗜食十字花科植物，尤以厚叶片的甘蓝和花椰菜受害最重。1～2龄幼虫只啃食叶肉，留下一层薄而透明的表皮；3龄以上的幼虫食量显著增加；5龄幼虫为暴食期，把叶片咬成孔洞或缺刻，为害严重时，叶片几乎吃尽，仅留叶脉和叶柄。此外，幼虫排出粪便污染菜叶，影响蔬菜品质；为害伤口还有利于软腐病病菌的侵入，引起病害的流行。

2. 形态特征

（1）成虫。体长为15～20 mm，翅展为45～55 mm。一般雌虫较雄虫大。体黑色，腹部密被白色及黑褐色长毛。翅粉白色。雌蝶前翅前缘和基部大部分灰黑色，顶角有1个三角形的黑斑，在翅的中央外侧有2个圆黑斑，后翅基部灰黑色，前缘也有1个黑斑，展翅时，前后翅3个圆斑在一条直线上。雄蝶较白，基部黑色部分小，前翅近后缘的圆斑不明显，顶角三角形黑斑较小。

（2）卵。瓶状，顶端收窄，基部较钝，长约1 mm，初产时乳白色，后变橙黄色，表面有许多纵横突起的脊纹，形成长方形的小方格。

（3）幼虫。老熟时体长为28～33 mm，全体绿色，密布黑色小毛突，上生细毛。各环节有横皱纹，背线淡黄色，腹面淡绿白色，沿气门线有黄色斑点一列。

（4）蛹。纺锤形，长为18～2 1 mm。两端尖细，中部膨大而有棱角状突起。体色随化蛹时的附着物而异常，有灰黄、灰绿、灰褐色。

3. 发生规律

菜粉蝶年发生的世代数因地而异，在江淮流域一般年发生7～8代，以蛹在菜园附近避风向阳的墙、篱笆、砖石及枯枝落叶下等处越冬，也可以以幼虫在温室、大棚内的十字花科蔬菜上越冬。由于越冬环境条件差异较大，越冬蛹翌年羽化时间参差不齐，长达1个月之久，因此造成以后各代的世代重叠。在南京，越冬蛹的羽化时间在3月中旬至4月中下旬，4月中旬为越冬代成虫盛发期。此后基本上每月发生1个世代。第1代幼虫发生量少，为害较轻但每年5—6月份发生的第2、3代和9月发生的第6、7代发生量大，构成全年为害的两个高峰期，而春季为害又重于秋季。10月下旬后，当年末代老熟幼虫寻找隐蔽场所，陆续化蛹越冬。

成虫白天活动，喜在蜜源植物和甘蓝之间往返飞行，进行取食、交配和产卵。成虫在飞翔过程中每落下停留在菜叶上一次即产卵一次。卵单粒散产于叶片正、背面，但以背面居多，每头雌虫可产卵100～200粒，产卵量与气候条件及补充营养有关，从春季到初夏，产卵逐渐增多，盛夏气温高，产卵少，秋季产卵量又有回升。成虫以吸取花蜜补充营养，因此，在距蜜源植物较近的田边菜上产卵较多，且喜欢在十字花科厚叶片的蔬菜如甘蓝、花椰菜上，因为此类蔬菜含有芥子油苷，可吸引成虫产卵和幼虫觅食。

卵期3～8 d。卵孵化时间多集中在上午10:00—11:00和下午1:00—2:00，孵化后幼虫在叶背啃食为害，行动迟缓，受惊时低龄幼虫即吐丝下坠，大龄幼虫则有蜷缩虫体坠落地面的习性。幼虫分5龄，幼虫期15～20 d，化蛹前老熟幼虫以腹末尾足粘在附着物上，并吐丝带将腹部第1节缚住，后体躯缩短蜕皮化蛹。

菜粉蝶春季随着天气转暖虫口逐渐上升，春夏之间达最高峰，到盛夏或雨季虫口迅速下降，秋季气温逐渐下降又有回升，秋冬之间再度下降。菜粉蝶喜温暖少雨的气候条件，幼虫发育适温为16℃～31℃，相对湿度为68%～80%，以25℃及相对湿度76%左右为最适宜，最适雨量为每周75～12.5 mm。长江中下游地区常年春、秋两季气候适宜，十字花科蔬菜特别是甘蓝栽培较多，食料丰富，因此其繁殖力最强，形成了一年中发生为害的猖獗时期。菜粉蝶幼虫不耐高温，盛夏季节气温高于32℃即大量死亡，且雨多，特别是暴雨，卵和初孵幼虫常因机械冲刷作用而致死，加之十字花科蔬菜种植少，食料贫乏及天敌的作用等因素综合影响，导致菜粉蝶夏季种群衰落。菜粉蝶卵期捕食性天敌有花蝽，寄生性天敌有广赤眼蜂。幼虫期寄生陛天敌优势种为菜粉蝶绒茧蜂，在上海地区，6、7月份的自然寄生率分别为29.22%和22.20%，对菜粉蝶幼虫的种群能起一定的抑制作用；另有少数幼虫被蝶蛹金小蜂和日本追寄蝇所寄生。蛹期天敌优势种为蝶蛹金小蜂，在上海，5—6月份寄生率最高，可达57.13%～72.71%。

4. 防治方法

菜青虫的防治采取以生物防治为主、化学防治为辅、农业防治兼顾的综合防治措施，将菜青虫控制在经济危害允许水平之下。

（1）生物防治。目前生产上应用最广的生物农药是苏云金杆菌（Bt），在菜青虫卵孵盛期用苏云金杆菌3.2%可湿性粉剂800倍液喷雾，在30℃以上时防治效果较好。

（2）农业防治。在十字花科蔬菜收获后，及时清除残枝老叶，以消灭田间残留的幼虫和蛹。

（3）化学防治。一定要把菜青虫控制在3龄以前，按防治指标掌握在成虫产卵高峰7～10 d后用药1～2次，以后每周喷1次，共3～4次，常用药剂有10%氯氰菊酯乳油2000～3000倍液、95%巴丹可溶性粉剂2000～3000倍液、5%氟虫腈悬浮剂3000倍液、15%安打悬浮剂2000倍液、1.8%阿维菌素乳油4000倍液、20%抑食肼（虫死净）可湿性粉剂1000倍液及25%快杀灵乳油1000倍液等。

二、小菜蛾

1. 分布与为害

小菜蛾俗称菜蛾，幼虫俗称“两头尖”，属鳞翅目，菜蛾科。为世界性害虫，国内各省区均有分布，以长江流域及其以南地区发生危害严重。主要为害十字花科蔬菜，常见为害的蔬菜有甘蓝、大白菜、萝卜、芥菜、雪里蕻和各种青菜。初孵幼虫半潜叶为害，即以身体的前部伸在叶子的上下表皮，蛀食叶肉，造成细小的隧道；2龄后取食叶肉，残留表皮，形成透明斑，称“开天窗”；3龄后造成孔洞和缺刻；严重时菜叶被吃成网状，降低叶菜的食用价值。在蔬菜苗期，该虫常群聚于心叶为害，影响菜苗正常生长和后期包心。

2. 形态特征

（1）成虫。灰黑色小蛾，体长为6 ~ 7 mm，翅展为12 ~ 15mm，前后翅缘有长缘毛。前翅中央有黄白色3度曲折的波纹，静止时两翅折叠成屋脊状，黄白色部分合并成3个连串的斜方块，翅尖翘起如鸡尾。

（2）卵。椭圆形，淡黄色，表面光滑。初产时乳白色，渐变淡黄绿色。

（3）幼虫。成长幼虫体长为10 ~ 12 mm，两端尖细，纺锤形，淡绿色。前胸背板有淡褐色小点，排成两个“U”字形斑纹。尾足向后伸出并超过腹末。

（4）蛹。长约6 mm，初淡绿色，渐变为淡黄绿色，最后变为灰褐色。茧灰白色，纺锤形，呈稀疏网状，多附在叶片上。

3. 发生规律

菜蛾在华北一年发生5 ~ 6代，江苏扬州8 ~ 11代，南京10 ~ 11代，杭州9 ~ 14代，台湾18 ~ 19代。在我国北方以蛹越冬；在长江中下游以南地区无明显越冬现象。长江中下游如南京、扬州、上海等地，全年种群消长呈双峰型，即上、下半年各有一个为害高峰，上半年在5月上旬至6月中旬，下半年在9月中下旬至10月。秋季蔬菜品种多，种植面积大，加上雪里蕻、大白菜、秋甘蓝等生长期又长，有利于菜蛾繁殖，因此较春季为害重。北方以春季为害为主，每年5—6月的早甘蓝和留种菜常受到严重为害。

成虫很活泼，白天隐蔽在植株下或草丛里，黄昏时开始在植株间活动，有一定的趋光性，对黑光灯趋性较强。飞行能力弱，但有时借风力可做较远距离迁移。卵多产于寄主叶背近叶脉的凹陷处，散产，并对含有芥子油苷较多的蔬菜如芥菜、雪里蕻、甘蓝、大白菜等有较强的趋性。产卵最长可持续到成虫死亡，但产卵量集中在羽化后的第2天晚上，其产卵量约占总产卵量的50.6%。据报道，越冬代成虫寿命63 d，产卵期可达46.8 d，由于发生期拉得很长，因而形成田间严重的世代重叠。产卵量与温度和补充营养有关，雌虫个体间产卵量变化很大，最少的数十粒，最多可达589粒，平均248粒。卵期2 ~ 7 d。幼虫期7 ~ 21 d，共4龄。受惊扰后可强烈扭动，迅速倒退或吐丝下垂，故有“吊丝虫”之称。幼虫对食料的质量要求很低，在黄叶、残株或落叶上取食也能完成发育，故清除残株落叶是综合防治菜蛾的重要环节。幼虫老熟后在叶脉附近或落叶上结茧化蛹，蛹期3 ~ 9 d。

菜蛾各虫期发育与繁殖的适温为20℃ ~ 28℃，最适温度为25℃左右。温度影响成虫的寿命和产卵量，在相同食料条件下，温度低于20℃或高于29℃，产卵量均急剧下降。长江流域以南，夏季高温季节的日平均温度均高于30℃，因此，成虫寿命缩短，产卵量少，卵的孵化率和初孵幼虫生存率降低，加之蜜源植物少，故盛夏季节虫口密度小，为害轻。

低龄幼虫对雨水十分敏感，特别是夏、秋两季，常因暴雨导致卵和初孵幼虫被冲刷致死，因而影响到秋季菜蛾为害的轻重。南京地区1978—1979年的资料表明，降雨量50 mm以上对菜蛾有一定的抑制作用，90 mm以上更明显，若连续4旬降雨量都达50 mm以上，即可将菜蛾种群密度控制在很低的水平。

菜蛾为害十字花科植物，并偏嗜甘蓝型蔬菜。十字花科蔬菜是一种喜凉性作物，一般适于春、秋季生长，此时温度亦适合于菜蛾的生长发育，因而在温度与食料条件的配合下，形成全年的双峰为害型。

4. 防治方法

（1）农业防治。蔬菜收获后，及时清除残株落叶，随即翻耕，可消灭大量的度夏越冬虫源；合理安排蔬菜布局，尽可能避免十字花科蔬菜连作，拆除夏季寄主桥梁田。

（2）生物防治。各种生物农药如杀螟杆菌、苏云金杆菌可湿性粉剂，在日平均温度20℃以上，用含孢子量80亿～100亿个/克的菌粉，稀释800～1000倍喷雾，都有良好的防治效果。菌液中加0.1%洗衣粉，可提高湿润展布性能，或与少量化学农药敌百虫混用，则可增加速效性，提高防治效果。上海菜区用Bt制剂100～200倍液喷雾，防治成本低，效果好。还可使用植物源农药如1%苦参碱醇溶液，或0.2%苦皮藤素乳油1000倍液，或5%藜芦碱醇（虫螨灵）溶液800倍液，或2.5%鱼藤酮乳油100倍液等喷雾。

（3）化学防治。小菜蛾对化学杀虫剂易产生抗药性，已测定小菜蛾对各类常用药剂，包括4种主要合成菊酯类（氯菊酯、氯氰菊酯、溴氰菊酯、氰戊菊酯）均已产生抗性，因此要经常轮换用药，也可采用化学农药与昆虫生长调节剂类农药交替使用或混合使用的方法。目前，效果较好的药剂有5%抑太保乳油2000倍液、1.8%阿维菌素乳油4000倍液、5%锐劲特悬浮剂3000倍液、灭幼脲1号及3号制剂500～1000倍浓度、农梦特2000倍液、卡死克2000倍液、40%乐果乳油1000倍液以及48%毒死蜱乳油1000倍液等。

三、螟蛾

（一）菜螟

1. 分布与为害

菜螟俗称剜心虫、钻心虫，属鳞翅目螟蛾科，主要为害萝卜、白菜、甘蓝、花椰菜等十字花科蔬菜，尤其以秋萝卜受害最重。菜螟全国各省区均有分布，以南方各省发生较重，是一种钻蛀性害虫。常为害幼苗期的叶片。以幼虫吐丝结网取食心叶，受害幼苗因生长点被破坏而停止生长或萎蔫死亡，造成缺苗毁种，不能结球，且可传播软腐病。

2. 形态特征

（1）成虫。体长为7 mm，翅展为12～15 mm，灰褐色。前翅有4条灰白色波状横纹，翅中央有一灰黑色肾形纹，四周灰白。后翅灰白色。

（2）卵。椭圆形，表面有不规则网状花纹，初产时淡黄色，近孵化时则出现很多橙黄色斑点。

（3）幼虫。幼虫体长为12～14 mm，头部黑色，胸腹部背面有5条深褐色纵线。前胸背板具不规则褐斑，中后胸各有12个毛瘤，横排成一行。腹部各节背面及侧面有毛瘤2排，前排8个，后排2个。

（4）蛹。体长约8 mm，茶褐色。腹部背面5条纵线隐约可见。蛹体外有丝茧，茧长椭圆形，外附泥土。

3. 发生规律

菜螟在江苏一年发生6～7代，以老熟幼虫在避风向阳、干燥温暖菜地中，6～10 cm深的土内，吐丝缀合泥土和枯叶结成蓑状丝囊越冬。翌年春季越冬幼虫在土内化蛹。在长江中下游地区，各代幼虫发生期一般年份为第1代在4月下旬至5月下旬，第2代在5月下旬至6月下旬，第3代在7月上旬至7月中旬，第4代在7月下旬至8月上旬，第5代在8月上旬至8月下旬，第6代在9月上旬至9月中旬，第7代在9月中下旬至11月下旬。全年以8—9月为害最重。

成虫白天潜伏在菜叶下，夜间活动，趋光性不强，飞翔力弱，多在离地1 m左右飞翔。卵多产在叶片、茎上，以心叶上最多。1头雌成虫平均产卵约200粒，卵期一般2～5 d。幼虫共5龄。初孵幼虫潜食叶肉，形成小袋状隧道，2龄后穿出表皮在叶面活动，3龄穿出菜心，并吐丝缠结心叶藏身其中，食害心叶基部和生长点，4、5龄幼虫向上蛀入叶柄，向下蛀食茎和根的髓部，形成粗短的袋状隧道，孔外有细丝并排有许多潮湿的淡黄绿色粪便。幼虫可转移为害，1头幼虫可为害4～5株，在转株过程中能传播软腐病。幼虫历期在21℃为23 d，29℃时为12 d。为害季节幼虫各龄平均历期：1龄2～3 d，2龄2～5 d，3龄2～3 d，4龄2～3 d，5龄2～5 d。幼虫老熟后在被害心叶和土壤缝中结茧化蛹，预蛹期1～2 d，蛹期5～10 d。

菜螟适于高温低湿环境，气温24℃左右，相对湿度67%时，有利于发生；30℃～31℃，相对湿度50%～60%较适宜；气温在20℃以下，相对湿度在75%以上，幼虫即大量死亡。8—9月份为主害代发生时期，一般气温适于该虫的发生，为害猖獗与否关键取决于降雨量，若降雨比常年偏少，则发生就重。常年春、秋两季都有发生，以秋季为害最烈，尤其是夏季高温干旱，秋季就会发生多。另外，据河南新乡资料显示，秋萝卜叶龄与成虫产卵量有关，1～2片真叶期卵量少，3～5片真叶期卵量最多，6～7片真叶期基本不着卵。如果秋萝卜3～5片真叶期与成虫产卵盛期相遇，则受害重。因此，适当调节播种期使“两期”不遇，可减轻受害。

4. 防治方法

由于菜螟具钻蛀习性，又是吐丝缀叶隐蔽为害，给防治带来一定困难，防治应掌握在成虫盛发卵孵盛期进行。

（1）农业防治。调节播种期，使菜苗3～5片真叶期与菜螟高峰期错开，可减轻为害；结合间苗、定植，拔除虫苗；蔬菜收获后，清洁田园，及时耕翻，消灭虫源。

（2）生物防治。提倡用澳洲赤眼蜂防治菜螟。于菜螟始蛾期释放总蜂量20%，产卵盛期释放总蜂量70%，产卵末期放10%，每次间隔3～5 d，总放蜂量667 m^2为2万～3万头，放蜂点以5～10个较适宜，放蜂方法采用放成蜂和卵箔相结合的方法。也可喷生物源杀虫剂0.5%印楝素（楝素·蔬果净）乳油800倍液，或1%苦参碱醇溶液500倍液，或绿盾高效Bt 8000 IU/mg可湿性粉剂600倍液等。

（3）化学防治。在幼苗出土后，检查菜螟卵的密度和孵化情况，在卵盛期或发现心叶被害和有丝网时进行喷药，每隔5～7 d喷1次，连喷2～3次，注意喷到菜心。常用药剂有：40%氰虫腈+杀虫单可湿性粉剂，每667 m^2施用80 g，10%除尽悬浮剂，每667 m^2施用45 mL，10%氯氰菊酯乳油2000～3000倍液，2.5%溴氰菊酯乳油2000～3000倍液，50%辛硫磷乳油1000倍液，20%菊·马乳油1500～2000倍液，5%锐劲特悬浮剂2000倍液，40%乐果乳油1000倍液及48%毒死蜱乳油1000倍液等。

（二）豇豆螟

1. 分布与为害

豇豆螟（*Maruca testulalis* Geyer）又称豆荚野螟、豆野螟。属鳞翅目，螟蛾科，主要为害豇豆、扁豆、芸豆和大豆等豆类蔬菜，是豆科蔬菜上的重要害虫。该虫国内分布广泛，除西北外，其他省区均有发生和为害，尤其长江流域以南豇豆受害更重。以幼虫蛀食嫩荚，在豆粒上钻食蛀孔并堆有绿色虫粪，幼虫还可蛀食豆株的嫩茎、缀卷叶片及蚕食叶肉，造成落花、落荚、枯梢，严重影响豆类蔬菜的产量和品质。

2. 形态特征

（1）成虫。体长为10～13 mm，翅展为25～28 mm，体黄褐或灰褐色。前翅黄褐至茶褐色，有1大2小的白色透明斑点。后翅白色，半透明，近外缘茶褐色，透明部分有3条淡褐色纵线。

（2）卵。扁平椭圆形，长为0.6 mm，宽为0.4 mm，黄绿色。卵壳表面有近六角形网纹。

（3）幼虫。体长14～18 mm，体黄绿色。中后胸背板上每节前排有褐色毛片4个，各生2根细长的刚毛，后排2个，无刚毛。腹部各节背面的毛片都有1根刚毛。

（4）蛹。老熟幼虫将泥土和枯枝残叶缀合一起，先做一土茧，然后在其中吐丝结茧化蛹，蛹长为11～13 mm，褐色。

3. 发生规律

豇豆螟在长江流域一年发生5～6代，以老熟幼虫或蛹在浅土中越冬。江苏扬州、南通地区一年发生5代，越冬代成虫出现在5月上中旬，第1代幼虫发生在6月上中旬，第2代幼虫发生在6月下旬至7月上中旬，第3代发生在7月下旬至8月上中旬，第4代发生在8月上中旬至9月，第5代发生在8月下旬至11月，11月后进入越冬。受害最重的是豇豆和四季豆，前期（6月上旬）在四季豆上，中后期（6月中旬至8月）在豇豆上，而后期(9月后）则在扁豆上发生量较大。

豇豆螟成虫白天潜伏，夜出活动，白天停息在植株丛中较高处，受惊后可做短距离飞翔，但一次仅能飞3～5 m。成虫趋光性强，交尾产卵之前需取食花蜜补充营养。卵散产，多产于含苞待放的花蕾和嫩荚上，对于豇豆则多产于花萼、花冠上，少数产于豆荚上。

幼虫孵化后即蛀入花蕾，取食子房、花蕾。被害花蕾或幼荚不久同幼虫一起脱落，而幼虫还可重返植株为害。1头幼虫一生可钻蛀花蕾20余朵。幼虫3龄后大部分蛀入嫩荚，取食种子。幼虫蛀入荚或花内常排出粪便伴有丝状物塞入口，蛀孔为圆形，位置多在两荚的碰接处，或豆荚与花瓣、叶片、茎梗贴靠处。幼虫在叶片或嫩茎上常为害一侧，将两叶贴在一起啃食叶肉，留下叶脉。幼虫5龄，老熟后脱荚在植株附近浅土层内或在豆支架中吐丝，将豆叶和泥土缀合成疏松的蛹室，做土茧化蛹。在江苏南通地区，7、8月份的主害代成虫产卵前期为1～2 d。

豇豆螟喜高温潮湿环境，7、8月份如多雨或搭架浇水，田间湿度增高，能促使其发生和为害程度加重。不同豆类品种受害程度不同，以光滑无毛或少毛品种受害为重。同时，豆类开花结荚期是否与成虫盛期相吻合也有密切关系，以两者相吻合的品种受害重。

4. 防治方法

（1）农业防治。实行轮作。及时清除田间落叶、落荚、枯叶，可减少虫源，防止幼虫转移。

（2）物理防治。在大面积种植豇豆、四季豆的地方，可在5—10月设黑光灯诱杀成虫。

（3）生物防治。在老熟幼虫入土前，田间湿度高时，施用白僵菌粉剂，每667m^{2}用1.5 kg加细土4.5 kg撒施，也可用32%苏云金杆菌可湿性粉剂1000～1500倍液喷雾。

（4）化学防治。豇豆花期是最易受害的生育期，也是防治的关键时期。目前以拟除虫菊酯类药剂的防治效果较好，如可选用2.5%溴氰菊酯乳油2000倍液、2.5%功夫菊酯乳油2000～3000倍液或20%速灭杀丁乳油3000倍液喷雾，每667m^{2}喷药液1125 kg，也可用20%三唑磷700倍液或5%锐劲特2500倍液喷雾。豇豆螟低龄幼虫主要为害花器，3龄后转移为害荚，因此，喷药部位主要是花和荚。因豇豆开花在上午8:00—10:00，10:00后陆续闭合，喷药时间应掌握在上午此段时间为最好。一般在盛花期喷第1次，以后视虫情7～10 d再喷1次。

（三）瓜螟

1. 分布与为害

瓜螟又称瓜野螟、瓜绢螟，属鳞翅目，螟蛾科。国内分布北起辽宁、内蒙古，南至国境线，长江流域以南密度较大。近年山东常常发生，为害也很重。以幼虫为害瓜类叶片，形成白色小斑块；高龄幼虫缀合叶片，居中取食造成较大灰色斑块，严重时可吃光叶肉仅留叶脉。幼虫还能潜蛀瓜蔓使之枯萎，或蛀入幼瓜及花中为害，造成幼瓜腐烂和花的脱落。

2. 形态特征

（1）成虫。体长为11 mm，翅展为25 mm。头胸部黑褐色。前后翅白色半透明，略带紫色闪光。前翅前缘和外缘、后翅外缘均为黑色。腹部大部分黑色，但腹部第7、8节呈黑色，末端具黄褐色毛丛，足白色。

（2）卵。扁椭圆形，长为0.6～0.8 mm，宽为0.4～0.6 mm，呈淡黄色。卵壳表面有龟状网纹。

（3）幼虫。成长幼虫体长约25 mm，体黄绿色，背面有2条明显的白色纵带。

（4）蛹。蛹长为13～14 mm，深褐色。头部尖瘦，胸部背中央有一纵脊，翅端伸及

第6腹节。外被白色薄茧。

3. 发生规律

瓜螟在江苏一年发生5代，一般认为以老熟幼虫在寄主枯卷叶片中越冬，但长江流域越冬态不明。在杭州，田间5月下旬见瓜螟卵，6月份就有成虫出现，6月下旬已完成一个世代发育，但数量很低，8—9月份是瓜螟发生为害高峰。瓜螟世代重叠十分严重，其为害一直持续到11月上旬。

成虫白天潜伏，夜出活动，趋光性较弱，羽化当天即可交尾，羽化后4～5 d为产卵高峰。成虫产卵对葫芦科的不同瓜类有选择性，喜在丝瓜、黄瓜和冬瓜上产卵，而甜瓜、南瓜、西瓜和苦瓜次之，其他瓜类上产卵较少。卵多产在植株下部叶片背面。

幼虫嗜食葫芦科植物，但对寄主的不同器官有选择性。虫口密度低时，以取食叶片为主；虫口密度高时，先吃叶片后吃瓜果。幼虫对取食高度亦有选择性，大多在离地40～120 cm的瓜叶及果上活动为害。初孵幼虫多聚集叶背食叶肉；3龄后即吐丝将叶片左右缀合，匿居其中为害或潜蛀瓜藤。幼虫较活泼，受惊后即吐丝下垂，并可转移为害。幼虫抗寒性较弱，在扬州幼虫不能安全过冬。幼虫老熟后在被害叶片作白色薄茧化蛹；也可作茧于支架的竹竿顶节内，或捆绑支架的草绳中化蛹；还有少数可到寄主根际土表中化蛹。

8—9月幼虫盛发期，若温度偏高，雨量偏少，则发生重。瓜螟的发生还受到多种天敌的制约。瓜螟卵期的寄生性天敌主要是拟澳洲赤眼蜂，寄生率高时可连续10 d以上接近100%，对瓜螟的发生有明显的抑制作用。幼虫期寄生性天敌已鉴定的有两种，即菲岛扁股小蜂和瓜螟绒茧蜂，在整个大田发生期间均可见到被这两种蜂寄生的瓜螟幼虫，但寄生率每年10月份很少超过15%，只有10—11月所有葫芦科蔬菜临近倒架期间，寄生率才有所上升，最高可达到50%以上。

4. 防治方法

（1）农业防治。实行轮作；瓜果收获后，及时清除田间落叶、枯藤，处理架棚竹竿，可减少虫源；幼虫发生期，人工摘除卷叶，捏杀幼虫和蛹。

（2）生物防治。用3.2%苏云金杆菌可湿性粉剂1000倍液，单位面积用药液量为1125 kg/hm^2。

（3）化学防治。瓜螟高龄幼虫食量大，耐药性强，应在幼虫孵化盛期和卷叶前喷药1～2次。可选用5%锐劲特悬浮剂2500倍液、40%乐果乳剂1000倍液、40%毒死蜱乳油1000倍液、50%马拉硫磷1000倍液、20%氰戊菊酯乳油2500倍液和1%阿维菌素乳油2000倍液等。近年瓜螟在南方周而复始不断发生，菜农用药不当，致使瓜螟对常用农药产生了严重抗药性，因此防治时要做好预测预报，掌握种群主体处于1～3龄，且要轮换用药。

四、夜蛾

夜蛾科昆虫是鳞翅目中最大的一科，包括许多农作物的重要害虫，其中有些种类包括甜菜夜蛾、斜纹夜蛾、棉铃虫也是蔬菜上大发生的重要害虫。

（一）甜菜夜蛾

1. 分布与为害

甜菜夜蛾又名贪夜蛾，属鳞翅目，夜蛾科，为世界性害虫。国内主要分布于东北、华北、西北和长江流域各省。原在黄河流域为害严重，近年来在我国广大地区频繁暴发为害，其中尤以黄淮或江淮地区发生严重。为害多种蔬菜作物，包括十字花科的白菜、萝卜、油菜、芥菜、甘蓝、花椰菜和雪里蕻等，茄科的茄子、番茄、辣椒等，豆科的豇豆、菜豆，伞形花科的小茴香、胡萝卜、芹菜，百合科的葱、韭菜，葫芦科的黄瓜、西葫芦、瓠瓜等，此外还为害棉花、玉米等大田作物。以幼虫为害，以食叶为主，还能蛀食根部或钻蛀辣椒、番茄等果实，也可钻入葱管内为害。

2. 形态特征

（1）成虫。体长为10 ~ 14 mm，翅展为25 ~ 33 mm。身体和前翅灰褐色。前翅外缘由一列黑色三角形小斑组成，翅面有黑白二色双线两条，并有黄褐色肾状纹和环状纹；后翅银白色。

（2）卵。半球形，卵粒重叠成块，卵块表面覆盖有白色鳞毛。

（3）幼虫。成长幼虫体长约22 mm，体色变化较大，有绿色、暗绿色、黄褐色、褐色和黑褐色等。体侧有一条黄白色纵带，末端直达腹末，各体节两侧有一明显的白点，位于各体节气门后上方，以绿色型幼虫最明显。

（4）蛹。长约10 mm，黄褐色。

3. 发生规律

甜菜夜蛾在华北地区一年发生4 ~ 5代，长江流域5 ~ 6代。北方以蛹越冬，在长江流域及以南地区可以幼虫或蛹在土下越冬，但在亚热带和热带地区可终年生长繁殖与活动，无越冬现象。江苏一年发生5 ~ 6代，少数年份可发生7代，各代发生时间是：第1代5月上旬至6月下旬，第2代6月上中旬至7月中旬，第3代7月中旬至8月下旬，第4代8月上旬至9月中下旬，第5代8月下旬至10月中旬，第6代9月下旬至11月下旬，第7代发生在11月上中旬，这一代由于气温低，不能发育完全，为不完全世代。全年主要发生在7—9月。

成虫白天隐蔽在植株下，夜间进行取食、交尾和产卵，对黑光灯有较强的趋性。卵多成块产于寄主叶背面处。成虫产卵前期1 ~ 2 d，产卵历期3 ~ 4 d，每头雌虫可产卵100 ~ 600粒，最多可达1868粒。卵经3 ~ 6 d后孵化。幼虫孵出后即在卵块附近的叶背群集为害，啃食叶肉，只留下表皮，以后形成透明的斑；2龄后开始分散为害，食叶成孔洞或缺刻；3龄后幼虫进入暴食期，其食叶量占整个幼虫食叶量的90%以上。幼虫具假死性，受惊后即蜷曲落地。大龄幼虫对光敏感，具负趋光性，在7—9月，白天均潜入土中或栖息于地面，取食多在夜间进行。幼虫一般5龄，幼虫期11 ~ 39 d，老熟后入土做土室化蛹，蛹期7 ~ 11 d。

甜菜夜蛾是喜温而又耐高温的害虫，高温干旱利于大发生。据试验，在40℃恒温下甜菜夜蛾卵仍能正常孵化。在我国，甜菜夜蛾发生为害最严重的时期均出现在当地气温较高的时候，如广州、深圳等5—8月份，福建省6—8月份随着气温升高，甜菜夜蛾为害最重。据陆志平报道，苏州地区甜菜夜蛾大田发生轻重与当年入出梅雨季节的早迟及7—9月3个月的气候密切相关，凡是该年入梅早、夏季炎热少雨，秋季甜菜夜蛾发生就重。

4. 防治方法

（1）农业防治。

①清园除草：甜菜夜蛾喜产卵于10 cm以下的杂草上，凡是大田周围或田内杂草丛生的，为害就重，因此对甜菜夜蛾的防治，清洁田园、铲除杂草是一项重要措施。

②人工捕捉：甜菜夜蛾的卵成块，且卵块表面覆盖有白色鳞毛，易于识别，3龄前的幼虫多集中在叶上为害，比较集中，可实施人工捕捉防治。

③勤浇勤灌：由于大龄幼虫有白天潜入土中的习性及老熟幼虫入土化蛹的特点，采用此技术可保持田间土壤湿润，创造不适于其生活的环境。

（2）生物防治。用赤眼蜂防治甜菜夜蛾，产卵初期每667 m^2释放拟澳洲赤眼蜂1.5万头，放蜂后7 d卵寄生率可达80%左右。

（3）化学防治。防治适期掌握在幼虫盛孵期至3龄前，注意将药剂喷到叶片背面及下部叶片。常选用的药剂有：90%晶体敌百虫1000倍液，10%氯氰菊酯乳油2000 ~ 3000倍液，40%丙溴磷乳油1000倍液，5%抑太保乳油1000 ~ 2000倍液，75%拉维因可湿性粉剂1500倍液，5%锐劲特胶悬剂3000 ~ 4000倍液，50%宝路可湿性粉剂2000 ~ 3000倍液，10%除尽悬浮剂2000倍液，20%灭幼脲1号胶悬剂200mg/kg，20%米满悬浮剂2000倍液，以及2.5%多杀菌素（菜喜）悬浮剂1300倍液等。

（二）斜纹夜蛾

1. 分布与为害

斜纹夜蛾为暴发性害虫，属鳞翅目，夜蛾科。寄主植物十分广泛，在蔬菜中可为害甘蓝、白菜、番茄、茄子、马铃薯、辣椒、苋菜、蕹菜、豆类、瓜类以及葱、蒜、藕等。斜纹夜蛾分布十分广泛，全国各省区均有发生，以黄河流域和长江流域发生为害严重。初孵幼虫群集在叶背啃食，只留上表皮和叶脉，被害叶片像纱窗一样。3龄后分散为害，将叶片吃成缺刻，严重时可吃光叶片，甚至咬食幼嫩茎秆。甘蓝、白菜上常蛀入心内，将心叶吃光，造成腐烂和污染，失去食用价值。

2. 形态识别

（1）成虫。体长为14 ~ 16 mm，翅展为35 ~ 40 mm。体暗褐色，胸部背面有白色丛毛。前翅灰褐色，表面多斑纹，从前缘中部到后缘有一灰白色带状斜纹。后翅白色，仅翅脉及外缘暗褐色。

（2）卵。呈扁平球形，直径为0.5 mm，表面有网纹。初产时黄白色，后变为暗灰色。卵块产，不规则重叠成2层或3层，卵块上覆盖灰黄色绒毛。

（3）幼虫。老熟幼虫体长约30 mm，头部淡褐到黑褐色。胸腹部颜色多样，有黑色、黄色或暗绿色等色型。老熟幼虫背线及亚背线黄色。中胸至第9腹节亚背线内侧有近半月形或三角形黑斑，每体节1对，而以第1、7和8节黑斑最大。胸足黑色。

（4）蛹。长为15 ~ 20 mm，圆筒形，赤褐色至暗褐色。腹部第4节背面前缘及第5 ~ 7节背腹面前缘密布圆形刻点。

3. 发生规律

斜纹夜蛾一年发生多代，在广东等南方地区终年都可繁殖，无越冬休眠现象。在长江中下游地区每年发生5～6代，越冬问题尚无结论，推测春季虫源有从南方飞来的可能性。幼虫每年7—9月份为害最重。

成虫夜间活动，飞翔能力强，对黑光灯的趋性强，需补充营养，对糖醋液及发酵的胡萝卜、豆饼也有很强的趋性。成虫产卵成块，产卵部位大多在叶片背面的叶脉分叉处。成虫产卵前期1～3 d，产卵历期6～14 d。每条雌虫一生可产卵8～17块，1000～2000粒。卵历期在日平均温度22.4℃时为5～12 d，25.5℃为时3～4 d，28.3℃为2～3 d。

初孵幼虫有群集性，在叶背啃食，长大后逐渐分散，4龄后进入暴食期。幼虫表现为背光性，傍晚开始取食，黎明即躲藏，阴雨天白天也可少量取食。一般在晚上9:00—12:00取食最盛。大发生时幼虫吃光一田块后，还能群迁至附近田块继续为害。幼虫共6龄，幼虫历期在日平均温度21.2℃时为24～41 d，25℃时为14～20 d，26.8℃时为16～18 d，29.5℃为13～17 d，30℃时为11～13 d。老熟后即入土造一圆形的蛹室化蛹，深度多为3～7 cm。为害水生蔬菜的老熟幼虫能浮到岸边化蛹。蛹期在23℃～27℃下为10～17 d，28℃～30℃下为8～11 d。

斜纹夜蛾为喜温而又耐高温的害虫，最适温度为28℃～30℃，但抗寒力弱，冬季低温冰冻易引起死亡。各地均以全年温度最高的季节为害最严重。水肥条件好、生长茂密的田块虫口密度大，土壤干燥对化蛹、羽化不利，大雨、暴雨对低龄幼虫均不利。

4. 防治方法

（1）农业防治。蔬菜收获后，进行深翻，使大量虫、蛹暴露在地面或遭机械创伤而死。结合田间管理，摘除卵块及初孵幼虫食害的叶片，带出菜田处理。

（2）物理防治。采用黑光灯或糖醋液诱杀成虫。采用防虫网，防治斜纹夜蛾兼防其他害虫。

（3）化学防治。幼虫3龄前为点片发生阶段，可结合田间管理，进行挑治。防治适期掌握在幼虫1～2龄期，4龄后夜出活动，因此施药应在傍晚前后进行，并注意不同杀虫机理的药剂轮换使用。常用药剂同“甜菜夜蛾”。

五、马铃薯瓢虫和二十八星瓢虫

1. 分布与为害

为害茄科蔬菜的瓢虫有马铃薯瓢虫和茄二十八星瓢虫两种，均属鞘翅目，瓢虫科。马铃薯瓢虫为北方种，主要分布在华北、东北、内蒙古、甘肃、陕西、河南及四川等地。茄二十八星瓢虫为南方种，分布较广，华北、华中、西南、华南和台湾均有发生，但以长江流域以南各省为害较重。

马铃薯瓢虫为害马铃薯、茄子、番茄和瓜类等，茄二十八星瓢虫主要为害茄子、辣椒、瓜类、酸草、龙葵和曼陀罗等，尤以茄子受害最重。两种瓢虫均以成虫和幼虫在叶背面啃食下表皮和叶肉，残留一层上表皮，形成许多不规则的透明斑，后枯死变褐色，严重时只剩残茎，有时还害及果实和嫩茎，被害果实变硬有苦味，不堪食用。

2. 形态特征

（1）马铃薯瓢虫。

①成虫：体长为6.6～8.3 mm，赤褐色。前胸背板正中通常有一纵行剑状大黑斑，两侧各有2个小黑斑。鞘翅基部第2列的4个黑斑不在一直线上，两鞘翅合缝处有1～2对黑斑相连。

②卵：长约1.4 mm，卵块中卵粒排列不密集，个别卵粒倾斜。

③幼虫：末龄幼虫体长约9 mm，体背枝刺黑色，枝刺基部环纹浅黑色。

④蛹：长6 mm，黄色；背面有稀疏细毛，并有黑色环纹。

（2）茄二十八星瓢虫。

①成虫：体长为6 mm，黄褐色。前胸背板正中通常有一横行双菱形黑斑，该斑后方1个黑点，两侧各有2个较大的黑斑。鞘翅基部第2列的4个黑斑在一直线上，两鞘翅合缝处无黑斑相连。

②卵：长约1.2 mm，卵块中卵粒排列密集且整齐。

③幼虫：末龄幼虫体长约7 mm，体背枝刺白色，枝刺基部环纹黑褐色。

④蛹：长为5.5 mm，黄白色；背面有黑色环纹，但色较浅。

3. 发生规律

马铃薯瓢虫在华北、东北一年发生1～2代。以成虫在背风向阳的山洞、树洞、石缝、树缝、墙缝、土缝及屋檐下等各种缝隙中群集越冬，尤喜选择山坡或丘陵坡地的阳面。越冬成虫翌年5月中旬后，当日平均气温达16℃以上开始出蛰活动，先在附近杂草上栖息，后陆续迁移到马铃薯上为害，繁殖后代。在华北地区，越冬成虫产卵盛期为6月上中旬，第1代幼虫为害盛期为6月下旬至7月上旬，成虫7月下旬至8月上旬进入羽化盛期；第2代幼虫于8月中旬前后为害，第2代成虫于9月中旬开始迁移越冬，10月上旬全部进入越冬。少数羽化迟的第1代成虫，经取食一段时间后也能进行越冬。

成虫早晚静伏，白天取食、交尾和产卵，以上午10：00至下午4：00活动最盛，阴雨、刮风天气很少飞翔。卵多产于叶背，每块卵平均含卵20～30粒。越冬成虫每雌产卵80～1000粒，平均400粒左右，第1代成虫每雌产卵50～500粒，平均为240粒。成虫和幼虫都有残食同种卵的习性。成虫有假死性。越冬成虫寿命长达300 d，产卵前期约40 d，因此，第1代发生很不整齐。

卵经过1周左右孵化为幼虫。幼虫共4龄。初孵幼虫乳黄色，群集卵壳周围啃食，2龄后分散为害，3龄食量渐增，4龄后食量最大。幼虫期第1代为23 d，第2代为15 d。幼虫老熟后，将腹部末端黏附于茎上或叶背面化蛹。蛹经5～7 d羽化为成虫。

茄二十八星瓢虫在江苏、安徽等地一年发生4～5代，以成虫在杂草、疏松土壤、树皮裂缝或篱笆、墙壁等间隙中滞育越冬。第二年成虫出蛰后，先在龙葵、酸浆等野生茄科植物上取食，后迁移到茄科蔬菜上为害。4—10月，成虫、幼虫都能在田间为害，各代幼虫盛发期为：第1代5月下旬，第2代6月下旬至7月上旬，第3代7月下旬至8月上旬，第4代8月中下旬。该虫的主害代为第2、3、4代，由于正值6、7、8月，夏季的茄科蔬菜生长茂盛，食料丰富，害虫数陡增，为害加剧。8月末至9月末茄科蔬菜陆续收获，此时食料渐趋缺乏，幼虫、蛹死亡率较高，田间虫口大减，幼虫和成虫开始向野生龙葵、酸浆等寄主转移。10月上中旬开始，成虫陆续飞向越冬场所滞育越冬。

成虫昼夜取食，以白天食量大。飞翔力强，有假死性。成虫畏光，喜栖息于植物叶片背面。有自残性。成虫产卵于叶背，卵块以上中部叶片分布较多，每块卵15～40粒，竖立排列。成虫产卵期长，可达30 d，卵期3～6 d，初孵幼虫先在卵块附近群集取食，2～3龄时渐分散为害。幼虫比成虫更畏光，亦有自残性。幼虫期15～20 d，老熟后在寄主植物中下部及叶背上化蛹，蛹期一般为3～5 d。

马铃薯瓢虫不耐高温，22℃～28℃适合其产卵，16℃以下不能产卵，30℃以上产的卵孵化不出幼虫。因此夏季高温是影响马铃薯瓢虫发生和向南分布的主要因素。茄二十八星瓢虫生长发育最适温度为25℃～28℃，相对湿度80%～85%。故在南方各省的6—8月份，雨后初晴极有利于成虫活动，秋冬季节当气温低于18℃时，成虫便进入越冬状态。

马铃薯瓢虫虽然食性复杂，但成虫若不吃马铃薯便不能产卵，幼虫不吃马铃薯则不能正常发育。如其嗜食的寄主作物面积大、分布广，该虫会严重发生。

4. 防治方法

（1）农业防治。重点消灭越冬源，及时处理茄科植物等残株并铲除杂草，有利于降低越冬虫源基数；发生期除草也可消灭部分卵、幼虫及蛹。

（2）物理防治。有条件的可采用防虫网，可兼治其他害虫。利用成虫、幼虫的假死性进行震落捕杀；产卵盛期摘除叶背卵块，集中消灭，可降低虫口基数。.

（3）生物防治。有多种天敌瓢虫如二星瓢虫、异色瓢虫、龟纹瓢虫均能取食瓢虫的卵，捕食率高的可达50%左右，应加以保护利用，有条件的可饲养释放。可用苏云金杆菌“7216”防治马铃薯瓢虫，用“7216”菌剂原粉（含孢子100亿个/克），每667 m^2用10 kg于马铃薯瓢虫大发生之前用喷粉器喷到茄果类、瓜类、豆类有露水植株上，防效可达37.5%～100%，或喷洒2.5%鱼藤酮乳油1000倍液。

（4）化学防治。要抓住幼虫分散前的有利时机，可选用灭杀毙（21%增效氰戊菊酯·马拉硫磷）乳油3000倍液、20%氰戊菊酯乳油或2.5%溴氰菊酯乳油3000倍液、10%溴·马乳油1500倍液、10%赛波凯乳油2000倍液、40%辛硫磷乳剂1000倍液、40%乐果乳油1000倍液、40%毒死蜱乳油1000倍液以及2.5%功夫乳油2000倍液等。

六、其他蝶类

（一）凤蝶

1. 分布与为害

为害林果的凤蝶主要有分布于我国柑橘产区为柑橘凤蝶（又称花椒凤蝶）、玉带凤蝶和南方地区的麻斑樟凤蝶（又称木兰青凤蝶）三种。幼虫食取幼芽及叶片，苗木和幼树的叶片常被吃光，影响生长与结果，使树枝干弯曲变形，观赏价值下降。主要为害柑橘、金橘、柠檬、柚子、花椒、山椒及白兰、广玉兰、含笑、樟树等多种林果植物，严重影响果树生产及花木的观赏价值。

2. 形态特征

三种凤蝶形态特征如表6-1及图6-1。

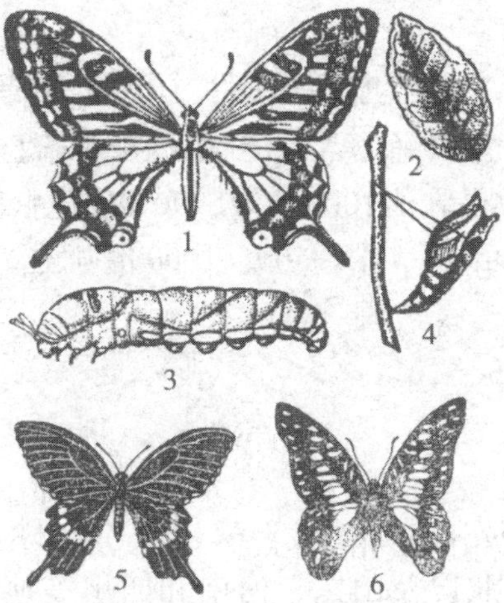

图6-1　三种凤蝶

1～4为柑橘凤蝶：1—雌成虫；2—卵3—幼虫
4—蛹；5—玉带凤蝶雌虫；6—麻斑樟凤蝶

表6-1　三种凤蝶的形态比较

虫态	特征	柑橘凤蝶	玉带凤蝶	麻斑樟凤蝶
成虫	体长	雌26 mm，雄22 mm	雌28 mm，雄25 mm	雌24 mm
	翅展	雌90 mm	雌88～95 mm	雌54～76 mm
	体色	背中线黑色，两侧黄白	全体黑色	全体黑色
幼虫	前翅	有4条黄白色纵纹	外缘有8个黄白色斑	有1列青蓝色方斑
	腹部	蓝黑色斜纹在背面相交	灰黑色斜纹在背面不相交	有1条黄色横线
	臭腺	橙黄色	紫红色	淡黄色
卵	卵色	黄白至紫黑色	黄绿至紫黑色	乳黄至绿色

3. **发生规律**

柑橘凤蝶和玉带凤蝶发生代数因地而异。浙江黄岩、四川成都、湖南及北京地区一年3代，江西南昌一年4代及不完全5代，福建漳州及台湾一年5～6代，有世代重叠现象。各地均以蛹在叶背、枝干及其他隐蔽场所越冬。广州柑橘凤蝶各代成虫发生期：第一代3—4月；第二代4月下旬至5月；第三代5月下旬至6月；第四代6月下旬至7月；第五代8—9月；第六代10—11月。越冬蛹期95～108 d。麻斑樟凤蝶一年代数不详，在广州成虫3月中旬始见。5—6月观察，约32 d完成1个世代。成虫日间活动，飞翔力强，吸食花蜜，交配后雌虫当日或隔日产卵，上午9:00—12:00产卵最多。卵散产于寄主的嫩芽、叶以及枝梢上。初孵幼虫先食卵壳，再食嫩叶，稍长大后食老叶，仅留主脉。一般先由枝梢上部向下取食，轻则将叶片吃成缺刻，重则可把叶片吃光。3龄前的幼虫在叶片上很像鸟粪，幼虫若受惊则伸出“Y”字形臭腺，放出芳香气，老熟后在叶背、枝上等荫蔽处吐丝固定其尾部，再吐一丝环绕在腹部第2～3节之间，将身体系在树上化蛹。蛹色常随化蛹环境而不同。凤蝶蛹期的天敌有黄金小蜂和广大腿小蜂，均有很高的寄生率，对凤蝶发生起一定的抑制作用。

4. 防治方法

可人工捕杀幼虫和蛹，并将蛹放入纱笼内，使蛹寄生蜂羽化后飞出笼外，保护天敌。幼虫3龄前可喷80%敌敌畏乳油1000倍液，90%敌百虫晶体800～1000倍液；或以含活孢子100亿个/克以上的青虫菌，对水500～1000倍喷雾，每隔10～15 d喷1次，连喷2～3次。

（二）山楂粉蝶

1. 分布与为害

山楂粉蝶（*Aporia crataegi* Linne.）属于鳞翅目粉蝶科。又名苹果粉蝶，俗称白蝴蝶。分布于东北、华北、西北以及山东、河南和四川等地。主要为害山楂、苹果、海棠、梨、桃、李、杏、樱桃、山杨、春榆和冷杉等植物。

2. 形态特征

（1）成虫。体长为22～25 mm，翅展为64～76 mm。体黑色，翅白色，雌虫略带灰白色，翅脉黑色，前翅外缘除臀脉外，各脉末端均有一个三角形黑斑。雌虫腹部较大，雄虫腹部较细瘦。

（2）卵。竖立似弹头，卵壳表面有纵脊纹12～14条，卵顶周缘具7个瓣状突起，似花瓣开裂状。卵鲜黄色，有光泽，数十粒紧密排列成卵块。

（3）幼虫。老熟时体长为38～45 mm。体较粗壮，灰褐色，全体密布小黑点，并疏生黄白色短细毛。胴部背面有3条黑色纵带，其间夹有2条黄褐色纵带，腹足外侧各有一黑斑，腹足趾钩单序中带。

（4）蛹。体长约25 mm，以丝将蛹体缚于小枝上，称缢蛹。蛹有两种色型，黑型蛹体黄白色，具许多黑色斑点，黑型蛹约占总蛹量的32%。黄型蛹体黄色，体上的黑色斑点小且少，体略小，该型占总蛹量的68%左右。

3. 发生规律

一年发生1代。以2～3龄幼虫群集在树枝上吐丝缀叶成囊状，在叶囊内越冬。春季果树发芽时开始出蛰，初期群集在芽上为害，常拉丝结网，白天为害，夜晚或阴雨天潜伏于网巢内。5月上中旬幼虫陆续老熟，在枝干上或杂草上化蛹，以尾端臀棘固定，并用丝缠绕在蛹体上半部，斜悬在枝条上，预蛹期2～3 d，蛹期17～21 d。5月下旬开始羽化，成虫白天活动，气温高时十分活跃，也常群集在大葱、紫穗槐等花上取食花蜜，或在水沟旁吸水。6月上旬为产卵盛期，卵成块产于叶片上，叶背多于叶面。每雌虫可产卵200～500粒，卵期15～19 d。初孵幼虫吐丝结网，在网下啃食叶肉，仅剩下一层下表皮。此时幼虫食量不大，经1～2次蜕皮后，7月中下旬开始将被害叶以丝缀连成囊状。

山楂粉蝶的天敌在幼虫期有黄绒茧蜂，寄生率达60%～70%；蛹期有姬蜂寄生，寄生率有时达70%以上。幼虫期常被细菌侵染，感病幼虫体软化变黑死亡，尸体头、尾下垂，以腹足悬挂在枝、叶上。

4. 防治方法

（1）农业防治。越冬幼虫做成的枯叶囊挂在树上，极易识别，可结合修剪将其摘除，集中处理，此法简而易行，效果显著。利用成虫清晨不能飞翔的特点，组织人力在开花植物如葱花地上捕杀产卵的成虫，以减轻下一代为害。在卵块密度较大的地区，进行摘除卵块，借以压低虫口密度。

（2）化学防治。春季越冬幼虫开始活动时，或夏季幼虫孵化时进行药剂防治，可用长杆挑纱布药袋，对准虫巢撒布药粉，药粉有2%敌百虫粉剂、2%杀螟松粉剂，幼虫分散后可喷50%杀螟松乳油或50%马拉松乳油1000倍液，或20%杀灭菊酯乳油3000倍液等。

七、卷蛾类

1. 分布与为害

为害林果植物的卷蛾类害虫种类很多，主要有小卷蛾科的梨小食心虫和顶梢卷叶蛾，卷蛾科的褐卷叶蛾和银杏超小卷叶蛾等。小卷蛾科的两种在我国分布很普遍，华北、华中及华南果区发生严重，主要为害蔷薇科植物，管理比较粗放的果园受害严重。褐卷叶蛾是我国苹果产区发生普遍的重要害虫，其食性很杂，如柳、杨、榛、水曲柳、栎、绣线菊、毛赤杨、山毛榉、榆和桑等多种树木。银杏超小卷叶蛾分布于江苏、安徽、浙江、广西等地，以幼虫潜食果枝端部或蛀食当年生长的嫩梢，受害枝叶枯黄，发生严重时嫩梢大量被害，风吹后叶片与幼果脱落，果实减产可达80%～90%，长势差的老树很易遭受此虫的为害。

2. 形态特征

四种卷叶蛾的形态特征见表6-2，梨小食心虫形态特征见图6-2。

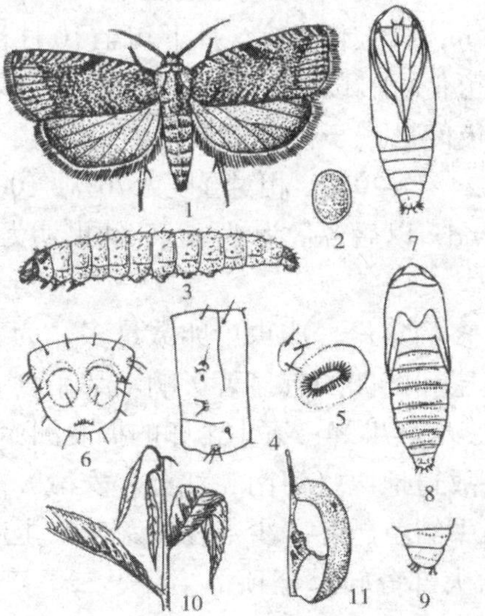

图6-2　梨小食心虫

1—成虫；2—卵；3—幼虫；4—幼虫第2腹节侧面；5—幼虫腹足趾钩；
6—幼虫第9～10节腹面；7—蛹腹面观；8—蛹背面观；9—蛹腹末背面；10—桃梢被害状；11—梨果被害状

表6-2　四种卷叶蛾的形态特征

虫态	特征	梨小食心虫	顶梢卷叶蛾	褐卷叶蛾	银杏超小卷叶蛾
成虫	体长	6～7 mm	6～8 mm	8～11 mm	5 mm
	翅展	13~14 mm	12～14 mm	18～25 mm	12 mm
	体色	灰褐色	暗灰色	暗褐色	黑褐色
	前翅	前缘有10组白色斜纹	前缘有6～8个黑褐色平行短纹	褐色有网状纹基斑、中带和端纹深褐	前缘有7组明显的白色钩状纹
幼虫	体长	10～13 mm	6～11 mm	8～13 mm	11～12 mm
	体色	体黄白或粉红，头黄褐色	体污白色，头暗棕至黑色	体黄绿色，头深褐至黑色淡黄绿色	灰白或淡灰黄色，头黄褐至黑褐色
卵	卵色	淡黄白色	乳白色	淡黄绿色	橘黄至乳白色至暗黄，有红色环状纹
	着生	散产	散产	鱼鳞状，块产	散产

3. 发生规律

（1）梨小食心虫。在华北一年发生3～4代，黄河故道一年发生4～5代，南方各省一年发生6～7代。以老熟幼虫主要在树体上翘皮裂缝中结茧越冬，在树干基部接近土面处也有幼虫越冬，黄河故道越冬幼虫最早于4月上中旬化蛹，成虫出现在4月中旬至5月间，产卵盛期在5月中旬。第二代产卵盛期在6月上中旬，一、二代成虫主要产卵在桃树新梢上，每幼虫可蛀害新梢3～4个。第三代卵盛发于7月上旬，幼虫以为害苹果和梨果实为主。第四代卵在8月上旬，第五代卵在8月下旬至10月初。幼虫有滞育（越冬）现象，光照时间在11～13 h，可使90%以上的幼虫进入滞育。梨小食心虫有转移寄主的习性。成虫产卵前期1～3 d，夜间散产于树上部枝梢嫩梢第3～7片叶的叶背为多，每梢产卵1粒。成虫产卵最适温度为24℃～29℃，相对湿度为70%～100%。成虫寿命一般为3～6 d；我国中部第一代卵期为7～10 d，以后各代为4～6 d；幼虫期为15 d左右；蛹期为7～10 d；但越冬代蛹期在10 d以上。

梨小食心虫一般在雨水多的年份，成虫产卵数量多，为害严重，因此在适宜温度条件下，湿度对成虫寿命、交尾和产卵均有显著影响。梨小食心虫的天敌主要有寄生于幼虫的小茧蜂、中国齿腿姬蜂、纯唇姬蜂；寄生于卵的拟澳洲赤眼蜂等。

（2）顶梢卷叶蛾。黄河故道地区（河南、江苏、安徽）一年发生3代，以2、3龄幼虫主要在枝梢顶端的卷叶团中结茧越冬，少数在侧芽叶腋上越冬。越冬幼虫于春苹果树发芽时出蛰为害嫩叶，开始大部分转移至顶部第一、二、三芽内，并且越是活动前期，幼虫越接近顶芽，以后逐渐向下扩展。

（3）褐卷叶蛾。在长江中下游地区一年发生4～5代。各地区均以幼龄幼虫在树干粗皮裂缝、剪锯口及爆翘皮内结白色薄茧越冬，在幼树上则以剪锯口周围死皮中或枯叶与枝条贴合处较多。苹果树萌芽时，越冬小幼虫开始出蛰，浙江6月至7月上旬发生，幼虫不仅卷食叶片且啃食果实。

（4）银杏超小卷叶蛾。一年发生1代，以蛹在粗皮内越冬。在南京，成虫羽化期在3月下旬至4月中旬，卵期在4月中旬至5月上旬，幼虫为害盛期在4月下旬至5月中旬，老熟幼虫向枯叶转移的盛期在5月下旬至6月上旬，7月上旬以后呈滞育状态，11月中旬化蛹。成虫寿命为13～23 d，卵期为8 d。幼虫孵出后爬行迅速，初期多爬行至短枝凹陷处取食，并吐丝织薄网，1～2 d后，即蛀孔钻入枝内，作横向食害，在侵入孔口留有与丝网相粘连的黄色细小虫粪。自短果枝蛀入或从叶柄蛀入短果枝的，在短果枝内进行横向潜食，使被害的短果枝上着生的叶片及果实全部枯萎死亡；自生长枝基部蛀入的，则向顶端蛀食；自生长枝中部蛀入的，则向基部蛀食，虫道长为20～50 mm。幼虫在枝内为害25 d左右后，在5月中旬至6月中旬即转向枯叶，然后转移蛀入树皮，或从落地卷叶内爬向树干，蛀入树皮。幼虫蛀入树皮后进入滞育状态，经过4个多月后，即在原处作薄茧化蛹越冬。在树干上滞育并化蛹的占60%～100%。

4. 防治方法

（1）农业防治。

①避免混栽：建立新果园时，尽可能避免桃、杏、李、樱桃、梨、苹果等果树混栽。在已经混栽的果园内，应在梨小食心虫的主要寄主植物上加强防治工作。梨小食心虫寄主植物多，且有转移寄主和为害梢及果实的习性，防治上首先了解它在不同寄主上的发生情况和转移的规律。

②清残修剪：为消灭越冬幼虫，早春发芽前，有幼虫越冬的果树，如桃、梨、苹果等，进行刮除老树皮，刮下的粗皮集中烧毁；在越冬幼虫脱果前，在主枝主干上，利用束草或麻袋片诱杀脱果越冬的幼虫；处理果筐、果箱及填料，可以消灭一部分越冬幼虫；在新梢被害时及时剪下虫梢集中处理，或冬春修剪时，被害梢彻底剪除，并收集烧毁，或在幼树及苗木上，越冬代成虫羽化前可以进行人工摘除虫梢。

（2）物理防治。采用黑光灯诱杀。

（3）化学防治。做好虫情测报工作，采用调查被害梢、田间卵量消长情况或利用成虫的趋光性和趋化性，采用黑光灯或性诱剂或糖醋液诱集成虫的方法，掌握各代成虫发生消长情况，指导喷药，提高药剂防治的效果。

在成虫高峰期或卵盛期和卵孵化盛期，可选用40%乐果乳油1200～1500倍液，90%敌百虫晶体1000倍液，80%敌敌畏乳油1500倍液，50%杀螟松乳油1500倍液等。苹果树生理落果前不能使用敌百虫和敌敌畏。

银杏超小卷叶蛾在成虫羽化盛期，亦可用50%杀螟松乳油1250倍液与2.5%溴氰菊酯乳油1500倍液，按1∶1的比例混合，用以喷湿树干，可以有效地杀死羽化成虫，药效可达10 d。幼虫孵化期用40%氧化乐果乳油1000倍液，或80%敌敌畏乳油800倍液喷雾。或在老熟幼虫开始转移时，在5月末或6月初，用2.5%溴氰菊酯乳油2500倍液1份与柴油20份混合，或用10%氯氰菊酯乳油1份与柴油20份混合，用油漆刷刷在树干基部和上部及骨干枝的下部，分别涂4 cm宽的毒环，以杀死转移的幼虫。或用涂白剂涂树干防止成虫羽化。

八、刺蛾类

刺蛾类食叶害虫属于鳞翅目刺蛾科。国内有90多种，分布很广，全国各省几乎均有发生。多食性害虫，为害多种果树及园林植物。其幼虫蛞蝓形，体上和蜕皮均有毒毛，触及人体皮肤，或吸入成虫的有毒鳞片进入鼻喉黏膜，都能引起皮肤和黏膜中毒，轻者疼痒红肿，重者皮肤溃疡、淋巴发炎，影响人体健康，因而俗称“洋辣子”。主要种类有黄刺蛾、褐刺蛾、扁刺蛾、褐边绿刺蛾和丽绿刺蛾等。

1. 分布与为害

黄刺蛾分布很广，全国各省几乎均有发生。食性很杂，为害枫杨、重阳木、杨、柳、榆、刺槐、茶花、悬铃木、樱花、石榴、三角枫、紫荆、梅、海棠、蜡梅、月季、紫薇、日本晚樱、珊瑚树、桂花、大叶黄杨、花曲柳等120余种植物。低龄幼虫取食叶的下表皮及叶肉组织，留下上表皮，形成圆形透明小斑纹；4龄时取食叶片使形成孔洞或缺刻；5龄后可食全叶仅留叶脉，严重影响树势和产量。黄刺蛾是我国果树及园林植物的重要害虫。

2. 形态特征

黄刺蛾的形态特征及其与其他三种刺蛾的形态区别见表6-3及图6-3。

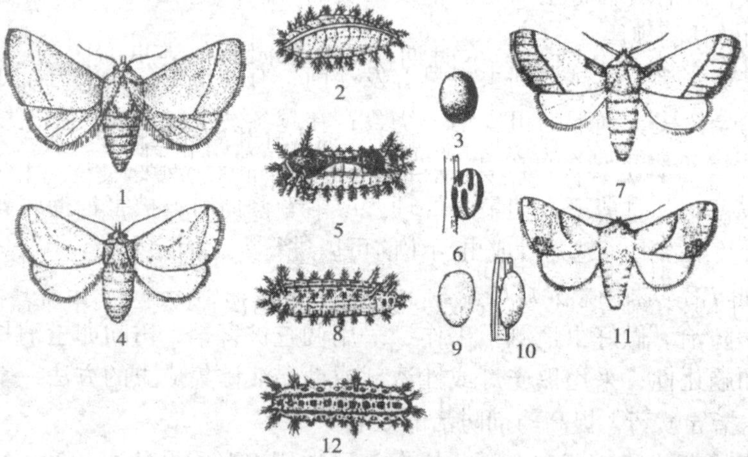

图6-3　四种刺蛾

扁刺蛾：1—成虫；2—幼虫；3—茧

黄刺蛾：4—成虫；5—幼虫；6—茧

丽绿刺蛾：7—成虫；8—幼虫；9—茧（正面观）；10—茧（侧面观）

褐刺蛾：11—成虫；12—幼虫

表6-3　四种刺蛾的形态比较

虫态	特征	黄刺蛾	褐刺蛾	褐边绿刺蛾	扁刺蛾
成虫	体长	13 ~ 16 mm	15 ~ 18 mm	16 mm	15~16 mm
	前翅翅色	黄色	灰褐色或棕褐色	绿色	淡灰褐色
	前翅斑纹	有暗褐色倒“V”字形斜纹	有2条八字形斜纹	基部褐色，外缘黄色，边褐色	有1条暗褐色斜纹及1个黑点
幼虫	体长	19 ~ 25 mm	33 mm	24 ~ 27 mm	24 ~ 26 mm
	体色	体黄绿色，有哑铃状斑	体黄绿色，背中线蓝或红色	体绿色，背线两侧深青色	体淡绿色，背中线白色
	枝刺	各节4个，腹1节和7节大	长短不一，腹5节和8节大	各节4个，较短，腹末有4簇蓝黑色毛丛	着生在体两侧，各节2丛
茧	颜色	似麻雀蛋，有灰白条	椭圆形，灰褐色有点	椭圆形，暗褐色	椭圆形，黑褐色
	着生	树枝上	土中	树枝上	土中

3. 发生规律

此虫在辽宁、陕西、河北省北部一年发生1代，北京、江苏、安徽、河北省中部一年发生2代。以老熟幼虫在小枝分叉处、主侧枝处以及树干的粗皮上结茧越冬。第二年4—5月化蛹，5—6月出现成虫。成虫羽化多在傍晚，产卵多在叶背。卵散产或数粒产在一起，每雌虫产卵49 ~ 67粒，卵期为7 ~ 10 d。幼虫有7龄。幼虫结茧前，在树枝上吐丝作茧，茧开始时透明，后即凝成硬茧。第一代幼虫结的茧小而薄，第二代茧大而厚。

黄刺蛾的天敌有上海青蜂、朝鲜姬蜂和刺蛾广肩小蜂等。上海青蜂寄生率很高。

4. 防治方法

（1）农业防治。冬季或7—8月在被害树枝干上采茧，集中投入寄生天敌保护笼中；或结合观赏树木的整枝修剪，剪除虫茧，集中烧毁。有的刺蛾结茧在树体周围的土内越冬，可结合松土翻地、施肥等措施，挖除地下虫茧，消灭其中的幼虫。刺蛾初孵幼虫有群集性，被害呈透明枯斑，目标明显，在小面积范围内，可以组织人力摘除虫叶，消灭幼虫，注意切勿使虫体接触皮肤。

（2）生物防治。用苏云金杆菌微生物农药防治刺蛾幼虫。Bt乳油（青虫菌、灭蛾灵）含孢量100亿个/mL以上500 ~ 800倍液喷雾，或用大蓑蛾核型多角体病毒（粗提液稀释到含多角体量1×10^{6}个/mL）和青虫菌混合液喷雾，效果很好。

（3）物理防治。利用刺蛾较强的趋光性，可设置黑光灯诱杀成虫。

（4）化学防治。掌握防治适期及时喷药，一般在3龄幼虫以前。常用药剂有90%晶体敌百虫1000倍液，或80%敌敌畏乳油1500倍液，或50%辛硫磷乳油3000倍液，或50 %马拉硫磷乳油1000倍液以及2.5%溴氰菊酯乳油或20%杀灭菊酯乳油3000倍液喷雾。

九、蓑蛾类

蓑蛾类害虫属鳞翅目蓑蛾科，为园艺植物食叶害虫，又名袋蛾，俗称“避债蛾”“吊死鬼”，世界已知800多种，国内约17种。全国各地分布，以南方发生种类多，为害重。常见种类有大蓑蛾、小蓑蛾、茶蓑蛾和白囊蓑蛾等。

1. 分布与为害

大蓑蛾又称大袋蛾、大皮虫、避债蛾。分布于广东、福建、台湾、湖北、四川、湖南、贵州、云南、江西、浙江、江苏、安徽、山东、陕西、河南和海南等地。主要为害泡桐、白榆、重阳木、垂柳、香樟、水杉、雪松、圆柏、木兰、蜡梅、冬青、樱花、月季、海棠和蔷薇等90个科近612种园林植物，其中有约33种受害严重。

2. 形态特征

（1）成虫。雄成虫体长为15～20 mm，翅展为35～44 mm，体黑褐色。前翅2A和1A脉在端部1/3处合并，M_2～M_3脉之间，R_4～R_5脉基部之间各有一透明斑。胸部背面有5条黄色纵纹。雌成虫体长为22～30 mm，肥胖，足与翅均退化，腹部第7、8节间有环状黄色茸毛。

（2）卵。椭圆形，长0.8 mm，宽0.5 mm，黄色。

（3）幼虫。初龄时黄色，少斑纹。从3龄起，雌雄明显异形。雌性幼虫体长32～37 mm，头部深棕色，头顶有环状斑；胸部背板骨化强，亚背线、气门上线附近具大型赤褐色斑，呈深褐色和淡黄色相间的斑纹；腹部背面黑褐色，各节表面有皱纹；腹足趾钩呈单序缺环。雄虫体小，黄褐色，头部蜕裂线及额缝白色。

（4）蛹。雌蛹体长为22～23 mm，头、胸的附属器均消失，枣红色；雄蛹赤褐色，第3～8腹节背板前缘各具一横列的刺突，腹末有臀棘1对，小而弯曲。

（5）护囊。呈纺锤形，雄虫护囊长约52 mm，雌虫护囊长约62 mm，护囊上常附有较大的叶屑和小枝梗，排列不整齐。

3. 发生规律

安徽、江苏、上海、浙江、江西、湖北等地一年发生1代，极少发生2代，但第二代幼虫多不能越冬。在广州地区一年发生2代，以老熟幼虫在护囊中越冬，翌年2月下旬至4月下旬化蛹，3月中旬至4月下旬羽化，随即交尾产卵，4月上旬至5月中旬为卵孵化盛期。第二代幼虫于6月下旬至7月上中旬化蛹，7月中下旬羽化，7月下旬至8月上旬幼虫孵化，翌年春幼虫化蛹羽化。雌虫羽化后留在护囊内，雄蛾飞至囊上将腹部伸入护囊进行交尾，产卵于囊内。每雌虫产卵多达上千粒，一般500粒左右。产卵后，雌体干缩死亡。幼虫共5龄，孵化后在囊内取食卵壳，3～5 d即蜂拥爬出，在枝叶上爬行或吐丝下垂，随风扩散，降落到适宜寄主上后，以丝缀叶或用少量枝梗营囊护身。幼虫匿于囊内，取食迁移时均负囊活动。幼虫喜光，故多聚于树枝梢头为害。

大蓑蛾一般在7、8月间气温较高而干旱的条件下为害猖獗。雨水多影响幼虫孵化，并易引起病害流行而大量死亡，不易成灾。6—8月降雨量在300 mm以下时，易爆发成灾。

4. 防治方法

（1）物理防治。人工摘除护囊，秋、冬季树木落叶后，护囊很易寻找。结合整枝、修剪，摘除虫囊，消灭越冬幼虫。利用大蓑蛾的趋性，用黑光灯和大蓑蛾性外激素诱杀成虫。

（2）生物防治。幼虫和蛹期有多种寄生性和捕食性天敌，如鸟类、姬蜂、寄生蝇及致病微生物等，应注意保护利用。可用苏云金杆菌含孢量100亿个/mL以上的500倍液喷雾，或用大蓑蛾核型多角体制剂，每毫升含1×10^8个病毒多角体的浓度喷雾防治。

（3）化学防治。在幼虫初龄阶段，用90%晶体敌百虫2000倍液，或80%敌敌畏乳油1000倍液，喷雾时注意喷到树冠的顶端，并要求喷湿护囊。

十、毛虫类

园艺植物的毛虫类害虫是指身体上有毛瘤或毒毛的一类食叶性鳞翅目幼虫，主要有枯叶蛾科的马尾松毛虫、毒蛾科的桑毛虫和斑蛾科的梨星毛虫等。

（一）马尾松毛虫

1. 分布与为害

马尾松毛虫是我国松林最严重的历史性大害虫，分布于秦岭至淮河主流一线以南各省，几乎遍及沿海岛屿，西达四川，共15个省。主要为害马尾松、黑松、火炬松、湿地松等。此外，人体接触毒毛，使人发生“松毛虫病”，引起皮炎、关节肿痛、手足奇痒，少数还有畏寒、低热、头痛、乏力等症状，影响人们的身体健康。

2. 形态特征

（1）成虫。体色变化大，有灰白、灰褐、黄褐等色。雌蛾体色比雄蛾浅。雄蛾较小，体长为20～28.7 mm，翅展为36～49 mm。触角羽状。前翅横线色深、明显，中室白斑显著，亚外缘线黑斑列内侧呈褐色，腹末细削，休止时腹末鳞毛外露。雌蛾体长为18.4～29.4 mm，翅展为42.8～56.7 mm。触角短，栉齿状。前翅中室白斑不明显，前翅具5条深褐色横线，外横线略呈波状纹，亚外缘列8～9个，黑褐色。

（2）卵。椭圆形，长为1.5 mm，宽为1.1 mm，初产时粉红色，近孵化时为紫黑色。

（3）幼虫。老熟幼虫体长为47～61 mm。体色随龄期不同而异。大致有棕红色和灰黑色两种。贴体的纺锤形倒伏鳞片有银白色和银黄色两种。头部黄褐色，中、后胸背面有明显的蓝黑色毒毛带。腹部各节背面毛簇中有窄而扁平的片状毛，体侧着生许多白色长毛，并有一条连贯胸腹部的纵带，自中胸至腹部第8节气门后上方，在纵带上各有一白色斑点。

（4）蛹。纺锤形，体长为22～37 mm，棕褐色，臀棘细长。茧长椭圆形，灰白色至黄褐色，茧外散生黑色短毒毛。

3. 发生规律

发生世代数随地理分布有较大差异。一般年发生2～4代。河南省南部每年发生2代，长江流域各省每年发生2～3代，福建、台湾及珠江流域每年发生3～4代。以3～5龄幼虫在树皮裂缝、树下杂草丛内、石砾或针叶丛中越冬。

马尾松毛虫各虫态发育的历期因地区和世代不同而异。越冬代幼虫蛰伏期广东不足60 d，湖南90 d左右，在河南长达120 d以上。在湖南，卵期第一代为11 d，第二代为7 d，第三代7 d；幼虫期第一代平均49 d，第二代63 d；蛹期越冬代平均21 d，第一代16 d，第二代13 d；成虫期越冬代平均7.5 d，第一代7 d，第二代8 d。

成虫羽化、交尾和产卵都在夜间进行。羽化以晚上8:00—11:00最盛，雄蛾羽化盛期比雌蛾早。大多仅交尾1次，交尾后次日晚产卵。卵多产于生长良好的松针或小枝上，松针被害重的很少产卵。卵粒常排成串珠状或堆成块。每雌可产卵300～400粒，以越冬代产卵量最多，林缘或林中稀疏的地区，松树生长健壮、通风良好，卵块密度较大。产卵部位多在树冠的中下部。卵的孵化比较整齐，一个卵块在2～3 d内孵化完毕。孵化多从清晨开始，以上午9:00—11:00最盛。卵的孵化率一般在97%以上。

幼虫一般为6龄（个别7～10龄）。1～2龄幼虫受惊即吐丝下垂，啃食针叶边缘，使叶丛呈现枯黄卷曲；3～4龄幼虫分散为害，啃食整个针叶；5～6龄幼虫有迁移习性，在松树受害严重时，大量的老熟幼虫在地面爬行。幼虫的食量较大，每雌虫平均一生可食松针约100束，折合松针长约30 m。5～6龄幼虫的食量占一生总食量的70%～80%，雌虫比雄虫食量多1/3。幼虫老熟后在针叶丛间或树皮裂缝中结茧化蛹，受害较重的松林常在树下草丛中或其他地被物上结茧化蛹。

越冬幼虫一般在日平均温度达10℃左右开始活动取食，高温影响其卵的孵化，在32℃气温下，孵化率为40%左右。当相对湿度长期处于75%以下时，卵、幼虫和蛹都不能正常发育。温度22℃、相对湿度90%左右是其生长的适宜环境。5月和8月的温湿系数显著高于历年的平均值时，则有利其猖獗成灾。狂风暴雨对初孵幼虫起机械杀伤作用，而长期阴雨，利于病菌繁殖流行，导致幼虫大量死亡。微风细雨反而有利于马尾松毛虫扩散生存。

马尾松毛虫的天敌已知有90种以上，控制作用较大的有：①益鸟，如大杜鹃、中杜鹃、灰卷尾、大山雀、灰喜鹊等。②天敌昆虫，寄生蜂已发现50余种，其中卵寄生蜂有14种以上。分布广、寄生率高的有松毛虫黑卵蜂、松毛虫赤眼蜂；幼虫期寄生蜂有松毛虫内茧蜂、黑胸姬蜂；幼虫—蛹跨期寄生蜂有松毛虫黑点瘤姬蜂、舞毒蛾黑瘤姬蜂；寄生蝇有蚕饰腹寄蝇、家蚕追寄蝇和伞裙追寄蝇等；捕食性天敌有螽蜥、螳螂、猎蝽、胡蜂、蚂蚁等。③真菌，主要有白僵菌、黄僵菌、囊虫菌、虫生菌等。④细菌，主要有苏云金杆菌、杀螟杆菌、松毛虫杆菌等。⑤病毒，主要有马尾松毛虫核型多角体病毒（NPV）、马尾松毛虫质型多角体病毒（CPV）和马尾松毛虫颗粒体病毒（GV）等。

4. 防治方法

马尾松毛虫的防治策略应采取林业技术为基础，生物防治为主导，药剂或其他方法为应急的综合防治措施，以促进园林的生态平衡。

（1）农业防治。在植树造林时，应营造混交林，并注意合理密植。以针叶和阔叶树成块状或带状混交。如在南方使马尾松与木荷、樟树、白栎、枫香、油桐或相思树混交。每667 m^2可植450株左右，促使及早郁闭。对已有的疏林地，应补植阔叶树种，保持林分郁闭。抚育时，要防止过度间伐或修剪，林内要适当保持一定的杂灌木和植被。注意选育抗性树种，有条件的地区可考虑多栽种黑松、火炬松、湿地松等，这些树种林学性能优良，相对马尾松而言，对松毛虫有一定程度的抗性。

（2）生物防治。使用生物农药苏云金杆菌和白僵菌，用每毫升含孢量为0.5亿～0.27亿个的苏云金杆菌液，对4～6龄松毛虫幼虫喷雾，或用每毫升含1亿孢子的白僵菌菌液喷雾，适宜使用的条件为21℃～30℃和相对湿度90%～95%以上。在鸟类繁殖期间禁止破坏鸟巢，还可利用人工巢箱招引益鸟，使更多的益鸟在林内定居繁殖。

（3）物理防治。

①人工防治：在虫灾面积小和零星分散的幼林，可组织劳力捕杀幼虫、摘茧及采卵。

②诱杀成虫：用频振灯、黑光灯诱杀；或性外激素诱杀，采用水盆式诱捕器，用马尾松毛虫性外激素20FE（1FE即一头雌蛾性外激素的提取量）的诱捕效果最好。

（4）化学防治。在水源方便、树高5 m以下的松林可行喷雾，常选用的药剂有50%辛硫磷乳油1000倍液或90%晶体敌百虫2000倍液喷雾。松林高大，郁闭度大的可用烟剂，目前常用的敌敌畏插管烟雾剂，使用量为每667 m^2用1 kg。大面积的防治还可用飞机喷洒。

（二）梨星毛虫

1. 分布与为害

梨星毛虫属于鳞翅目斑蛾科，分布于山西、辽宁、山东、江苏、河南、陕西、甘肃等地，为害梨、苹果、山楂、沙果、海棠等。

2. 形态特征

（1）成虫。体长为9～12 mm，翅展为21～30 mm。全体黑色。翅半透明，翅脉明显，翅缘为深黑色。雄虫触角短，羽毛状，雌蛾触角锯齿状。头胸部有黑褐色绒毛。

（2）卵。长径为0.7 mm扁椭圆形，黄白色。密集排列成圆形卵块。

（3）幼虫。长为20 mm左右，头小，黑色，缩于前胸内，前胸背板上有褐色斑点和横纹，背线黑褐色。中胸至腹部第8节两侧各有10个近圆形的黑斑；各节背面还有横列毛丛6簇。幼龄幼虫体呈淡紫色。

（4）蛹。体长约12 mm，淡黄色，近羽化时黑褐色，腹部3～9节背面有一列短刺突。

3. 发生规律

东北、华北一年发生1代；河南西部、陕西关中一年发生2代。以幼龄幼虫潜伏在树干及主枝的粗皮裂缝下结茧越冬；树皮光滑时，在树下土壤中结茧越冬。翌春梨树发芽时，越冬幼虫开始出蛰，向树冠上转移，花芽尚未开放时，从芽旁吐白部位咬入食害。花芽已开放，则由顶部钻入食害。虫口密度大时，一个开放的花芽里常有一二十条幼虫，吃空后，继而为害花蕾和花芽。当展叶时，幼虫即转到叶上，吐丝缀连叶片成饺子状，在其中取食叶肉，残留叶背表面。卵期为7～8 d。幼虫孵化后群集叶背为害，1 d后分散为害，为第二次为害期。此时幼虫小，叶片老，因此为害程度远不及越冬代。为害10 d后，约在7月下旬转到粗皮下结茧越冬。成虫飞翔力不强，白天静伏于叶背，清晨气温低时易被震落。

4. 防治方法

（1）农业防治。越冬期和早春刮除老树皮，尤其根颈处的粗皮，可消灭越冬幼虫，减少虫源。早春在树干周围压土消灭越冬幼虫，或人工摘除被害叶片及虫苞，幼虫越冬前树干绑草诱集。

（2）化学防治。在越冬代幼虫出蛰上芽的为害时期，一般在花序分离至开花前，可选用50%敌敌畏乳油1000倍液，或90%敌百虫晶体1000倍液，或2.5%速灭杀丁乳油1500～2000倍液，或20%杀灭菊酯乳油1500～2000倍液和25%灭幼脲3号胶悬剂2000倍液等喷雾。开花前连喷2次。

（三）桑毛虫

1. 分布与为害

桑毛虫又名黄尾白毒蛾、盗毒蛾、桑毒蛾、金毛虫等，属于鳞翅目毒蛾科。国内分布于黑龙江、内蒙古、陕西、四川、贵州、云南、广东、广西、江苏、上海及浙江等地区。幼虫除为害桑树外，还取食白杨、垂柳、枫杨 榆、重阳木、椿、珊瑚树、悬铃木、泡桐、苹果、梨、梅花、月季、十姊妹、桃花及海棠等多种花木花卉和果实。桑毛虫幼虫取食多种植物的芽、叶。幼龄幼虫先食叶肉，仅留下表皮，稍大后蚕食叶表皮和叶肉形成孔洞和缺刻，仅留叶脉。幼虫体上有毒毛，可随蜕皮飞散，化蛹结茧时毒毛可从体上脱落，并黏附在茧上。当人体接触时，造成桑毛虫皮炎大流行。

2. 形态特征

（1）成虫。雌蛾体长为18 mm，翅展为36 mm；雄蛾体长为12 mm，翅展为30 mm。全体白色，复眼黑色，触角双栉齿状，土黄色。前翅后缘近臀角处有2个褐色斑纹。雌蛾腹部末端有金黄色的绒毛1丛；雄蛾从第3节起有黄毛，末端毛丛短。

（2）卵。扁圆形，灰黄色，直径为0.6～0.7 mm。卵块带状或不规则，上面覆盖黄毛。

（3）幼虫。老熟幼虫体长约30 mm，头部黑褐色，胴部黄色，有1条红色背线，亚背线、气门上线和气门线黑褐色，均断续不连。各体节上有很多红、黑色毛瘤，上生黑色及黄褐色长毛和松枝状的白毛。第1、2腹节膨大，其背面各有1个黑色成块毛丛，第6、7腹节背中央各有1个盘状突起的红色翻缩腺。

（4）蛹。圆筒形，长为0.9～11.5 mm，黄褐色，胸、腹部有幼虫期毛瘤遗迹，并有黄色刚毛，臀棘较长，成束。茧土黄色，长椭圆形，长为13～18 mm，茧层薄，外面附有幼虫脱落的体毛。

3. 发生规律

桑毛虫在江苏、上海、浙江、四川一年发生3代，少数4代，广东发生6代。各地均以幼虫在树干粗皮裂缝内或枯叶里结茧越冬。越冬虫龄以3、4龄幼虫为主。第二年早春气温上升到16℃以上时，越冬幼虫破茧而出，开始为害新芽和嫩叶，江苏、浙江在4月初，江西在3月中下旬，广东在3月上旬。

成虫白天静伏林丛叶间，晚间飞翔活动，有趋光性。多在夜间产卵于叶背，产卵时将腹末黄毛覆在卵块上。1～2代每雌虫平均产卵达430粒，一雌蛾最多产卵681粒。产卵前期平均为2.7 d，产卵期平均为7.5 d，第一天产卵量占总产卵量的64.3%。雌虫寿命7～17 d，雄虫寿命4～1 4 d，最长可达21 d。

初孵幼虫群集为害，4龄后分散取食，自2龄起长出毒毛。幼虫蜕皮5～7次，经20～37 d老熟化蛹。幼虫老熟后，在卷叶内、叶背面、树皮裂缝或寄主附近土面、杂草、篱笆等处结茧。初结的茧较疏松，以后不断吐丝加厚，并把体毛脱下，附在茧上。幼虫具假死性，受惊动后身体卷缩，直接落地或吐丝下垂，随风飘荡，迁移邻树。长江流域以南地区，幼虫在10月间（初霜前）寻枝干裂缝、蛀孔或枯叶等处吐丝做茧蛰伏越冬。

桑毛虫已知天敌有桑毛虫黑卵蜂、桑毛虫绒茧蜂、桑毛虫病毒等，对该虫有一定的控制作用。

4. 防治方法

（1）农业防治。结合园林养护，及时摘除低矮观赏植物上的桑毛虫卵块及初孵群集的幼虫，集中消灭。将稻草束于树干或分枝上，待幼虫翌年活动前，把束草解下，放入寄生蜂保护器中，待天敌羽化飞出后，再把草束等烧毁。

（2）生物防治。在低龄幼虫期，用每克或每毫升含孢量100亿以上的苏云金杆菌制剂800倍液喷杀。但在桑园禁用，可用多角体病毒防治。另外注意保护寄生性天敌。

（3）化学防治。在各代卵孵化盛期选用90%晶体敌百虫1500倍液喷雾，或50%辛硫磷乳油2000倍液，或80%敌敌畏乳油1000倍液，或20%速灭菊酯乳油3000倍液，10%氯氰菊酯乳油3000倍液喷雾。

十一、尺蠖类

尺蠖属鳞翅目尺蠖蛾科。其幼虫腹部仅具1对腹足和1对臀足，爬行时身体一曲一伸，形似在丈量尺寸，故称尺蠖、步曲。园艺植物上造成严重为害的主要有枣尺蠖、茶尺蠖和丝绵木金星尺蠖等。

1. 分布与为害

茶尺蠖属鳞翅目尺蠖蛾科。分布于浙江、江苏、安徽、江西、湖北、湖南、四川、广东等省。主要为害茶，还为害大豆、辣蓼、枫杨等植物。幼虫咬食叶片，秋茶期为害最重。发生严重时，将茶树新梢吃成光秃，影响产量和树势。

2. 形态特征

（1）成虫。体长为9 ~ 12 mm，翅展为20 ~ 30 mm，体、翅灰白色。前翅内外横线、外缘线和亚外缘线黑褐色，弯曲呈波纹状，外缘有7个小黑点。后翅外缘有5个小黑点。

（2）卵。椭圆形，长约0.8 mm，鲜绿色，孵化前转黑色。卵成堆产出，上覆灰白色絮状物。

（3）幼虫。老熟幼虫体长为26 ~ 30 mm。1龄黑色，每节有环列白色小点和纵行白线。2龄褐色，体上白点、白线不明显，第1腹节背板有2个不明显黑点，第2腹节背板有2个较明显的深褐色斑纹。3龄茶褐色，腹部第1节背板黑点明显，第2腹节背板有1个“八”字形黑纹，第8腹背也有1个倒“八”字形黑纹。4、5龄黑褐色，2 ~ 4节腹节背板出现菱形斑纹。

（4）蛹。长椭圆形，长10 ~ 14 mm，赭黑色。

3. 发生规律

江苏、安徽、浙江一带，一般一年发生6代，以蛹在土中越冬。在杭州翌年3月羽化。幼虫发生期：第一代4月上中旬，第二代5月下旬至6月上旬，第三代6月中旬至7月上旬，以后约每月发生1代。9月下旬幼虫陆续入土化蛹越冬。卵期为6 ~ 10 d，幼虫期为11 ~ 48 d（一般15 d左右），蛹期为7 ~ 13 d（越冬蛹4个月以上），成虫寿命为3 ~ 6 d。成虫有趋光性，卵成堆产于茶树枝丫间、茎基裂缝和枯枝落叶间，每雌虫平均产卵300余粒。1 ~ 2龄幼虫多在叶面；3龄后怕光，常躲在茶丛荫蔽处，黄昏至清晨活动为害，具吐丝下垂习性；4龄后开始暴食，当食料缺乏时老嫩叶都被吃尽。幼虫老熟时入土约3 cm造一土室，化蛹于其中。天敌有姬蜂、绒茧蜂、核型多角体病毒、蜘蛛等，其中，以绒茧蜂的寄生率较高，蜘蛛的捕食控制能力强。

4. **防治方法**

（1）农业防治。在入土化蛹期，结合深耕灭蛹，或人工挖蛹以减少越冬基数。

（2）物理防治。灯光诱杀或利用雌虫性诱剂诱杀成虫。

（3）生物防治。应用茶尺蠖核型多角体病毒、Bt等生物杀虫剂，由于其高度的选择性能，可有效保护茶园天敌，害虫不易产生抗性，可获得长期有效控制。

（4）化学防治。可应用诱集法获成虫高峰期，来预测各代1～2龄幼虫的发生盛期，并注意在虫害中心和茶篷面挑治。可选用4.5%高效氯氰菊酯乳油1500倍液，或40%毒死蜱乳油1000倍液，或75%鱼藤精乳油800倍液喷杀。

第二节　吸 汁 害 虫

一、菜蚜

菜蚜属同翅目蚜总科。世界已知蚜种类近4000种，其中为害蔬菜的蚜虫，上海地区初步查明有16种，隶属于2个科11个属；日本有四十余种。蚜虫对蔬菜的为害不仅是直接刺吸植株汁液，且其排泄物（蜜露）可诱发霉污病的发生，影响叶片的光合作用，更严重的是还能传播多种病毒病。

1. **分布与为害**

萝卜蚜和桃蚜是蔬菜蚜虫中的重要种类，在菜区全年为害。分布几乎遍及全世界，国内也普遍发生。江淮流域以南，十字花科蔬菜上以萝卜蚜发生较多，桃蚜次之。萝卜蚜的寄主已知有30余种，但以十字花科为主，且偏嗜萝卜、白菜等叶上有毛的种类。桃蚜的食性很广，世界已记录其寄主有350种以上，除为害十字花科蔬菜外，还为害茄科、藜科和蔷薇科等植物，也是烟草花叶病毒的传播者。

2. **形态特征**

（1）萝卜蚜。

①有翅胎生雌蚜：体长卵形，长2.1 mm，宽为1.0 mm。头部和胸部黑色，腹部绿至深绿色。额瘤不显著。触角6节，长为1.5 mm，第3、4节淡黑色，第3节有次生感觉圈21～29个，排列不规则；第4节有7～14个，排成一行；第5节有0～4个。翅透明，翅脉黑褐色。腹部第1、2节背面及腹管后有2条淡黑色横带（前者有时不明显）。老龄虫体有的被薄粉。腹管较短，约与触角第5节等长，中后部膨大，末端稍有缢缩。尾片圆锥形，灰黑色，两侧各有长毛2～3根。

②无翅胎生雌蚜：体卵圆形，长为2.3 mm，宽为1.3mm。灰绿至黑绿色，被薄粉。额瘤不明显。触角6节，较体短，约为体长的2/3，第1、2节暗黄绿色，第3节端部至第6节末端黑色，无次生感觉圈。腹管和尾片与有翅蚜相同。

（2）桃蚜。

①有翅胎生雌蚜：体长为2.2 mm，宽为0.94 mm。头、胸部黑色，额瘤明显，向内

倾斜。触角6节，较体短，除第3节基部淡黄色外，均为黑色，仅第3节有小圆次生感觉圈9~11个，在外缘全部排列成一行。翅透明，翅脉微黄。腹部淡绿色，第1节背面有一横行零星狭小横斑，第2节有一背中窄横带，第3~6节各横带融合为一背中大斑，第7、8节各有一背中横带，各节间斑明显。腹管圆筒形，向端部渐细，有瓦纹，端部有缘突。尾片圆锥形，具3对侧毛。

②无翅胎生雌蚜：体长为2.2 mm，宽为0.94 mm，卵圆形。体呈绿、黄绿、橘黄或赭赤色，有光泽。额瘤显著，内倾。触角6节，较体短，无次生感觉圈。腹管、尾片与有翅蚜相似。

3. 发生规律

萝卜蚜每年春、秋两季发生，春季发生量较秋季小，除留种菜和迟收的十字花科蔬菜外，一般不致造成严重为害。秋季9—10月份是一年中的为害高峰期。桃蚜在华北一年发生10余代，南方可达30余代。北方以成蚜在靠近风障下的菠菜心里和接近地面的主根上越冬，也可在菠菜心里及随秋菜收获进入菜窖内在大白菜上产卵越冬。上海地区冬季在十字花科蔬菜或菠菜上能继续繁殖，并出现有翅蚜，无明显越冬现象。

萝卜蚜和桃蚜在菜田常混合发生。成若蚜以刺吸式口器刺吸植株的汁液。幼苗受害，叶片卷曲发黄，植株矮小；成长菜株受害，造成严重失水、萎蔫，大白菜、甘蓝往往不能包心结球；花蕾和果实受害，影响开花和籽粒不能充实；留种菜受害，常造成不能抽薹、开花和结荚。菜蚜能传播多种蔬菜病毒病，所传播的病毒多数为非持久性病毒，这类病毒在植株内分布较浅，刚好是蚜虫试探取食口针能到达的部位。蚜虫对非持久性病毒具有吸毒、传毒快，病毒在蚜虫体内消失的时间也快的特性。蚜虫具有试探性取食习性，因此出现了豆蚜能传播十字花科蔬菜病毒病的现象。

萝卜蚜和桃蚜具有季节性消长的特点，即春、秋季发生量大，夏季发生量小。形成这个规律，温度是一个重要因素。萝卜蚜适宜繁殖温度为14℃~25℃，相对湿度为75%~80%。当平均温度在30℃以上或6℃以下，相对湿度小于40%，蚜量迅速下降。据报道，在9.3℃时子蚜至成蚜的发育期为17.5 d；27.9℃时为4.7 d。每头雌虫平均能产子蚜60~100头，最多产143头。桃蚜夏季胎生雌蚜的发育起点温度为4.4℃，有效积温为137℃，发育最快温度为24℃，高于28℃则对其发育不利。温度自9.9℃上升至25℃时，平均发育期由24.5 d降至8d，每天平均产蚜量由1.1头增至3.3头，但寿命由69 d减至21 d。萝卜蚜比桃蚜对温度的适应范围更广，在较低的温度条件下，发育也比桃蚜快。春季为害十字花科蔬菜以桃蚜为主，在秋菜上两种蚜虫虽然混合发生，但以萝卜蚜占优势。

夏季雨量大，可促进病原菌对蚜虫的寄生，此外大雨对蚜虫还有机械冲刷作用。上海地区秋菜上萝卜蚜常年于8月下旬开始迁入，随着气温逐渐下降，繁殖量逐渐增加，到9月中旬就出现蚜量高峰。如在9月中旬出现暴雨，能直接抑制蚜量高峰。如在9月上旬出现暴雨，能直接抑制蚜量上升，压低虫口的基数，使蚜量高峰推迟出现，高峰期的蚜亦显著减少。

菜蚜的天敌种类很多，有蚜茧蜂、绒茧蜂、蚜小蜂、草蛉、食蚜蝇以及多种肉食性瓢虫和天敌微生物蚜霉菌等。田间天敌数量的多少能直接影响蚜量的消长。因此，在治蚜时要注意保护天敌，以利于充分发挥自然因素的控制作用。

4. 防治方法

（1）农业防治。选择抗虫、抗病毒的高产、优质品种，是经济有效的防治措施。菜田夹种玉米，以玉米做屏障阻挡有翅蚜迁入繁殖为害，可减轻和推迟病毒病的发生。

（2）物理防治。有条件的地区，可在菜田覆盖银灰色塑料薄膜，以驱避蚜虫。提倡采用防虫网，北方于冬春两季、南方于夏秋两季在棚室保护地的入口或通风口处安装防虫网也有效。

（3）生物防治。

①保护天敌：菜田有多种天敌对蚜虫有显著的抑制作用，在喷药时要选用对天敌杀伤力较小的农药，使田间天敌数量保持在占总蚜量的1%以上。

②利用天敌：用食蚜瘿蚊防治菜蚜，在田间蚜虫发生初期开始释放，单株有蚜虫20头时，应释放2头瘿蚊，每667 m^2释放1.5万头；每株有蚜虫200头时，就应释放20头，每667 m^2则应释放15万头。益害比为1∶10～20，可有效控制白菜、甘蓝上的甘蓝蚜、萝卜蚜，辣椒上的桃蚜，黄瓜上的瓜蚜，放蚊后9 d，防效可达70%～90%。放蚊时间要求比化学防治提早5～6 d。也可用虫霉菌、烟蚜茧蜂等防治。

③植物源杀虫剂：喷1.1%百部·楝·烟乳油1000倍液，或0.2%蚜螨敌（苦参碱）水剂800倍液。

（4）化学防治。在叶菜上喷药防治，必须选择高效、低毒、低残留的农药品种，以防引起公害。防治蔬菜上的蚜虫应掌握好防治适期和防治指标，及时喷药压低基数，控制为害，如果考虑到防病毒病，则必须将蚜虫消灭在毒源植物上和有翅蚜迁飞之前。在秧苗期或植株封垄前及时喷40%乐果乳油1000倍液，或48%毒死蜱乳油1000倍液，或50%抗蚜威可湿性粉剂2000～3000倍，或10%吡虫啉可湿性粉剂2000～3000倍液以及25%吡蚜酮可湿性粉剂2000倍液等。

二、绣线菊蚜

危害花卉苗木的蚜虫种类主要有棉蚜、桃蚜、绣线菊蚜、月季长管蚜、荷缢管蚜等。

1. 分布与为害

绣线菊蚜又称苹果蚜、苹果黄蚜，主要危害樱花、绣球花、绣线菊、贴梗海棠、西府海棠、栀子花、桂花、榆叶梅、白兰花、碧桃等多种花木。

危害花木的叶梢，其成虫、若虫群集叶背刺吸汁液，排泄物黏附在叶片上，易诱发煤污病，影响植株正常生长、发育和观赏。

2. 形态特征

（1）无翅孤雌胎生蚜。无翅孤雌胎生蚜体长为1.6～1.7 mm，宽约0.95 mm。体近纺锤形，黄、黄绿或绿色。头部、复眼、口器、腹管和尾片均为黑色，口器伸达中足基节窝，触角显著比体短，基部浅黑色，无次生感觉圈。腹管圆柱形向末端渐细，尾片圆锥形，生有10根左右弯曲的毛，体两侧有明显的乳头状突起，尾板末端圆，有毛12～13根。

（2）有翅孤雌胎生蚜。有翅孤雌胎生蚜体长为1.5～1.7 mm，翅展约4.5 mm，体近纺锤形。头、胸、口器、腹管、尾片均为黑色，腹部绿、浅绿、黄绿色，复眼暗红色，口器伸达后足基节窝，触角丝状6节，较体短，第3节有圆形次生感觉圈6～10个，第4节有2～4个，体两侧有黑斑，并具明显的乳头状突起。尾片圆锥形，末端稍圆，有9～13根毛。

（3）卵。卵椭圆形，长径约0.5 mm，初产浅黄，渐变黄褐、暗绿，孵化前漆黑色，有光泽。

（4）若虫。若虫鲜黄色，无翅若蚜腹部较肥大、腹管短，有翅若蚜胸部发达，具翅芽、腹部正常。

3. 发生规律

每年发生10多代，以卵在一年生枝条嫩梢及枝条缝隙内越冬。4月下旬开始孵化，6—7月快速繁殖，危害重，此时产生大量有翅胎生雌蚜，向其他植株上转移，8—9月数量渐少，10—11月产生有性蚜，交尾后产卵越冬。

4. 防治方法

由于蚜虫繁殖和适应力强，所以各种防治方法都很难取得根治的效果。因此对于蚜虫，应尽快抓紧治疗，避免蚜虫大量发生。

（1）农业防治。盆栽花卉上零星发生时可用毛笔蘸水刷掉，刷下的蚜虫要及时清理干净。冬春季节要常铲除田边杂草，消灭越冬寄主上的蚜虫，减少虫源。

（2）自制药剂防治。家庭养花可以用鲜辣椒或干红辣椒50 g，加水30～50 g，煮0.5 h左右，用其滤液喷受害植物有特效。或者用洗衣粉3～4 g，加水100 g，搅拌成溶液后，连续喷2～3次，防治效果达100%。用“风油精”600～800倍液，用喷雾器对害虫仔细喷，使虫体上沾上药水，杀灭蚜虫及介壳虫等害虫的效果都在95%以上，且对植株不会产生药害。也可将洗衣粉、尿素、水按1∶4∶100的比例，搅拌成混合液后，用以喷植株，可以收到灭虫、施肥一举两得之效。

（3）化学防治。及时喷辟蚜雾或灭多威、蚜松、辛硫磷、敌敌畏。

三、棉叶蝉

草坪上常见的叶蝉有棉叶蝉、二点叶蝉、大青叶蝉、黑尾叶蝉、白翅叶蝉和小绿叶蝉，属半翅目叶蝉科。本节重点介绍棉叶蝉。

1. 分布与为害

成虫、若虫在叶片上刺吸汁液，受害叶先出现失绿小白点，后连成白斑，致叶片苍白早期脱落。

2. 形态特征

（1）成虫。成虫体长为2～2.6 mm，翅长为3～4 mm，黄白色或红褐色。头顶具近圆形黑斑点2个。前胸背浅黄色，前缘两侧各有3个小黑点；小盾片前缘左右各有1个较大的近三角形黑斑。前翅半透明，黄白色，有深浅不同的红褐色花斑，翅端部色深带有褐色。

（2）卵。卵长椭圆形，长为0.5 mm，黄白色，稍弯曲。

（3）若虫。若虫分红褐色和黄白色两型：红褐色型体长为1.6 mm，尾端有上举的习性；黄白色型体长为2 mm，体浅黄色，尾部不上举。

3. 发生规律

河北1年发生2代，陕西、河南、山东3代，以成虫在杂草落叶下或土石缝中越冬。翌年4月初越冬成虫开始活动，4月中旬为盛期，5月上中旬开始产卵。5月下旬第一代若虫孵化，多呈黄白色，6月中旬孵化的多为红褐色。6月上旬成虫羽化，7月上旬为盛期。8月中旬为第二代成虫羽代盛期，8—9月第三代若虫发生最多，9月中下旬为第三代成虫羽化盛期，10月中旬进入越冬。第一代各虫态发育比较整齐，以后各代世代重叠较重。成虫多在白天羽化，尤以8:00—11:00居多，成虫性活泼，横向爬行迅速，受惊即起飞。成虫羽化后2～5 d开始交配，交配多在清晨进行，多数成虫在交配后第2天开始产卵。每雌产卵26～50粒，产卵历期4～8 d，卵散产于叶背叶脉处的表皮下，以中脉处为多。若虫有很强的群集性。成虫有一定的趋光性。

4. 防治方法

（1）农业防治。秋后彻底清除落叶和杂草，集中烧毁，以减少虫源。

（2）化学防治。若虫发生盛期喷洒辛硫磷或杀灭菊酯、杀螟松、必林乳油。

四、白粉虱

花卉苗木上的粉虱有白粉虱、马氏粉虱，属于半翅目粉虱科。

1. 分布与为害

白粉虱又名柑橘粉虱、绿粉虱或通草粉虱，主要分布在长江流域的江苏、浙江、上海、安徽、湖南和福建等地。白粉虱除了危害桂花外，还危害柑橘、茶树、桃、柿、女贞、蔷薇、月季、香樟、茉莉、一串红、丁香等200多种植物。所以，当桂花和其他寄主植物混种时，危害常特别严重。马氏粉虱又名橘黑粉虱、黑蛹无刺粉虱、橘无刺粉虱、黑粉虱。我国主要分布于福建、江苏、浙江、上海、四川、重庆、云南、贵州、广东、安徽、江西等地区。危害九里香、栀子花、葡萄、桂花、白兰花、丁香、红花羊蹄甲、金橘等花木。

以若虫危害栀子花、桂花、白兰花等花木的叶部，其若虫群集叶背刺吸汁液，排泄物黏附在叶片上，易诱发煤污病，影响植株正常生长、发育和观赏。

2. 形态特征

（1）成虫。白粉虱雌成虫体长为1.2 mm，黄色，覆有白色蜡粉。翅半透明，被有白色蜡粉。复眼红褐色，分上下两部，中有一小眼相连。雄成虫体长为为0.9 mm，较雌成虫略小。

（2）卵。卵长约0.2 mm，宽约0.1 mm，长椭圆形，淡黄色，基部有短柄连于叶片背面。

（3）幼虫。幼虫体扁平，椭圆形，淡黄绿色，背脊稍凸，周缘多放射状白色蜡丝，并有17对小突起。

（4）蛹。蛹长约1.3 mm、宽约1.1 mm，近椭圆形，淡黄绿色，较薄而柔软透明，背面有3对小疣，前后各有1对小刺毛。

3. 发生规律

白粉虱1年发生代数各地不一，在江苏、浙江一带1年发生3代，西南多达5代，一般以幼虫或蛹在叶背越冬。第一代成虫在4月出现，第二代在6月、第三代在8月出现。卵常散产于徒长枝的嫩叶背面，幼虫孵化后即在原叶背面定居，并吸食汁液危害，抑制桂花生长发育，导致叶色萎黄，开花稀少，其分泌物常诱发煤污病，严重影响观赏价值。每只雌成虫产卵125粒左右，有孤雌生殖现象，其所生后代均为雄虫。白粉虱性喜阴湿，在植株生长稠密、通风透光不良的地方危害较重。该虫的卵期3～30 d，发生极不整齐，世代重叠严重，因此给化学防治带来一定麻烦。

4. 防治方法

（1）植物检疫。在引进苗木时注意检查叶背有无粉虱类虫体，杜绝此类害虫的传入。

（2）农业防治。加强林地中耕除草等清园工作和剪除虫害枝、衰弱枝、徒长枝等修剪工作，以改善林地通风透光条件，增强树势。

（3）生物防治。保护和利用粉虱类天敌，如瓢虫、草蛉、斯氏节蚜小蜂和黄色蚜小蜂等寄生蜂。

（4）物理防治。利用粉虱对黄色有强烈趋性的特点，在花卉苗木旁埋插黄色木板或塑料板，板上涂黏油，然后振动桂花枝条，促使成虫粘到黄板上，起到诱杀作用。也可用吸尘器吸捕成虫，降低虫口密度。

（5）化学防治。当害虫虫口密度高、危害严重而天敌较少时，采用化学药剂喷杀。喷药在成虫期和幼虫盛孵期进行，药剂可用天王星、阿维菌素、阿克泰等。如遇世代重叠，每隔7～10 d喷药1次，连续喷3～4次。

五、西花蓟马

危害花卉的蓟马种类很多，主要有：蓟马科花蓟马属的西花蓟马、花蓟马、蓟马属的黄蓟马、八节黄蓟马、色蓟马、黄胸蓟马、烟蓟马、杜鹃蓟马，大蓟马属的端大蓟马、普通大蓟马，带蓟马属的油加律带蓟马、二鬃蓟马属的斯密二鬃蓟马、领针蓟马属的游领针蓟马，管蓟马科简管蓟马属的华简管蓟马。花卉植物上蓟马主要危害花器，其次是幼芽和嫩叶，蓟马在花器上活动时，锉吸花瓣汁液，使花瓣出现白色或褐色伤瓣，严重时导致萎蔫等；危害叶片后出现灰白色和银白色的斑点，严重时斑点连片、干枯。

1. 分布与为害

西花蓟马又名苜蓿蓟马，是世界性的温室害虫及各国重要的检疫对象。西花蓟马起源于美国西部，自20世纪80年代以来迅速扩散至各大洲，目前已在69个国家和地区有报道，成为世界性的害虫之一，给农业生产造成巨大损失。我国农业部于1996年将其列为进境植物检疫潜在性害虫。我国现在的分布地有北京、云南、贵州、山东、浙江、河北、广西等省、直辖市、自治区。

西花蓟马为多食性昆虫，寄主范围非常广泛，目前已知的寄主植物有60多科500余种，包括各种重要的经济作物、蔬菜、花卉，如茄科、葫芦科、豆科、十字花科植物，尤其以花卉、茄果类植物受害最重。

西花蓟马以锉吸式口器吸食寄主植物的叶、芽、花或果实汁液，被害叶片初呈白色斑点，后连成片，危害严重时，叶片缩小、皱缩，甚至黄化、干枯凋萎；花器受害呈白斑点或变为褐色，果实受害可于表面形成伤痕，降低果实质量，也可直接引起幼嫩的果实脱落。还可以持久性的方式传播番茄斑萎病毒和凤仙花坏死斑病毒。通过西花蓟马传播的病毒所造成的损失远大于其直接取食所造成的损失。

2. 形态特征

西花蓟马形态特征见图6-4。

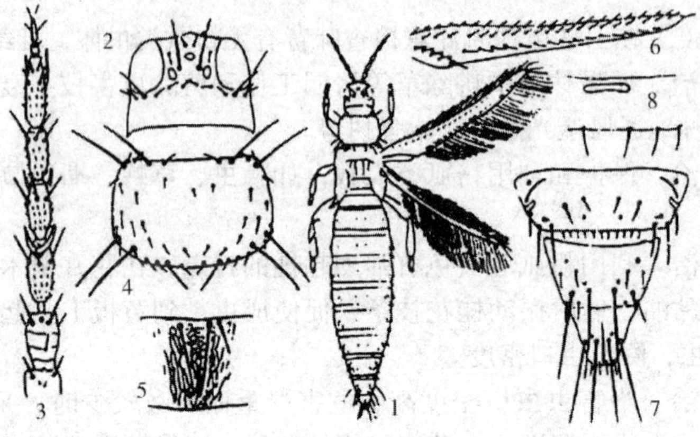

图6-4 西花蓟马

1—整体；2—头部；3—触角；4—前胸；5—后胸背盾板

6—右前翅；7—腹部第8～10背板；8—雄成虫腹部第5腹板

（1）成虫。体长1.2～1.3 mm，体淡棕色，头及胸部色略淡。头短于前胸，单眼间鬃生于前、后单眼外缘连线上，复眼后鬃最长鬃几与单眼间鬃等长。触角8节，第Ⅲ、Ⅳ节具又状感觉锥。前胸背片有5对长鬃，翅2对，具长缨毛，前翅鬃大致连续排列。腹部第Ⅴ～Ⅷ节背片两侧有微弯梳，腹Ⅷ节背片后缘有完整后缘梳毛，产卵器锯状，向腹面弯曲。雄虫与雌虫相似，较雌虫小，体色淡。腹部第Ⅴ～Ⅷ节腹片有长椭圆形腹腺域。

（2）卵。肾形，白色或淡黄色，长为0.15～0.25 mm，产于寄主植物组织薄壁细胞中。

（3）若虫。共4龄，体形狭长。1～2龄活跃。1龄若虫透明，2龄若虫金黄色。

（4）蛹。前蛹白色，身体变短，出现翅芽，触角前伸；蛹白色，很少活动，出现成虫的刚毛列，翅芽较长，超过腹部一半，触角向头后弯曲。

3. 发生规律

西花蓟马为过渐变态昆虫，其生活史可分为卵、若虫、前蛹、蛹、成虫几个阶段。一年可繁殖10～15代。刚羽化的雌成虫在24 h内相对静止，成熟后很活跃。起飞高峰期为8:00—10:00，中午时下降，14:00～—16:00起飞数量回升，到18:00下降到最低。在温度28℃、相对湿度70%、光照度4000～6000 lx时最容易起飞。取食前的个体比取食后的个体容易起飞。雌成虫羽化后即可交配，并且可多次交配，羽化27 h后即可产卵。雌虫可营两性生殖和孤雌生殖，两性生殖既可产生雌虫也可产生雄虫，以雌虫为主，雌雄比例为2∶1；孤雌生殖仅产生雄虫。自然种群中，雌雄性比一般为4∶1。在实验室条件下，一只雌成虫平均产卵20～40粒，寿命一般为40～70 d，最长可达90 d。自然条件下一只雌虫可产卵229粒。雄成虫寿命短，仅为雌成虫的一半。西花蓟马的卵产在叶、花和果实等器官的薄壁组织细胞内，在此阶段死亡率常很高。成虫清晨即开始栖于花中，中午时栖花数量达到最高，下午时数量开始下降，晚上花中蓟马离开。雌、雄花栖居数量没有差异，说明西花蓟马并不是光以花粉为食；若虫栖花习性与成虫相同。1、2龄若虫异常活跃，1龄若虫从植物组织内孵化后马上开始取食。进入2龄后取食量约为1龄的3倍，2龄后期表现为负趋光性，离开植物，入土1～5 cm处进入前蛹期，在土中化蛹，也有部分个体在花里化蛹。前蛹期和蛹期均不取食，极少活动。

西花蓟马的发育速率随着温度的升高加快。15℃～35℃均能发育，15℃时需44.11 d才能完成一代，30℃时仅需要15 d就能完成一代。15℃时，卵孵化需10.14d，20℃～30℃时仅需2～4 d。卵、若虫、预蛹和蛹的发育有效积温分别为59、143、24和38日度，整个生活史平均发育积温为264日度。西花蓟马卵、若虫、预蛹和蛹的发育起点温度分别为9.9℃、6.1℃、5.2℃和9.2℃，平均发育起点温度是7.9℃。

高、低温对西花蓟马发育均有不利影响。高于35℃对西花蓟马的发育开始产生不利影响。卵在40℃下暴露20 min以上即不能孵化，雌性成虫可存活6 h；45℃条件下，成虫和若虫1 h后全部死亡。平均温度低于10℃，2～3个月内西花蓟马死亡率达90%。过冷却点为–13℃～–22℃，在–10℃条件下，西花蓟马卵与若虫处理4 h全部不能存活，成虫存活率下降为16.7%。

西花蓟马喜凉爽干燥的环境。在27℃下，最适宜的发育相对湿度是60%；湿度低于20%对西花蓟马的发育极为不利，高于88%对幼虫发育产生不利影响，会促进病害流行，使种群死亡率提高。降雨可以对幼虫和成虫造成损伤，也会淹没土壤中的蛹，使其溺死。成虫水浸半致死时间为20.7 h；2龄若虫和前蛹水浸半致死时间分别为39.6 h和45.3 h，其中1%的个体甚至可以存活13 d。在水浸过程中，西花蓟马也可继续发育，还可以蜕皮。

最适于西花蓟马发育的光周期是16 h/8h，最嗜光波是紫外光和蓝光。

西花蓟马对不同食料的嗜食程度不同。较喜取食的植物有瓜、豆类、茄子等，在其上发育历期短，存活率高。成虫和若虫均喜在各种植物的花内活动，取食花瓣，也取食其他幼嫩组织，有研究认为西花蓟马在寄主颜色浓绿、尺寸较大且较为肥厚多汁的成熟叶片上比嫩叶以及尺寸较小的叶片上更易生存和生长发育，在蔬菜果实上的发育历期明显短于在叶片上的发育历期，说明寄主的营养成分是影响其生长发育的关键因素。

西花蓟马的天敌主要有花蝽、捕食螨、寄生蜂、寄生性真菌、寄生性线虫等。蝽类主要有肩毛小花蝽、无毛小花蝽、浅白翅小花蝽、美洲小花蝽、刺小花蝽、淡翅小花蝽、狡小花蝽、小黑花蝽、塔烟盲蝽等。寄生性真菌有金龟子绿僵菌、球孢白僵菌、玫瑰色拟青霉、蜡蚧轮枝菌。螨类有黄瓜钝绥螨、胡瓜钝绥螨、尖狭下盾螨、库库姆卡斯钝绥螨、巴氏钝绥螨。胡瓜钝绥螨在欧美等地已商品化生产并广泛用于防治多种植物上的西花蓟马。

4. 防治方法

西花蓟马发育历期短，个体小易隐蔽，对杀虫剂极易产生抗药性，应避免单一使用化学防治，应遵循预防为主、综合治理的原则，合理采取防治措施。

（1）加强检疫。西花蓟马远距离扩散主要依靠人为因素。种苗、花卉及其他农产品的调运，尤其是切花运输及人工携带是其远距离传播的主要方式，以这种方式扩散的速度大约是每年200 km。另外，很容易随风飘散，易随衣服、运输工具等携带传播。因此加强检疫可以有效遏制西花蓟马的快速传播。

（2）农业防治。将寄主植物与非寄主作物间作，减少蓟马取食。清除田间西花蓟马野生寄主，可防治其在作物长起来时转移到作物田危害。

（3）物理防治。紫外线对蓟马的繁殖有促进作用，因而采用紫外线不能穿透的特殊塑料膜作棚膜，可控制棚内西花蓟马的增殖与危害。西花蓟马对蓝色、粉红色、白色和天蓝色具有较强的趋性，悬挂有色粘板，既可监测其种群发生动态，又可诱集成虫，减少产卵与危害，其中以蓝板的诱集效果最好。通过提高棚温可防治西花蓟马，当大棚温度达到40℃并保持6 h以上，西花蓟马雌成虫即全部死亡；其卵在40℃下存活时间仅20 min。

保持温室中CO_2的含量为45%～55%，可有效防治西花蓟马。气调可用于西花蓟马的检疫处理和防治。

（4）生物防治。0.5 g/m^{2}的金龟子绿僵菌-7孢子悬浮液喷雾，蜡蚧轮枝菌MZ041024菌株3.6×10^8个/mL喷雾，球孢白僵菌MZ050724菌株3.6×10^8个/mL喷雾。

利用蓟马借助植物气味寻找寄主的特性，将烟碱乙酸酯和苯甲醛混合在一起制成诱芯在田间使用，能够准确预测西花蓟马的发生及危害时期，并能大量诱杀成虫。将茴香醛与上述两种化合物混合后制成粘板，防治大棚里的西花蓟马效果良好。

（5）化学防治。温室黄瓜上西花蓟马达到中部叶片每叶1.17头成虫或9.15头若虫为防治适期。Shipp等提出温室黄瓜上的西花蓟马成虫为20～50只/（黄板·d）或3～5头/花时开始实施化学防治。防治药剂可选用化学合成药剂毒死蜱、甲基毒死蜱、马拉硫磷和喹硫磷；昆虫生长调节剂灭幼脲、吡丙醚、氟虫脲、噻虫嗪等阻止幼虫蜕皮和成虫产卵；植物性杀虫剂如楝素、烟碱、藜芦碱等；新型杀虫剂阿维菌素类药剂、乙基多杀菌素等。

六、日本龟蜡蚧

危害花卉苗木的介壳虫种类很多，都属于半翅目蚧总科。其中以红蜡蚧、日本龟蜡蚧、长白蚧、吹绵蚧、康氏粉蚧的危害更为严重。其中红蜡蚧在果树害虫部分已有介绍。其他常见介壳虫有桑白蚧、矢尖蚧、梨圆蚧、草履蚧、褐盔蜡蚧、紫薇绒蚧、红圆蚧、椰圆蚧、褐圆蚧、黑点蚧、糠片蚧、拟蔷薇白轮蚧等。

1. 分布与为害

危害花木的叶部，其成虫、若虫群集叶背刺吸汁液，排泄物黏附在叶片上，易诱发煤污病，影响植株正常生长、发育和观赏。

2. 形态特征

雌成虫体背有较厚的白蜡壳，呈椭圆形，长4～5 mm，背面隆起似半球形，中央隆起较高，表面具龟甲状凹纹，边缘蜡层厚且弯卷由8块组成。雄体长1～1.4 mm，淡红至紫红色；眼黑色，触角丝状；翅1对，白色透明，具2条粗脉；足细小，腹末略细。

3. 发生规律

1年发生1代，以受精雌虫主要在1～2年生枝上越冬。翌春寄主发芽时开始危害，虫体迅速膨大，成熟后产卵于腹下。产卵盛期：南京5月中旬，山东6月上中旬，河南6月中旬，山西6月中下旬。每雌产卵千余粒，多者3000粒。卵期为10～24 d。初孵若虫多爬到嫩枝、叶柄、叶面上固着取食。8月初雌雄开始性分化，8月中旬至9月为雄化蛹期，蛹期为8～20 d，羽化期为8月下旬至10月上旬，雄成虫寿命为1～5 d，交配后即死亡，雌虫陆续由叶转到枝上固着危害，至秋后越冬。可行孤雌生殖，子代均为雄性。

4. 防治方法

（1）农业防治。冬季清园时剪除有虫枝条，同时加强肥水管理，促发新芽。降低植物郁闭度，增加通风透光条件。

（2）生物防治。保护天敌，已发现多种寄生蜂对抑制介壳虫发生有一定作用，要注意保护与利用。喷药时应避开4月中旬至5月上旬出蜂期。

（3）化学防治。3月中下旬用杀螟松加上5倍柴油涂刷树干离地1 m高处，操作时先环刮老皮20 cm宽，涂后用塑料薄膜包扎。如隔1周后再涂一遍，则防治效果更好。每年5—6月是介壳虫的卵孵化期，绝大多数年份是在5月中下旬，此时进行化学防治效果最好，如虫口密度大，6月上旬再治一次。药剂可用毒死蜱、杀扑磷和功夫菊酯。冬季清园可用机油、松碱合剂或茶饼松碱合剂16～20倍液等均有较好的防治效果。

第三节 食花果类害虫

一、棉铃虫

1. 分布与为害

棉铃虫是一种典型的多食性害虫，寄主有200多种，为世界性害虫，分布广泛，国内各省均有分布。蔬菜中主要为害番茄、茄子、豇豆等，以番茄受害最重，还可为害棉花、小麦、玉米、向日葵等作物。以幼虫蛀食番茄植株的蕾、花、果、嫩茎，但主要为害果实，是番茄的主要害虫。幼果常被吃空或引起腐烂而脱落，成果虽然只被蛀食部分果肉，但蛀孔在蒂部易被雨水、病菌侵入引起腐烂、脱落。

2. 形态特征

（1）成虫。体长为14～18 mm，翅展为30～38 mm。体色变化很大，有黄褐色、灰褐色、绿褐色、赤褐色等。前翅近中央处有一褐边的肾形环，环内有一深褐色肾形纹，外横线很斜，末端达肾形纹正下方。后翅白色至灰褐色，外缘有一黑褐色宽带，宽带中部有2个近圆形白斑。

（2）卵。呈半球形，直径为0.5 mm，初产时乳白色，后变紫黑色，上有明显的纵横刻纹。

（3）幼虫。老熟幼虫体长为40～45 mm，头黄褐色，体色变化大，有淡绿、淡红、暗褐、黄绿等多种，各体节上有褐色及灰色长而尖的小刺。背线2条或4条，气门上线可分为不连续的3～4条，其上有白色纹。两根前胸侧毛连线与前胸气门下端相切或相交。

（4）蛹。长为17～20 mm，纺锤形，黄褐色。有臀棘1对，在基部分开。

3. 发生规律

棉铃虫在黄河流域一年发生4代，长江流域4～5代，以滞育蛹在晚秋寄主（番茄、向日葵、棉花等）田的土中越冬。据在江苏菜地观察，棉铃虫第2年4、5月份，越冬蛹羽化，成虫产卵于番茄、辣椒及小麦等作物上，第1代卵盛期在5月上中旬，幼虫为害盛期为5月中旬至6月下旬；第2代卵盛期在6月下旬，幼虫为害盛期为6月下旬至7月上旬；第3代卵盛期在7月下旬至8月上旬，幼虫为害盛期为7月下旬至8月中旬；第4代卵盛期在8月下旬至9月上中旬，为害盛期为8月下旬至9月中旬9月下旬开始老熟幼虫在寄主根部附近土中化蛹越冬。由于越冬代发蛾期可长达1个月，因而世代重叠，尤以第3、4代更明显，特别是早发年份还有第5代发生。全年以第2、3、4代为主害代。

棉铃虫属兼性滞育，诱导棉铃虫进入滞育的主要条件是短光照和温度。在江苏南京引起棉铃虫50%个体进入滞育的时间在9月下旬（临界光周期为12.5 h），上海为9月中下旬，湖北为10月上旬。感受光周期变化的临界光照虫态为4、5龄幼虫。此时如幼虫尚处于3、4龄之前，则化蛹后多滞育越冬，如发育已超过5龄，则蛹仍能羽化为下一代。

棉铃虫成虫有昼伏夜出的习性，以傍晚7:00—9:00和清晨3:00—4:00活动最盛，羽化后需吸食花蜜、蚜虫蜜露等补充营养。成虫飞翔力强，对黑光灯有较强的趋性，尤其对波长333 mm的短波光趋性最强。棉铃虫对半枯萎的杨、柳、洋槐、紫穗槐等树枝散发的气味表现有趋性，将树枝扎把插于田间，可作为测报和防治的一种方法。1头雌蛾可产卵500～1000粒，产卵有明显的趋嫩性、趋花性，即趋向作物花蕾期更换寄主植物产卵，卵散产于叶片表面及花萼上。幼虫共6龄，初孵幼虫先取食嫩叶，3龄后移食为害果实，最喜直径为2～3 cm的幼果，近老熟时多喜食成熟果实及嫩叶。1头幼虫一生可蛀果3～4个，转果均在白天进行，并具假死性和自残性，尤其3龄以上幼虫更明显。幼虫老熟后吐丝下垂，钻入土中，结丝做土室化蛹。棉铃虫各虫态历期因气温而不同，在25℃～28℃条件下，产卵前期2～3 d，卵期2～4 d，幼虫期17～23 d，蛹期13～18 d，完成一个世代需35～45 d。

在蔬菜地，棉铃虫最主要的寄主是番茄，因此番茄长势与棉铃虫的发生有着直接的关系。一般种植早、长势好的番茄田，见卵早、卵量大、为害重。棉铃虫雌虫产卵量与补充营养有关，成虫期如正值蜜源植物油菜、茄子、洋葱、大葱及豌豆等开花，成虫的补充营养充足，产卵量大，故发生重。幼虫发育适温为25℃～28℃，相对湿度75%～90%，属喜温喜湿性害虫。当月降雨量在100～200 mm以上，相对湿度75%以上时，为害严重。但雨水过多，对幼虫化蛹不利，有抑制作用。另外，干旱年份雨量少，对棉铃虫发生不利。天敌对棉铃虫的消长有一定的控制作用。在番茄田，棉铃虫卵寄生性天敌有广赤眼蜂、拟澳洲赤眼蜂、松毛虫赤眼蜂和玉米螟赤眼蜂等，幼虫的寄生性天敌有齿唇姬蜂和棉铃虫侧沟茧蜂。

4. 防治方法

（1）农业防治。入冬进行冬耕冬灌杀灭虫蛹，减少越冬基数；棉铃虫95%的卵产于番茄顶尖至第4层复叶间，结合整枝打顶可有效减少虫卵，压低虫口基数；早、中、晚熟的品种要搭配开，早熟品种要尽早移植，以避开二代棉铃虫的为害；在番茄、辣椒田中或地边种植少量甜玉米，1500～3000株/公顷，诱蛾产卵，集中消灭心叶中的幼虫；及时摘除虫果和落果，减少虫量。

（2）物理防治。在成虫发生始期，可用杨、柳枝诱蛾，连续诱蛾15～20 d。也可用黑光灯诱蛾，每公顷地安黑光灯或高压汞灯一盏。另外地里小面积喷0.2%草酸，诱集成虫产卵，在幼虫孵化盛期喷药，集中消灭幼虫。

（3）生物防治。选用微生物杀虫剂3.2%苏云金杆菌可湿性粉剂800倍液及棉铃虫多角体病毒，对3龄前的幼虫防治效果较好。也可用赤眼蜂防治棉铃虫，于菜田棉铃虫产卵高峰期，把人工繁育的松毛虫赤眼蜂寄主柞蚕的卵卡固定于叶片上，每粒卵可出蜂约60只，放蜂3 d后寄生率可达65%。

（4）化学防治。在主要为害世代的卵高峰期和其后5 ~ 6 d为防治适期，施药以上午或日出前为宜，植株上部和花器为重点部位。可选用的药剂有：1.8%阿维菌素乳油1500倍液；2.5%功夫菊酯乳油，2.5%溴氰菊酯乳油，2.5%联苯菊酯乳油2000倍液；40%丙溴磷乳油1000倍液和40%毒死蜱乳油1000倍液，也可用5%抑太保乳油2000倍液等，注意交替轮换用药。

二、螟蛾类

为害林果植物的螟蛾科害虫，主要有蛀果与卷叶两类，蛀果类的害虫主要有桃蛀螟和梨大食心虫，卷叶类的害虫主要有棉卷叶野螟和樟巢螟。

（一）桃蛀螟

1. 分布与为害

桃蛀螟属鳞翅目，螟蛾科。俗称蛀心虫、食心虫。为全国各产桃区的重要害虫。幼虫蛀食桃果，使果实不能发育，常变色脱落或果内充满虫粪，不可食用，对产量和质量影响很大，人们常用"十桃九蛀"反映此虫对桃果为害的严重性。桃蛀螟除为害桃外，也能为害梨、李、苹果、杏、石榴、板栗、山楂、枇杷、龙眼、荔枝、无花果、杧果等多种果树的果实，还可以为害向日葵、玉米、蓖麻等作物及松、杉、桧等林木，是一种多食性害虫。

2. 形态特征

（1）成虫。体长为10mm左右，翅展为20 ~ 26 mm，全体黄色。胸部、腹部、翅上都具有黑色斑点。前翅黑斑有25 ~ 26个，后翅约有10个，但个体间有变异。腹部第1、3至6节背面各有3个黑点，第7节有时只有1个黑点，第2、8节无黑点。雄蛾第9节末端为黑色，甚为显著，雌蛾则不易见到。据日本记载，桃蛀螟食性分化，成虫形态有果树型与针叶树型两型。前者寄生在桃树及多种果树和其他被子植物上；后者在裸子植物上。其形态区别，果树型成虫下唇须的第2节背面黑色，侧面与其他同为黄色；针叶树型雄成虫后足的胫节与跗节之间有黑色毛丛群，果树型则无。

（2）卵。椭圆形，长为0.6 ~ 0.7 mm，初产时乳白色，2 ~ 3 d后变为橘红色，孵化前变为红褐色。

（3）幼虫。老熟时体长为22 mm左右，头部暗黑色，胸腹部颜色多变化，有暗红、淡灰褐、浅灰蓝色等，腹面多为淡绿色。前胸背板深褐色，中、后胸及第1 ~ 8腹节各有褐色大小毛片8个，排列成2列，前列6个，后列2个。

（4）蛹。褐色，体长为13 mm左右，翅芽达第5腹节。第5 ~ 7腹节从背面前后缘各有深褐色的突起线，沿突起线上着生小齿1列。臀棘细长，末端有卷曲的刺6根。

3. 发生规律

此虫在辽宁南部一年发生2代，陕西、山东一年2～3代，南京、河南一年4代，江西、湖北一年5代。主要以老熟幼虫在被害僵果、树皮裂缝、乱石缝隙、板栗种苞等处越冬，也有小部分以蛹越冬。

长江流域越冬幼虫一般于次年4月间开始化蛹，化蛹期先后不齐，以致第一代发蛹期延长，造成后期世代重叠。江苏南京越冬代成虫在5月上中旬，第一代6月中下旬至8月上旬，第二代7月下旬至8月上旬，第三代8月中旬，第四代9月中下旬。卵期平均为5～6 d，幼虫期平均为12.5～18.4 d，蛹期为8～10d，越冬代蛹期为19.6 d，成虫寿命为7.5～14.8d。成虫羽化时间多在晚上7:00—10:00，以晚上8:00—9:00最盛。成虫傍晚以后开始活动，取食花蜜，还可吸食桃和葡萄等成熟果实的汁液。成虫有趋光性，对黑光灯趋性强，对糖醋液也有趋性。产卵时间多在夜间9:00—10:00，卵散产，喜产在枝叶茂密处的桃果上及两个或两个以上桃果互相紧靠的地方，每果上的卵数多者可达20～30粒，在一个果上以胴部最多，果肩次之，缝合处最少。成虫产卵对果实成熟有一定的选择性。

长江流域，第一代幼虫主要为害桃果，少数为害李、梨、苹果等果实；第二代幼虫大部分为害桃果，部分转移为害玉米等作物，以后各代主要为害玉米、向日葵等作物。在无果树地区则全年为害玉米和向日葵等。

4. 防治方法

由于桃蛀螟寄主多，且有转换寄主的特点，在防治方法方面，应以消灭越冬幼虫为主，结合果园管理除虫。桃果不套袋的果园，要掌握关键时期喷药防治。

（1）农业防治。清除越冬寄生中的越冬幼虫，具体做法是：冬季清除玉米、向日葵、高粱、蓖麻等植物，在4月前处理完毕，并将桃树老翘皮刮净，集中处理，以消灭越冬幼虫，是防治桃蛀螟的重要措施。果实套袋，可防成虫产卵。拾毁落桃，摘除虫果，可消灭果内幼虫，以防转移寄主为害。

（2）物理防治。在桃园内点黑光灯或用糖醋液诱杀成虫，可结合诱杀梨小食心虫进行。

（3）化学防治。早熟品种在套袋前结合防治其他病虫害喷药一次，以消灭早期桃蛀螟所产卵的初孵幼虫。不套袋的果园，要掌握第一、二代成虫产卵高峰期喷药，可选用50%杀螟松乳油1000倍液、40%乐果乳油1200～1500倍液、50%敌敌畏乳油1500倍液喷雾。

（二）梨大食心虫

1. 分布与为害

害梨大食心虫又名梨斑螟蛾，俗称“死鬼”“黑钻眼”，属鳞翅目螟蛾科。主要分布于各产梨区，其中以吉林、辽宁、河北、山西、山东、河南、安徽、福建等地发生较重。幼虫为害梨芽，主要是花芽，也为害梨果，主要是幼果。

2. 形态特征

（1）成虫。体长为10～12 mm，翅展为24～26 mm。全体暗灰褐色，前翅具有紫色光泽，距前翅基部2/5和1/4处，各有灰色横线1条，此横线嵌有紫褐色宽边。在翅中央中室上方有一白斑。后翅灰褐色，外缘毛灰褐色。

（2）卵。椭圆形，稍扁平，长径约1 mm，初产时黄白色，1～2 d后变为红色。

（3）幼虫。老熟幼虫体长为17～20 mm，头部和前胸背板褐色，体背暗红褐至暗绿色，腹面色稍浅，臀板深褐色。腹足趾钩为双序环。

（4）蛹。体长约12 mm，身体短而粗。初化蛹时体色碧绿，以后逐渐变为黄褐色。第10节末端有小钩刺8根。

3. 发生规律

一年发生代数因地而异。在东北梨区一年发生1代，山东和四川一年发生2代，河南一年发生2～3代。在一年发生2代以上的地区，世代间有重叠现象。

各地均以幼龄幼虫在芽（主要是花芽）内结茧越冬。被害芽比较瘦缩，外部有一个很小的虫孔，容易识别。不同地区的幼虫出蛰始期均为梨花芽萌动期。在河北，越冬幼虫于3月下旬梨芽萌动时开始转害新芽（主要是花芽），转芽时期比较集中，幼虫出蛰后的7～10 d，进入转芽盛期（4月中旬），转芽盛期时间较短，但这是防治的有利时期。幼虫转入新芽后，即在芽的鳞片内啃食为害，蛀孔外常堆积有少量带虫丝的碎屑，借以堵塞蛀孔，幼虫转芽及在花芽内为害时期前后1个月，待果实长到拇指大时（4月下旬），即开始转入幼果为害。各地越冬幼虫为害幼果初期正是梨果脱萼期。转果盛期在5月下旬。幼虫在果内为害约20 d，即行化蛹。多数幼虫只为害1个果实，被害的果实上留有颇大的蛀果孔，孔口堆积虫粪。蛹发生盛期在6月中旬，蛹期一般为8～11 d。一般在化蛹前5～15 d即开始缠柄，2～3 d前做羽化道，这是摘除被害果的适宜时期。越冬代成虫羽化盛期为6月下旬。卵多产于萼洼、芽旁及枝的粗皮处，每处产卵1～2粒。卵期为5～7 d。在芽上及枝上卵孵化的幼虫先为害芽，再为害果；如产卵在果实上，则直接蛀果为害。第一代幼虫的为害果期在6月中旬至8月上旬，第一代成虫羽化时期为7月下旬至8月下旬，成虫的卵大部分都产在芽上或芽的附近；第二代幼虫孵化后即蛀入芽内，经短期为害后，即在芽内越冬。在2代区均以越冬代幼虫为害幼果最为严重。

4. 防治方法

（1）农业防治。结合梨树修剪，剪除虫芽，或早春检查梨芽，将被害虫芽摘除。开花后幼虫转果前，检查被害花簇，将已经枯萎的花簇摘除，同时可敲打树枝，震落未受害的花簇基部的鳞片，发现有鳞片不掉落的花簇，即有幼虫潜伏在鳞片内为害，用手捏杀鳞片内的幼虫。在幼虫化蛹期，成虫羽化之前，组织人工摘除被害果，并加以集中处理，重点摘除越冬代幼虫的被害果。

（2）物理防治。在越冬代成虫发生时期，结合果园其他害虫的防治，利用黑光灯诱杀成虫。

（3）生物防治。寄生蜂主要有黄眶离缘姬蜂、瘤姬蜂和离缝姬蜂等，对梨大食心虫的抑制作用很大，特别是控制后期的为害。因此，在进行人工防治时，应保护这些天敌。也可使用白僵菌等生物农药防治，以利于保护天敌。

（4）化学防治。掌握在越冬幼虫出蛰后转芽和转果两个时期及第一、二代卵孵化盛期防治，是控制此虫为害的重要措施。施用50%敌百虫乳油500倍液，或0.5%甲维盐微乳剂1500倍液，或25 %灭幼脲3号胶悬剂1000倍液等。

参 考 文 献

[1] 彩万志，庞雄飞，花保祯. 普通昆虫学[M]. 2版. 北京：中国农业大学出版社，2011.
[2] 陈利锋，徐敬友. 农业植物病理学[M]. 3版. 北京：中国农业出版社，2013.
[3] 程亚樵. 园艺植物病虫害防治[M]. 北京：中国农业出版社，2013.
[4] 费显伟. 园艺植物病虫害防治[M]. 北京：高等教育出版社，2010.
[5] 洪晓月. 农业昆虫学实验与实习指导[M]. 北京：中国农业出版社，2011.
[6] 洪晓月. 农业螨类学[M]. 北京：中国农业出版社，2012.
[7] 黄云，徐志宏. 园艺植物保护学[M]. 北京：中国农业出版社，2015.
[8] 康克功. 园艺植物保护技术[M]. 重庆：重庆大学出版社，2013.
[9] 李照会. 园艺植物昆虫学[M]. 2版. 北京：中国农业出版社，2011.
[10] 刘丽云，周显忠. 园艺植物保护[M]. 北京：中国农业大学出版社，2014.
[11] 强胜. 杂草学[M]. 2版. 北京：中国农业出版社，2010.
[12] 吴雪芬. 园艺植物病虫害防治技术[M]. 苏州：苏州大学出版社，2015.
[13] 王存兴，李光武. 植物病理学[M]. 北京：化学工业出版社，2010.
[14] 徐帮学. 绿植病虫害防治与水肥管理[M]. 北京：化学工业出版社，2017.
[15] 谢联辉. 普通植物病理学[M]. 2版. 北京：科学出版社，2013.
[16] 许再福. 普通昆虫学实验与实习指导[M]. 北京：科学出版社，2010.
[17] 张艳菊，戴长春，李永刚. 园艺植物保护学及实验[M]. 北京：化学工业出版社，2014.
[18] 卢辉，徐雪莲，卢芙萍. 温度对黄胸蓟马生长发育的影响[J]. 中国农学通报，2011，27（21）：296-300.
[19] 梁关生，程东美. 种杀虫剂对温室茄瓜蓟马的防治效果研究[J]. 安徽农业科学，2011，39（8）：4585-4586.
[20] 裴昌莹，郑长英. 西花蓟马在不同寄主植物上的发育历期[J]. 青岛农业大学学报：自然科学版，2010，27（1）：25-27.
[21] 施晟，卫龙宝，伍骏骞. 中国现代农业发展的阶段定位及区域聚类分析[J]. 经济学家，2012（4）：63-69.
[22] 王圣印，刘永杰，周仙红. 西花蓟马对吡虫啉抗性机制的研究[J]. 应用昆虫学报，2011，48（3）：559-565.
[23] 王亚南，胡同乐，刘淑香. 我国苹果病毒病的研究现状[J]. 安徽农业科学，2010，38（15）：7933-7936.
[24] 汪李平，朱兴奇，赵庆庆. 有机蔬菜病虫草害防治技术[J]. 长江蔬菜，2013（3）：3-8.